本书获“中央高校基本科研业务费”项目资助和
“中国矿业大学（北京）研究生教材出版基金”资助

水处理过程化学

Water Treatment Process Chemistry

侯 嫔　张春晖　何绪文　编著

北 京
冶 金 工 业 出 版 社
2015

内 容 提 要

本书以水处理化学原理为主线，主要包括水处理过程化学基本原理、酸碱平衡、溶解平衡、氧化还原平衡、固 - 液界面化学和水处理过程化学在实际工程中的应用等内容，共分7章。

本书可作为从事环境工程水处理方向研究人员、工程技术人员的参考用书，也可作为大专院校环境工程、给排水及应用化学等相关专业本科生或研究生的教学参考书。

图书在版编目(CIP)数据

水处理过程化学/侯嫔，张春晖，何绪文编著. —北京：冶金工业出版社，2015.5

ISBN 978-7-5024-6903-0

Ⅰ.①水… Ⅱ.①侯… ②张… ③何… Ⅲ.①化学处理 Ⅳ.①X703

中国版本图书馆 CIP 数据核字(2015)第 088872 号

出 版 人　谭学余
地　　址　北京市东城区嵩祝院北巷39号　邮编　100009　电话　(010) 64027926
网　　址　www.cnmip.com.cn　电子信箱　yjcbs@cnmip.com.cn
责任编辑　常国平　美术编辑　彭子赫　版式设计　孙跃红
责任校对　郑　娟　责任印制　李玉山
ISBN 978-7-5024-6903-0
冶金工业出版社出版发行；各地新华书店经销；三河市双峰印刷装订有限公司印刷
2015年5月第1版，2015年5月第1次印刷
787mm×1092mm　1/16；11.75 印张；291 千字；178 页
46.00 元

冶金工业出版社　投稿电话　(010)64027932　投稿信箱　tougao@cnmip.com.cn
冶金工业出版社营销中心　电话　(010)64044283　传真　(010)64027893
冶金书店　地址　北京市东四西大街46号(100010)　电话　(010)65289081(兼传真)
冶金工业出版社天猫旗舰店　yjgycbs.tmall.com

前　言

水处理过程化学是研究水和废水处理工艺过程的理论基础。近年来，在我国相继有清华大学、中国矿业大学（北京）等高等院校在研究生阶段开设了《水处理过程化学》相关课程。对于该相关课程所使用的教材，有清华大学蒋展鹏先生译自美国 V. L. Snoeyink 先生等编著的《水化学》、浙江大学王凯雄先生主编的《水化学》，还有兰州交通大学王九思先生主编的《水处理化学》等基本教材。相比于其他研究生课程教材，目前有关水处理过程化学方面的教材数量较少。

本书作者长期从事水处理技术研究及水处理过程化学课程的教学工作。在参阅了大量国内外同类教材、期刊文章等文献的基础上，同时结合自身在研究生教学与科研工作中积累的些许经验，又根据近年来水处理过程化学学科的发展补充了有关的科学前沿理论和应用研究内容，编写了此书，旨在为研究生学习水处理过程化学课程时提供指导与帮助。

本书以水处理化学原理为主线，主要包括水处理过程化学基本原理、酸碱平衡、溶解平衡、氧化还原平衡、固－液界面化学和水处理过程化学在实际工程中的应用等内容，共分 7 章。

本书的三位作者均为中国矿业大学（北京）废水处理与资源化科研团队成员，具体写作分工如下：侯嫔（第 1、3、4、5 章）、张春晖（第 2、6 章）、何绪文（第 7 章）。全书最后由侯嫔统稿。

参加本书编写的还有中国矿业大学（北京）化学与环境工程学院张雯雯、郭远杰、陈俊和王若男等研究生，王建兵教授为本书的编写提供了大量素材。化学与环境工程学院主管教学工作的王启宝副院长等对本书的编写工作给予了大力支持。在此，一并表示感谢。

由于作者水平所限，书中难免会存在一些疏漏与不妥之处。在此，敬请广大读者与有关专家批评指正并提出宝贵意见，以利于我们将来对本书进行修正，从而提高“水处理过程化学”课程的教学质量。

编著者

2014 年 12 月于中国矿业大学（北京）

目　录

1 绪　论

1.1 水处理过程化学的研究内容和方法

1.1.1 水处理过程化学的研究内容

水处理过程化学是主要研究给水和排水处理过程中的化学过程及其杂质组成分配的一门学科，通过探讨地表水和地下水等水质变化和处理原理，如影响水中化合物的分布、循环和转化等各种化学过程，系统地为水处理过程中的化学行为提供理论依据。水处理过程化学的主要依据是化学基础理论。水处理过程化学主要参照物理化学基本原理、基础化学、无机化学、有机化学、分析化学、结构化学等学科的有关内容，结合给水和排水处理技术，论述在水处理过程中所需应用的化学过程与原理。

由于水环境要受到大气、岩石、生物和人类等活动的影响，因此对于水处理过程化学的研究，必然会涉及其他一些学科，如生物、地质、水文、气象、生态等。在自然界的水圈中发生的化学过程虽然比实验室里遇到的化学反应要复杂得多，但仍然可以把这些化学过程归结为酸碱反应、溶解沉淀反应、氧化还原反应等基本反应类型。因此，本书以水处理化学原理为主线，主要研究内容包括：基本原理、酸碱平衡、溶解平衡、氧化还原平衡、固－液界面化学和水处理过程化学在实际工程中的应用等。

1.1.2 水处理过程化学的研究方法

水处理过程化学的研究方法为：按照化学热力学判断化学反应能否发生以及反应可以达到的极限；按照化学动力学研究化学反应的历程和速度。但实际上，由于人们对水中化学反应动力学的基本数据掌握得不多，致使动力学的应用常遇到困难，所以对于水化学中化学过程的研究和探讨常侧重于化学热力学方面。

鉴于自然界中物质变化规律的复杂性，完全按照实际情况来研究是很困难的。因此，对于此类问题，通常需要借助较为简单的理想化模式进行研究，同时还结合图算法。这样就可以把许多复杂的关系反映至简明的图表上。该方法可以使问题得以简化，所得结果也较正确，而且表示的方式很直观。所以，图算法是水处理过程化学中常采用的方法。近年来，采用计算机软件解决水处理过程化学中计算问题的方法发展很快，比如采用计算机软件解决水中酸碱平衡的化学计算问题等。

随着人们对自然界认识的加深以及维护生态平衡和环境污染治理工作的重视，更加迫切需要了解水处理过程化学方面的知识。此学科的建立和迅速发展即反映了这种客观的需要。由于水处理过程化学牵涉面广，内容丰富，本书不可能面面俱到。本书将主要讲述水处理过程化学的基础理论，并结合水处理过程化学在实际中的应用加以扩展讨论。

1.2 水的组成与性质

水是地球上最丰富的一种化合物，是包括人类在内所有生命生存的重要资源，也是生物体最重要的组成部分。

1.2.1 水量及其组成

地球上的水以不同的物质状态（即液、气、固态）存在于地球的水圈、大气圈、生物圈和岩石圈。地球的表面积约 $5.1\times10^8km^2$，近四分之三的表面积为水体所占据。

在地球的水圈和大气圈中总水量为 $13.86\times10^8km^3$。其中，海洋面积为 $3.61\times10^8km^2$（约占地球总面积的70%），其水量为 $13.37\times10^8km^3$，占总水量的96.5%，这部分水是咸水，不能直接饮用，也不能用于工业生产和农业灌溉。陆地面积为 $1.49\times10^8km^2$（约占地球总面积的30%），水量仅有 $0.48\times10^8km^3$，只占全球总水量的3.5%；陆地上的水也不全是淡水，淡水只有 $0.35\times10^8km^3$，占陆地水储量的73%，占地球总水量的2.53%，而且这些淡水并不都是易于利用的。便于人类利用的水，主要分布在600m深度以内的含水层、湖泊、河流和土壤中，水量只有 $0.1065\times10^8km^3$，占淡水总量的30.4%，占全球总水量的0.77%。地表淡水量仅有 $1.0\times10^{14}m^3$，其余69.6%的水，即 $0.2438\times10^8km^3$ 的水分布于冰川、多年积雪、两极冰盖和多年冻土中，目前人类还难以利用。

此外，岩石圈中的结晶水、结构水及沸石水估计有 $84.2\times10^8km^3$。生物体内的水储量估计为 $1.12\times10^3km^3$。

地球上的水不是静止不动的，而是在太阳辐射和重力共同作用下，以蒸发、降水和径流等方式周而复始、连续不断地运动和交替着，称为水循环或水文循环。水文循环是发生于大气水、地表水和地壳岩石空隙中的地下水之间的水循环。平均每年有 $577000km^3$ 的水通过蒸发进入大气，通过降水又返回海洋和陆地。

总之，虽然地球上有丰富的水，但绝大部分是咸水，淡水仅占地球水总量的2.53%，其中便于人类利用的淡水更少，只占总水量的0.77%。由此可见，可直接被人类利用的水量是非常有限的。水的存在形式多种多样。天然水主要有大气水、地表水和地下水。农业上有灌溉水、农田退水、水产养殖水等。工业上有各种原料进水、冷却水、洗涤水等。生活污水、工业污水和农牧渔业污水严重地污染着我们的环境，雨水径流也会带着各种污染物进入水体，如海洋、河流、湖泊和地下水。

大气水来自地表水的蒸发，其中海洋水的蒸发量占很大部分。大气中的水分会因气候条件的变动而转变成雨、雪和雹等形态降落到地面上来，这是人们可以获得的大气降水。大气降水由于经过蒸发过程，原本应十分纯净，但实际上由于它和低空大气相接触，会有一定程度的污染。大气水中会夹带大气中的尘埃，且有可能与低空的气体建立起溶解平衡。

当大气水降落到地面后，由于它与地面上动植物、土壤、岩石等相接触，会发生一系列物理和化学作用，从而使水中杂质的量大为增加。而且，由于各地区的地理条件、地质组分和生物活动等情况不同，当水与这些环境接触之后就会形成杂质组成不同的各种类型的天然地表水。同时，人类的活动会对水质产生很大的影响。例如，城市生活污水的排放会增加天然水中有机物和矿物质的含量。工业和农业排放的废水中有机物的种类繁多，且含量远远大于一般地表水中有机物的含量。水中有机物如属于可进行生物降解的，则可通过天然水的自净化作用或在污水处理过程中除去。水中不能进行生物降解的有机物，如腐殖质等，会使水带色，且改变水中重金属离子的溶解度和各种离子的平衡关系。

水-大气-陆地-生物相互作用的结果，不仅使水中溶解性的矿物质发生变化，而且还会使水中夹带许多分散型的黏土和砂粒等杂质，这些杂质最后均会通过河流送入海洋。

地下水主要是由雨水和地表水渗入地下而形成的。当它通过土壤时，由于过滤作用而将水中的悬浮物去除，所以地下水常常是清澈透明的。地下水的含盐量和硬度常比地表水高，因为在地表水渗入地下时，沿途溶解了许多物质。

总之，地球上生态循环中每个环节几乎都影响着天然水水质的变化，而天然水水质的变化又反作用于生态环境。因此，掌握天然水水质变化的规律，进而控制天然水水质，对于维护“生态平衡”具有重要的意义。

1.2.2 水的性质

纯水是无色、无臭、无味的液体，冰点为0℃，沸点为100℃，密度（4℃）为$1g/cm^3$。水的分子式为H_2O。

1.2.2.1 水的基本性质

（1）对许多物质来说水是一种很好的溶剂，水是生命过程中营养物质和废弃物的主要运输媒介。

（2）水具有很高的介电常数，比任何其他纯液体高。因此，绝大部分离子化合物可以在水中电离。

（3）除了液氮，水的比热容比任何其他液体和固体都高，为1cal/(g·K)（1cal = 4.1855J，下同）。因此，需要较多的热量才能改变水的温度。水可以起到稳定周围地区气温的作用，同时可保护水体中水生生物免受由于温度急剧变化造成的伤害。

（4）水的汽化热很高，为585cal/g（20℃），这也是稳定水体温度和周围地区气温的因素，它还对水体与大气之间热量与水蒸气的转化产生影响。

（5）水在4℃时密度最大，因而冰浮在水面上，大的水体一般不会全部冰冻成固体。此外，湖泊中垂直方向的循环由于密度的不同而受到一定的限制。

1.2.2.2 水的结构性质

在水分子中，氢、氧原子核呈等腰三角形排列，氧核位于两腰相交的顶角上，而两个氢核位于等腰三角形的两个底角上，H—O—H 所夹键角为104°45′，O—H 距离为0.096nm（$1nm = 10^{-9}m$，下同），H—H 距离为0.514nm。水分子核外有10个电子（$1H^2 \cdots 1s^1$；$8O^{16} \cdots 1s^2 2s^2 2p^4$），水分子中的氧原子受到四个电子对包围，其中两个电子对与两个氢原子共享，形成两个共价键，另外两对是氧原子本身所特有的孤对电子。核外电子云有呈四面体结构的倾向，整个水分子核浸于核外10个电子所组成的电子云中。水分子的半径为0.138nm。

水分子中氢、氧原子的这种排列，使其在结构上正负电荷静电引力中心不重合，从而使水分子是偶性分子，即位于氧原子一端为负极，而位于氢原子一端为正极。一个偶性分子极性程度的大小根据其偶极矩的大小来判断。水分子的偶极矩$\mu = 6.14 \times 10^{-30} C \cdot m$，具有较强的极性。当水分子相互靠拢时，相邻水分子间由于具有偶极性而发生相互静电吸引。

相邻水分子间有氢键联结，使水能以（H_2O）$_n$ 巨型分子存在，但它不会引起水的化学性质的改变。这种由单分子水结合成比较复杂的多分子水而不引起水的化学性质变化的现象称为水分子的缔合作用。水的缔合程度随温度降低而增强。水分子缔合可用下列平衡式表达：

$$x\mathrm{H_2O} \underset{\text{离解}}{\overset{\text{缔合}}{\rightleftharpoons}} (\mathrm{H_2O})_x + Q$$

自然界中的水只有以气态存在时才呈单分子水，而以液态和固态存在时，均呈巨型分子水。

1.2.2.3 水的特异性质

水的结构特殊性导致了其在物理化学性质方面具有一系列独特性质，概述如下。

A 水的热理性质

（1）水具有较高的生成热。生成热是指由稳定单质生成 1mol 化合物时的反应热。水的生成热为 -285.8kJ/mol，故水的热稳定性很高，在 2000℃ 的高温下，其解离度不及百分之一，约为 0.588%，所以水能在地球初期的炙热温度下存留下来。

（2）水具有很高的沸点（101.325kPa 下，100℃）和达到沸点以前极长的液态阶段。这一特性是由于水分子偶极间引力超过一般液体，是水分子间强烈氢键缔合作用造成的。

（3）水的热传导、比热容、熔化热、汽化热以及热膨胀几乎比所有其他液体都高。正是由于水的这种特性，水才能起到调节自然界温度的作用，防止温差变化过大，使地球上的气候更加适宜人类居住与动植物生长。

B 水的表面张力

水与其他液体相比具有较大张力。除汞以外，水的表面张力最大，达到 73dyn/cm（$1\text{dyn/cm} = 10^{-3}\text{N/m}$），而其他液体大多在 20 ~ 50dyn/cm 的范围内。水的表面张力随温度升高而降低。因其较大的表面张力，水产生毛细现象，而且在很大程度上也影响水溶液的吸附性。

C 水具有较小的黏滞度和较大的流动性

黏滞度是一种表征液体内部质点间阻力（内摩阻）程度的性质。一般来讲，液体的运动可视为液体的变形，而黏滞性就是一种阻抗液体间形变的能力，它使变形滞缓。水分子的极性和氢键共同决定了水的黏滞度小、流动性大。据已有资料表明，在 1V/cm 的电场下，水分子的 H^+ 的活动性为 32.5×10^{-4}cm/s、OH^- 的活动性为 17.8×10^{-4}cm/s，而其他离子的活动性只有 6×10^{-4}cm/s。同时，水分子在热运动过程中，经常不断地进行新的排布和联结。

D 水的介电效应

水中盐类离子晶体发生离解时，一些水分子围绕着每个离子形成一层抵消外部静电引力（或斥力）的外膜，它会部分中和离子的电荷，并且阻止正、负离子间的再行键合。这种水分子的封闭外壳类似绝缘介质的作用，起到屏蔽效应，称为介电效应。水具有较高的介电效应。

介电效应一般用介电常数表征。介电常数（ε）值越大，两电荷质点间的引力越小，反之则越大。水的介电常数 ε，在常温下为 81、0℃ 时为 88、100℃ 时为 56。常温下水的

介电常数 ε 为 81，表示正、负电子在水中的相互吸附力比在真空或空气中减小 81 倍。

E 水具有使盐类离子产生水化作用的能力

水是偶极分子，并有很大的极性。水分子的正极（氢端）与水中阴离子相吸引，负极（氧端）与水中阳离子相吸引。由于水中离子与水分子偶极间的相互吸引作用，使水中正、负离子周围为水分子所包围，这种过程称为盐类离子的水化作用（或称离子的溶剂化作用）。这种作用是多数盐类能溶于水的主要原因。

离子水化后生成水合离子。水合金属离子的通式可写成 $[M(H_2O)^{n+}]$，如 $Fe(H_2O)_6^{3+}$、$Fe(H_2O)_4^{2+}$、$Al(H_2O)_6^{3+}$ 等。水合氢离子 H_3O^+ 在水中也很普遍。

F 水具有良好的溶解性能

水具有良好的溶解性能是水最突出的特性。水对固体的溶解性能主要是由于水是极性分子，介电效应高，能使盐类离子产生水化作用等。

前已述及，水是由一个带负电的氧离子和两个带正电的氢离子组成的。由于氢和氧分布不对称，在接近氧离子一端形成负极，氢离子一端形成正极，成为偶极分子。岩土与水接触时，组成结晶格架的盐类离子，被水分子带相反电荷的一端所吸引；当水分子对离子的引力足以克服结晶格架中离子间的引力时，离子脱离晶架，被水分子所包围，溶入水中。

1.2.2.4 水的同位素组成

原子核内质子数（p）相同，而中子数（n）不同的一类核素称为同位素，即同一化学元素相对原子质量不同的两种以上原子互为同位素。氕（H）、氘（D）、氚（T）是水中氢元素的三种同位素。氕和氘是氢的稳定同位素。氚是氢的放射性同位素，衰变时发射 β 射线，生成氦：$^3_1H \rightarrow ^3_2He + \beta^-$，半衰期（$T_{\frac{1}{2}}$）为 12.43 年，它在水中以氚水（HTO）形式存在。^{16}O，^{17}O，^{18}O 是氧元素的三种同位素，都是稳定同位素。

总之，水是一种有限的、宝贵的、不可替代的自然资源，是人类和一切生物赖以生存及社会发展的物质基础。水是生命之源，没有水就没有人类，水同空气、阳光一样，是维持生命不可缺少的物质，是人类生活、发展生产的必要条件。同时，水也是基本的环境要素，是生态系统的重要组成部分，水在自然界中发挥着重要的环境效应。因此，研究和分析水的组成和性质是解决水环境问题的重要理论基础。

1.3 水污染问题

人类的活动会使大量的工业、农业和生活废弃物排入水中，使水体受到污染。据 2010 年中国水资源公报资料显示：这一年，全国废污水排放总量（不包括火电直流冷却水和矿坑排水量）为 792 亿吨，这一数值较 2000 年的 620 亿吨增长了 27.7%。

2008 年修订的《中华人民共和国水污染防治法》中对“水污染”下了明确的定义，即水体因某种物质的介入，而导致其化学、物理、生物或者放射性等方面特性的改变，从而影响水的有效利用，危害人体健康或者破坏生态环境，造成水质恶化的现象。

1.3.1 水污染的来源

水污染主要是由人类活动产生的污染物造成的，包括三大污染源：工业污染源、农业污染源和生活污染源。

工业污染源是指工业生产中对环境造成有害影响的生产设备或生产场所，它通过排放废气、废水、废渣和废热的形式对大气、水体和土壤等造成污染。工业废水是水体的重要污染源，具有量大、面积广、成分复杂、毒性大、不易净化、难处理等特点。工业废水中通常含有如苯、苯酚、吡啶、喹啉等大量有机物及重金属，若排入到河流中会对水体和人体健康产生巨大危害。

农业污染源包括牲畜粪便、农药、化肥等。经过降水、喷灌的作用，为农作物施加的农药和化肥会渗入土壤或流入河流中，引起水体污染。这种污水中除农药和化肥含量高外，有机质、植物营养物质及病原微生物含量也较高。水土流失也是产生农业污染的原因之一，每年表土流失量约50亿吨，致使大量农药、化肥随表土流入江、河、湖、库，随之流失的氮、磷、钾营养元素，使许多湖泊产生不同程度的富营养化，造成藻类以及其他生物异常繁殖，引起水体溶解氧的变化，从而导致水体水质恶化。

生活污染源主要是城市生活中使用的各种洗涤剂和污水、垃圾、粪便等，含氮、磷、硫及致病细菌较多。2008年中国生活污水排放量为330.0亿吨，占废水排放总量的57.7%。很大一部分生活污水未经处理就排入水域，致使许多河段污染严重，鱼虾绝迹。

1.3.2 水污染物的分类

废水中的污染物种类繁多。废水中污染物的种类和含量大小是决定采用哪种处理工艺的关键指标。按照存在的形态，废水中的污染物可分为漂浮物、悬浮固体、胶体、低分子有机物、无机离子、溶解性气体、微生物等。按照危害特征，废水中的污染物可以分为漂浮物、悬浮固体、石油类、耗氧有机物、难降解有机物、植物营养物质、重金属、酸碱、放射性污染物、病原体、热污染等。

近些年来，持久性有机污染物（POPs）、重金属、内分泌干扰物（EDCs）等污染物引起各国政府、学术界及公众的广泛重视。POPs指持久存在于环境中，具有很长的半衰期，且能通过食物网积聚，并对人类健康及环境造成不利影响的有机化学物质。这些有机物具有含量低、毒性大、异构体多、长期残留性等特点。EDCs是指环境中存在的能干扰人类或动物内分泌系统诸环节并导致异常效应的物质，它们通过摄入、积累等各种途径，并不直接作为有毒物质给生物体带来异常影响，而是类似雌激素一样对生物体起作用，即使数量极少，也能让生物体的内分泌失衡，出现种种异常现象。这类物质多为有机污染物及重金属物质，对动物体和人体生殖系统、神经系统及免疫系统造成影响，产生病变。

下面简要介绍难降解有机污染物和金属污染物在水中的分布及存在形态。

1.3.2.1 有机污染物

（1）多氯联苯（PCB）。联苯苯环上的氢被氯取代而形成的多氯化合物，氯原子在联苯的不同位置取代1~10个氢原子，可以合成210种化合物。因其化学性质非常稳定，较难在自然界中分解，属于持久性有机污染物，并且被广泛用作热载体、绝缘油、润滑油及耐腐蚀的材料等。多氯联苯极难溶于水而易溶于脂肪和有机溶剂，并且极难分解。因其具有较高的辛醇-水分配系数，能够在沉积物有机质和生物体脂肪中大量富集。

（2）多环芳烃类（PAH）。多环芳烃是分子中含有两个以上苯环的碳氢化合物，包括萘、蒽、菲、芘等150余种化合物。多环芳烃在水中溶解度很小，辛醇-水分配系数较高，以三种状态存在于水体中：吸附在悬浮性固体上、溶解于水、呈乳化状态。其化学性质稳定，当发生反应时均趋向保留共轭环状系，一般多通过亲电取代反应形成衍生物并代谢为最终致癌物的活泼形式。已有7种多环芳烃被列入我国优先控制污染物黑名单中，分别是萘、荧蒽、苯并［b］荧蒽、苯并［k］荧蒽、苯并［a］芘、苯并［1，2，3-c，d］芘、苯并［g，h，i］芘。

（3）单环芳香族化合物。在地表水中，多数单环芳香族化合物主要经过挥发作用，然后进行光解作用。在优先污染物中已发现4种化合物，即氯苯、二氯苯、三氯苯和六氯苯，可被生物积累。在地表水中，单环芳香族化合物因其生物降解和化学降解速率均比挥发速率要低，所以不是持久性污染物（个别除外）。

（4）卤代脂肪烃。在美国EPA优先污染物表中含26种卤代脂肪烃，除5种化合物（二氯溴甲烷、氯二溴甲烷、三溴甲烷、六氯环戊二烯和六氯丁二烯）外，其他化合物由于蒸气压高，会很快地从水中消失。因此对这21种高挥发性化合物，水是最优监测对象。在底泥中，六氯环戊二烯和六氯丁二烯为长效剂，能被生物积累，其最佳监测对象为相应的底泥样品。其他化合物（二氯溴甲烷、氯二溴甲烷和三溴甲烷）在水环境的最终归宿目前还不清楚。

（5）醚类。有7种醚类化合物被列在美国EPA优先污染物表中，它们在水中的存在形式不同。其中5种只存在水中，其辛醇-水分配系数较低，因此它们潜在的生物积累能力和在底泥上的吸附能力都低。4-氯苯苯基醚和4-溴苯苯基醚的辛醇-水分配系数较高，因此有可能在底泥和生物群中积累。

（6）酚类。酚类化合物的毒性以苯酚为最大，通常含酚废水中又以苯酚和甲酚的含量最高。目前环境监测常以苯酚和甲酚等挥发性酚作为污染指标。酚类化合物的辛醇-水分配系数较低，水溶性较好，大多数酚主要残留在水中，而不能富集在沉积物和生物脂肪中，生物降解和光解是其主要迁移、转化过程，在自然界沉积物中的吸附及生物富集作用较小。

（7）农药。农药是农业上防治病虫害的重要物质，在人类农业生产中，它做出了极大的贡献。据有关资料统计，若不使用农药，全球粮食产量将会因病虫害减产1/3。然而农药化学毒性较高，是难降解的物质，其进入环境中会造成不同程度的污染。水中常见农药主要为有机氯农药、有机磷农药、氨基甲酸酯及拟除虫菊酯类农药。农药对水体的污染主要来源于：直接向水体施药；农田施用的农药随雨水或灌溉水向水体的迁移；农药生产、加工企业废水的排放；大气中的残留农药随降雨进入水体；农药使用过程中，雾滴或粉尘微粒随风飘移沉降进入水体，以及施药工具和器械的清洗等。

有机氯农药禁用已有20多年，但由于其稳定性，在各种环境中仍然保持一定的污染水平。在我国，关于河流、水库以及近海海域的有机氯农药残留研究报道较多，尽管各种有机氯农药均有检出，但还是以滴滴涕与六六六为主。有机氯农药具有较低的水溶性和较高的辛醇-水分配系数，其很大部分被分配到沉积物有机质和生物脂肪中。内陆河流、水库、湖泊等水体与沉积物中的滴滴涕与六六六含量一般低于近海水域。如西藏错鄂湖水体中滴滴涕含量为0.30ng/L，而其在沉积物中的含量为2.39ng/g；六六六在水体中与沉积物中的含量分别为1.81ng/L和0.92ng/g。鄱阳湖区海会镇洲滩底泥中六六六类平均含量为3.46ng/g，滴滴涕类平均含量为19.707ng/g。而近海水域如渤海湾、珠江口、闽江等六六六与滴滴涕含量都较高。虽然由于有机氯农药的停用，水中两种农药的含量有下降趋势，但是其高残留性不得不引起人们的高度重视。

有机磷农药是人类最早合成的，在我国农业生产中仍然广泛应用的一类农药，而其中也存在高毒品种如毒死蜱、对硫磷、甲胺磷等。在美国，现在已不再接受有机磷农药的登记申请，并且根据《食品质量保护法》的规定，其被美国环保总局列为最先接受再登记和残留限量再评价的农药。理论上认为有机磷农药易被生物降解、残留量低，在环境中滞留时间较短，但其可转化为某些持久性有机污染物。

目前，我国有机氯农药的替代品除有机磷农药外，还包括氨基甲酸酯及拟除虫菊酯类农药，虽然这两类农药在环境中容易分解，不过由于某些地区的使用方法不当，导致其对水、土壤等环境同样造成污染。

1.3.2.2 金属污染物

（1）砷。还原态砷以$AsH_3(g)$为代表，元素砷在天然水中很少存在，两种氧化态以亚砷酸盐和砷酸盐为代表。一般无机砷比有机砷毒性更大，三价砷比五价砷毒。砷化氢的毒性和其他的砷都不同，而它是目前已知的砷化合物中最毒的。对一般人而言，砷的摄取多来自食物和饮水、鱼、海产、藻类中，这些化合物对人体毒性低而且容易排出体外。

砷中毒主要危害到心血管系统、神经系统、呼吸系统、血液系统及生殖系统，可以引起肺癌、肝癌、膀胱癌、皮肤癌等。

（2）汞。汞是在正常大气压力、常温下唯一以液态存在的金属。汞的氧化还原电位较高，易呈现金属状态，并具有较大挥发性。在25℃下，元素汞在纯水中的溶解度为60μg/L，在缺氧水体中的溶解度约为25μg/L。水溶性的汞盐有氯化汞、硫酸汞、硝酸汞和氯酸汞等。

汞是电池、采矿等行业常用的重金属之一，汞及其化合物可通过呼吸道、皮肤或消化道等不同途径侵入人体（皮肤完好时短暂接触不会中毒）。汞的毒性是积累的，需要很长时间才能表现出来。食物链对于汞有极强的富集能力，淡水鱼和浮游植物对汞的富集倍数为1000，淡水无脊椎动物为100000，海洋动物为200000。汞中毒以慢性为多见，主要发生在生产活动中，主要由于长期吸入汞蒸气和汞化合物粉尘所致。微量的汞在人体内不致引起危害，可经尿、粪和汗液等途径排出体外；如数量过多，即可损害人体健康。汞和汞盐都是危险的有毒物质，严重的汞盐中毒可以破坏人体内脏的机能，常常表现为呕吐现象、牙床肿胀、发生齿龈炎症、心脏机能衰退（脉搏减弱、体温降低、昏晕）。$HgCl_2$的致死剂量为0.3g。为了防止汞中毒事件发生，我国根据《中华人民共和国环境保护法》所制定的生活饮用水和农田灌溉水的水质标准，都规定汞含量不得超过0.001mg/L。

（3）铅。铅是淡黄带灰色的柔软金属，但在空气中很快生成暗灰色氧化膜。硝酸铅、乙酸铅等铅盐易溶于水，但大多数铅化物难溶于水。含铅盐类多能水解。铅的氢氧化物具有两性，既能形成含有PbO_3^{2-}和PbO_2^{2-}的盐，又能形成含有Me^{4+}和Me^{2+}的盐。

铅对环境的污染，一是由冶炼、制造和使用铅制品的工矿企业，尤其是来自有色金属冶炼过程中所排出的含铅废水、废气和废渣造成的；二是由汽车排出的含铅废气造成的，汽油中用四乙基铅作为抗爆剂（每千克汽油用1~3g），在汽油燃烧过程中，铅便随汽车排出的废气进入大气。由于铅在环境中的长期持久性，又对许多生命组织有较强的潜在性毒性，因此铅一直被列为强污染物范围。铅在体内易积蓄在骨骼之中，当人体中摄入过多铅后，血液、神经、肠胃和肾四个组织系统受到影响。急性铅中毒症状为：胃疼、头痛、颤抖、神经性烦躁，在最严重的情况下，可能人事不省，直至死亡。在很低的浓度下，铅的慢性长期健康效应表现为影响大脑和神经系统。

（4）铬。铬是银白色金属，质极硬，耐腐蚀。铬常见有以下四种价态：+2、+3、+4、+6。排入水体的铬主要有 +3 和 +6 两种价态，因此铬离子除与一般重金属离子一样可发生水解、配合、沉淀外，还能通过氧化还原反应形成 Cr(Ⅳ) 的酸根离子。这些反应都将影响铬的迁移和转化。

铬是人体必需的微量元素，三价的铬是对人体有益的元素，而六价铬是有毒的。铬的毒性与其存在的价态有关，六价铬比三价铬毒性高 100 倍，并易被人体吸收且在体内蓄积，三价铬和六价铬可以相互转化。天然水不含铬；海水中铬的平均浓度为 0.05μg/L；饮用水中更低。铬的污染源有含铬矿石的加工、金属表面处理、皮革鞣制、印染等排放的污水。

（5）镉。镉是银白色有光泽的金属，质地柔软，抗腐蚀、耐磨，稍经加热即易挥发，其蒸气可与空气中的氧结合，生成氧化镉。金属镉易溶于稀硝酸，在热盐酸中渐渐溶解，在稀或冷的硫酸中不溶解。镉进入水体以后的迁移转化行为主要决定于水中胶体、悬浮物等颗粒物对镉的吸附和沉淀过程。

水体中镉污染物主要来自于含镉矿物开采冶炼、各种镉化合物的生产和应用领域，主要包括电镀工业、颜料工业、电池和电子器件等。臭名昭著的日本“痛痛病”的发生就是源于矿山含镉废水对水体的污染，后通过食物链进入人体，引起历年累计死亡 100 多人的重大公害事件。镉会对呼吸道产生刺激，长期暴露会造成嗅觉丧失症、牙龈黄斑或渐成黄圈。镉化合物不易被肠道吸收，但可经呼吸被体内吸收，积存于肝或肾脏造成危害，尤其对肾脏损害最为明显，还可导致骨质疏松和软化。

1.4 废水处理与资源化

1.4.1 生活污水处理与资源化

我国的水环境当前存在的主要问题有三个：一是水资源短缺；二是水污染；三是用水的极大浪费。20 世纪 70 年代以来，尽管我国在水污染防治方面做了很多工作，但水污染的发展趋势仍未得到有效控制，许多江、河、湖泊、水库的水质仍在下降。我国本来就是一个缺水国家，全国 663 个城市中，有 400 多个城市常年供水不足，110 个城市严重缺水，由此每年影响工业产值 2000 多亿元。日趋严重的水污染不仅降低了水体的使用功能，而且加剧了水资源短缺的矛盾，对我国正在实施的可持续发展战略带来了严重的负面影响。

随着我国工业化、城镇化进程的加快，在一定时期内城市用水的需求量还将呈增加趋势。如何实现水资源的可持续利用，以有限的、相对紧缺水资源，保障和支持城市的可持续发展，是我们面临的非常严峻且具有挑战性的问题之一。污水处理和再生利用是对水自然循环过程的人工模拟和强化。发展污水再生利用，推进污水资源化，是实现有限水资源合理利用、缓解水资源紧张的必然选择。

随着城镇化进程的加速，小城镇的污水及处理工艺的特殊性越加明显：（1）污水水质受区域性工业发展变化影响较大，污水中工业废水的比例增加，难降解物质含量逐渐提高；（2）为实现污水多项污染物达标，设计上通常采取延长停留时间，增加处理单元，因此处理流程过长，工程投资过大；（3）工艺过程中大多单独设置除磷脱氮单元，成本较高，运行效果不稳定。因此，现有以好氧活性污泥法为主体的城市生活污水处理技术由于投资较大、剩余污泥量多、运行成本高，较难直接应用于小城镇污水处理。

我国现有城市污水处理厂80%以上采用的是活性污泥法。自“七五”期间开始至今，在城市污水处理技术及其装备的国产化方面取得了丰硕的成果，开发了多种污水除磷脱氮生物处理新工艺，比较典型的工艺有：A/O法、A^2/O法、氧化沟法、AB法、SBR法等。这些主要以去除BOD和SS为主要目标的、以活性污泥为核心的污水处理技术在我国城市生活污水处理方面起到了重要的作用。但是，随着我国对水环境质量要求的提高，一方面修订后的国家《污水综合排放标准》（GB 8978—1996）也越来越严格，特别是对出水氮、磷的要求提高，使得新建城市污水处理厂必须考虑氮磷的去除问题。另一方面，由于新的合成化学品的大量使用和城市工业产业的快速发展，生活污水中工业废水的比例增加，特别是难降解有机污染物数量和种类的增加，已应用的技术较难满足目前发展的需要，新工艺亟待开发和应用。

污水再生利用是实施污水资源化的核心内容。一般用过一次的水，污染杂质只有0.1%左右，经再生处理重复利用，可实现水在自然界中的良性循环。目前城镇供水的80%转化为污水，经再生处理，其70%可安全回用于工业冷却、园林绿化、汽车冲洗及居民生活杂用，估算相当于增加城市供水量的50%。

根据我国2003年5月1日颁布实施的《城市污水再生利用分类》（GB/T 18919—2002）国家标准，共分为五大类，即农、林、牧、渔用水；城市杂用水；工业用水；环境用水；补充水源水。为了达到污水资源化再生利用的目的，首先应根据需求和用途，合理确定回用水的水量和水质及适宜的深度处理技术；其次应遵循经济合理和卫生安全的基本原则，实行污水再生利用。

近年来，许多国家已成功地实施了水的回用项目。国际上，欧美、日本等西方发达国家，已经普遍施行城市污水的集中二级处理；日本、美国、南非、以色列等国早已开展了污水经处理后回用的工作。大量事实证明，大规模回用水的可行性以及回用水计划对世界范围内水资源的可持续管理有着重要作用。

我国的中水技术发展和应用是从改革开放时开始的，先后经历了三个重要阶段，即引进、消化阶段；中水工程设施建设实施阶段；推广和应用阶段。经过多年的工程应用实践，积累了丰富的实际工程经验。经过三个阶段的发展，城市的水污染防治和水再生利用随着生态环境的建设将得到有机的结合。在此期间我国先后颁布了《建筑中水设计规范》、《生活杂用水水质标准》、《城市污水再生利用分类》等多项标准，中水工程建设和中水技术的发展进入一个新的充满生机的快速发展阶段。

我国污水再生利用起步相对较晚，除北京高碑店污水处理厂日回用量为$47\times10^4m^3$外，其他城市回用项目规模均在每天几万立方米左右，范围也仅限于工业冷却及园林绿化。我国天津、深圳、大连、西安等缺水的大城市相继开展了污水回用于工业和民用的试验研究。自2000年以来，随着水资源短缺问题的日益加重和污水处理及资源化技术的发展，一些城市或区域正全面规划污水资源化工程，有的已经开始付诸实施。例如：青岛市

日产 $4\times10^4m^3$ 的再生水工程已经投产，目前正加速建设中水管道，扩大供水规模；天津市正在建设5万吨/d的城市污水回用工程，其中2万吨/d用于居住区生活杂用水，服务建筑面积约 $560\times10^4m^3$，服务人口达15.8万。天津市还计划到2015年将城市污水处理厂出水全部回用；大连市实施"蓝天碧海"工程，计划每天生产再生水20万吨；抚顺市在建设城市污水处理厂的同时规划建设污水回用设施，20万吨/d再生水将用于工业用途。南水北调东线治污规划、淮河流域和海河流域的城市污水处理"十五"计划中，也提出了100多项城市污水再生利用工程建设计划清单，在加强水污染治理同时，开始启动污水再生利用工作。北京市规定：凡超过 $5\times10^4m^2$ 的新建居民住宅小区，必须建污水再生利用设施。山东省规定：建筑面积 $3\times10^4m^2$ 以上的公共设施，规划人口在8万以上的住宅小区，必须建污水再生利用设施；否则，不予验收。

污水处理是污水再生利用的基础，也是实现污水资源化的前提。但是，目前我国城市污水再生利用技术和设备的开发难以满足快速增长的再生利用工程建设和运行管理的需求，迫切需要尽快提高我国城镇污水处理和再生利用的工艺设计和技术水平，形成规模化、低成本、质量可靠的污水再生利用的技术与设备材料开发生产体系，研究开发适合中国经济现状和发展水平的安全、可靠、高效、低能耗、低投资的工艺技术和配套设备，着重解决满足城市污水再生利用于农业、生态、市政和工业中的水质净化技术、水质稳定技术、水质保障技术、安全用水技术、工程技术、运行管理技术和成套技术设备问题。特别是应重视城市污水中有机毒物、难降解有机物和色度强化去除技术、污水的高效低耗组合处理技术等。污水资源化问题的解决是一项系统工程，大量已经投资建设并运行的城市污水处理厂，经过处理后的再生水并没有得到充分利用，有的地区甚至还将处理后的再生水与未经处理的污水混入一起同流合污，有的地区没有将再生水合理再用却直接排入大海造成淡水资源的浪费。

因此，为了加快城市污水资源化进程，必须要在现行的相关法律和国家标准的基础上，制定颁布指导城镇污水处理和再生利用的法规和技术规范，完善法律保障体系，积极采用国际标准或国外先进标准，与国际惯例接轨；加强污水产业标准化工作的组织和管理，逐步建立健全全国污水产业标准化工作网络和全国污水产品质量检测网络，加大质量管理和监督检查力度；依照《中华人民共和国产品质量法》和《中华人民共和国质量认证管理条例》建立统一的污水产品认证制度。

1.4.2 工业废水处理与资源化

随着现代工业的日益发展，工业用水量及废水的排放量日益增加，世界各国的水体都出现了不同程度的污染，导致世界性的水资源匮乏危机日益严重。为极大地缓解水资源的短缺状况，工业废水处理技术的研究也日益受到人们的密切关注。

废水的处理，按处理程度的不同，常分为一级、二级和三级处理。一级处理主要是用物理或化学的方法去除污水中呈悬浮状的固体性污染物和调节废水的pH值，是二级处理的预处理。二级处理主要是用生物法或化学混凝法去除污水中呈胶体和溶解状态的有机污染物质，出水一般能达到国家废水排放标准。三级处理又称深度处理。如需较高水质的污水回用，须进行三级处理，即用物理化学方法、生物法或化学法去除难以生物降解的有机物和无机磷、氮等可溶性污染物。

废水处理的目的是将废水中所含的污染物分离出来，或将其转化为无害和稳定的物质或可分离的物质，从而使废水得到净化。

废水处理技术，按其作用原理，主要分为物理法、化学法、物理化学法和生物法四类。

物理法是通过物理或机械作用分离或回收废水中不溶解的呈悬浮状态的污染物的废水处理方法，其处理过程不改变污染物质的化学性质。物理法废水处理技术通常有调节、筛滤、过滤、沉淀、浮力浮上、离心分离、磁分离等。

化学法是通过加入化学物质，使其与废水中的污染物质发生化学反应来分离、去除、回收废水中呈溶解、胶体状态的污染物或将其转化为无害物质的废水处理方法。化学法废水处理技术通常有混凝法、中和法、氧化还原法、化学沉淀法等。

物理化学法是利用传质原理处理或回收利用废水的方法。常见方法包括：吸附法、离子交换法、膜分离法、汽提法、吹脱法、萃取法、蒸发法、结晶法等。

生物处理法就是利用微生物的新陈代谢功能，通过微生物吸附、降解废水中的有机污染物，将废水中呈溶解、胶体以及微细悬浮状态的有机物、有毒物等污染物质，转化为稳定、无害的物质的废水处理方法。生物处理法通常又分为好氧生物处理法（如活性污泥法、生物膜法、生物稳定塘和土地处理法等）和厌氧生物处理法（如厌氧活性污泥法和厌氧生物膜法）两种方法。好氧生物处理是在有溶解氧的条件下，依靠好氧菌及兼性厌氧菌分解氧化废水中的有机物，以降低其含量。厌氧生物处理则是在无溶解氧的条件下，依靠兼性厌氧菌和专性厌氧菌转化和稳定有机物，主要用于处理高浓度有机工业废水和城市污水中的污泥，且可以回收甲烷作为燃料。一般来讲，中、低浓度有机废水多采用好氧生物处理，高浓度（COD 超过 3000～4000mg/L）有机废水趋于厌氧生物处理 + 好氧生物处理。

工业废水中污染物成分极其复杂多样，任何一种处理方法都难以达到完全净化的目的，而常常要几种方法组成处理系统，才能达到处理的要求。废水处理流程的组合，一般遵循先易后难、先简后繁的原则。先去除大块垃圾和漂浮物质，然后再依次去除悬浮固体、胶体物质及溶解性物质，即首先使用物理法，然后再使用化学法或物化和生物处理法。

综上所述，废水处理方法多种多样，在选用废水处理方法时，要充分考虑废水的水质特点及处理程度的要求，力求使选用的处理方法操作简便、经济、有效。

对于工业废水处理的资源化，根据各个工业行业的不同、废水资源化的难度差异，其废水资源化的程度千差万别。

以煤矿矿井水资源化为例，我国绝大部分煤矿产区水资源短缺状况非常严重，全国 86 个国有重点煤矿区中有 71% 缺水、40% 属于严重缺水，这种区域性富煤贫水的格局使得煤矿区水资源供需矛盾十分突出。国家发改委《矿井水利用专项规划》明确指出：要加大矿井水利用技术研发力度，注重自主创新，重点研发具有自主知识产权的关键技术；加强技术创新能力的建设，建立以企业为主体的技术创新体系，推动“产学研”的联合，促进矿井水利用科技成果的产业化；组织实施矿井水利用的重大示范工程，研究和推广适用于重要产矿区、严重缺水区及大涌水矿区的矿井水利用技术，不断扩大矿井水的利用规模，提高矿井水利用水平。

参 考 文 献

[1] 王凯雄，朱优峰. 水化学［M］. 北京：化学工业出版社，2009.

[2] 戴树桂. 环境化学［M］. 北京：高等教育出版社，2006.

[3] 蒋辉. 环境水化学［M］. 北京：化学工业出版社，2003.

[4] 王九思，陈学民，肖举强，等. 水处理化学［M］. 北京：化学工业出版社，2002.

[5] 陈绍炎. 水化学［M］. 北京：水利电力出版社，1989.

[6] 孙肖瑜，王静，金永堂. 我国水环境农药污染现状及健康影响研究进展［J］. 环境与健康杂志，2009，26（7）：649 ~ 651.

[7] 王雪芳. 农药污染与生态环境保护［J］. 广西农学报，2004，2：21 ~ 24.

[8] 任洪强，王晓蓉. 城市污水处理及资源化技术［J］. 化工技术经济，2003，21：40 ~ 43.

[9] 于洋，周金娣，王显军. 污水处理与资源化技术［J］. 辽宁工程技术大学学报（自然科学版），2002，21：388 ~ 391.

2 水处理过程化学基本原理

2.1 化学热力学

2.1.1 热力学第一定律

2.1.1.1 热力学第一定律的描述

经过长期实践，人类总结出极其重要的经验规律——能量守恒原理。该原理指出：自然界一切物体都具有能量，能量有各种不同形式，它能从一种形式转化为另一种形式，从一个物体传递给另一个物体，在转化和传递过程中能量的总和不变。能量守恒原理说明了第一类永动机——不靠外界提供能量，同时自身的能量也不减少，却能不断地对外做功，是不可能实现的。将此原理应用于以功和热进行能量交换的热力学过程，就被称为热力学第一定律，即在隔离系统中，各种形式的能量可以相互转化，但能量的总值保持不变。

当系统经历某一过程之后，其热力学能的增量为 ΔU，若过程中系统从外界环境吸收的热量为 Q，环境对系统做的功（即系统得到的功）为 W，则对于系统来说，一定有：

$$\Delta U_{\text{系统}} = Q + W \tag{2-1}$$

对于环境来说，有：

$$\Delta U_{\text{环境}} = -(Q + W)$$

对于整体（系统 + 环境）而言，有：

$$\Delta U = \Delta U_{\text{系统}} + \Delta U_{\text{环境}} = (Q + W) - (Q + W) = 0$$

即总的能量变化为零，这就是能量守恒原理。

由热力学第一定律的数学表达式还可以明确一个重要关系：若系统从始态沿不同途径到达末态，因热力学能是状态函数，故 ΔU 恒定，即 $\Delta U_1 = \Delta U_2$，它不随具体途径而变化。但系统由始态经不同路径到达末态，所对应的热和功之和（$Q + W$）应当只取决于系统的始末状态，而与具体的途径无关。

2.1.1.2 恒容热、恒压热与焓

当系统发生化学变化后，使末态产物的温度回到初始态反应物的温度（等温过程）时，体系放出或吸收的热量称为该反应的热效应，或反应热。

A 恒容热

若系统发生变化过程中，体积始终保持不变，则体系不做体积功，即 $W=0$。

根据热力学第一定律可得：

$$Q_V = \Delta U - W = \Delta U \tag{2-2}$$

式中，Q 的下标“V”表示过程为恒容且非体积功为零，故 Q_V 称为恒容热。对于一微小恒容不做非体积功的过程，式（2-2）可写为：

$$\delta Q_V = \mathrm{d}U(\mathrm{d}V = 0, \delta W' = 0) \tag{2-3}$$

以上两式说明：在 $dV=0$ 的条件下，过程的恒容热 Q_V 等于系统的热力学能变化量 ΔU。这种方法是解决热力学问题的最基本方法。

B 恒压热

若系统发生变化过程中，压力始终保持不变，其反应热称为等压反应热，用 Q_p 表示。根据热力学第一定律可得：

$$
\begin{aligned}
Q_p &= \Delta U - W = \Delta U + p\Delta U = U_2 - U_1 + p(V_2 - V_1) \\
&= (U_2 + pV_2) - (U_1 + pV_1) \qquad (2-4)
\end{aligned}
$$

表明在等压过程中，体系吸收的热量 Q_p 等于末态和始态的（$U+pV$）值之差。

C 焓

U、p、V 都是状态函数，故其组合（$U+pV$）也应是系统状态函数。因此，将（$U+pV$）定义为新的函数，称为焓，符号为 H，即：

$$H = U + pV \qquad (2-5)$$

这样，式（2-4）可以改写为：

$$Q_p = H_2 - H_1 = \Delta H(\mathrm{d}p = 0, W' = 0) \qquad (2-6)$$

这就是说，在等压过程中，系统吸收的热量全部用来增加体系的焓，所以恒压热就是系统的焓变，用 ΔH 来表示。由此可知，在等压过程中，体系的焓变（ΔH）和热力学能的变化（ΔU）之间的关系式为：

$$\Delta H = \Delta U + p\Delta V \qquad (2-7)$$

系统状态发生变化时，不管过程是否恒压以及做非体积功与否，状态函数焓都会随之改变。但是，若某过程系统与环境交换的热 Q 等于该过程的 ΔH，则该过程必是非体积功为零的恒压过程或等压过程。

【例题 2-1】 在 100℃ 和 100KPa 下，1.0molH_2O(l) 气化成 1.0molH_2O（g）。若 $\Delta H = -40.63$kJ/mol，则 ΔU 为多少？在此汽化过程中 ΔH 和 ΔU 是否相等？

解：该汽化过程为 $H_2O\ (l) \rightleftharpoons H_2O\ (g)$

恒温恒压下只做体积功 $\Delta H = \Delta U + (\Delta n)RT$

$$
\begin{aligned}
\Delta U &= \Delta H - (\Delta n)RT = 40.63 - (1.0 - 0.0) \times 8.314 \times \\
&\quad (273.15 + 100) \times 10^{-3} = 37.5\text{kJ/mol}
\end{aligned}
$$

显然此过程中，ΔH 和 ΔU 不相等。

2.1.1.3 标准摩尔焓

A 标准态

一般化学系统是混合物，为了避免同一物质的某热力学状态函数在不同反应系统或同一反应系统不同状态下数值不同，规定了一个参考状态——标准状态，以使同一物质在不同的化学反应中具有同一数值。标准态的规定如下：

（1）对于纯理想气体而言，标准态是该气体处于标准压力 $p^\ominus$（$p^\ominus = 100$kPa）下的状态。混合理想气体中任一组分的标准态是指该气体组分的分压力为 $p^\ominus$ 的状态。

（2）纯液体（或纯固体）物质的标准态就是标准压力 $p^\ominus$ 下的纯液体（或纯固体）。

（3）对于溶液中各组分的标准态，规定为各组分浓度均为 $c^\ominus = 1$mol/L（标准浓度）的理想溶液。

B 标准摩尔反应焓

任意一个化学反应中，若所有物质均处于温度为 T（通常 298.15K）的标准状态下，当反应进行了 1mol 时，其反应热就称为反应的标准摩尔焓变，用 $\Delta_r H_m^\ominus$ 表示。符号中的下标“r”表示反应（reaction），$\Delta_r H_m^\ominus$的数值与化学反应式的写法有关。

$$\Delta_r H_m^\ominus = \sum_B \nu_B \Delta_f H_m^\ominus(B) \tag{2-8}$$

式中 ν_B——化学反应式中 B 物质的计量系数，即反应的标准摩尔焓变等于所有产物的标准摩尔生成焓之和减去所有反应物的标准摩尔生成焓之和。

以反应 $aA + bB = gG + dD$ 为例，式（2-8）可以写为：

$$\Delta_r H_m^\ominus = d\Delta_f H_m^\ominus(D) + g\Delta_f H_m^\ominus(G) - a\Delta_f H_m^\ominus(A) - b\Delta_f H_m^\ominus(B) \tag{2-9}$$

C 标准摩尔生成焓

在标准压力下，反应温度为 T 时（通常 298.15K），由元素最稳定的单质合成标准状态下单位物质的量的某物质时的焓变，称为该物质的标准摩尔生成焓，用下述符号表示：

$$\Delta_f H_m^\ominus\text{（物质，相态，温度）}$$

符号中的下标“f”表示生成反应（formation），Δ 表示变化量，m 表示摩尔（mol），Θ 表示标准态。$\Delta_f H_m^\ominus$ 的单位为 J/mol 或 kJ/mol。

例如：在 298.15K 时，$1/2H_2$（g，$p^\ominus$）$+1/2Cl_2$（g，$p^\ominus$）$=HCl$（g，$p^\ominus$），其反应焓变为 $\Delta_f H_m^\ominus$（298.15K）= −92.31kJ/mol，这就是 HCl（g）的标准摩尔生成焓。

2.1.2 热力学第二定律

2.1.2.1 自发过程

在自然界中，很多过程的发生不需要外界作用就能自发进行，如水从高处往低处流动、热从高温物质传向低温物质。将这些无需依靠消耗环境的作用就能自动进行的过程称为自发过程。相反，需要消耗外力做功才能进行的过程，称为非自发过程。

自发过程的特征：

（1）自发过程总是单方向趋于平衡。例如，热量总是从高温物质流向低温物质，直到两种物质的温度相等，宏观上达到平衡为止。

（2）自发过程均具有不可逆性。此不可逆性包括两方面：一是自然界中所有自发过程都是热力学的不可逆过程；二是系统经自发过程达到平衡后，若无环境作用系统是不可能自动反方向进行并回到原来状态。

（3）自发过程具有对环境做功的能力，若配有合适的装置，则可以从自发过程中获得可用功。如水从高处流向低处，可以带动水轮发电机做电功进行发电，说明系统经过自发过程是可以获得功的。相反，若要将水从低处抬升至高处，需要使用泵消耗环境的电功才能实现，即非自发过程的发生均需环境对系统做功。这是自发与非自发的根本区别。

2.1.2.2 热力学第二定律的含义

人类在对各种自发过程的研究中提出了热力学第二定律，表达方式有多种，但实质都是说明过程的方向和限度。下面介绍两种具有代表性的表达。

（1）1865 年，德国的科学家克劳修斯提出：“不可能把热量从低温物体传向高温物体而不引起其他变化。”

（2）1851年，开尔文提出："不可能从单一热源取热，使之完全变成功而不引起其他变化。"

热力学第二定律是热力学的基本定律之一，是关于在有限空间和时间内，一切和热运动有关的物理、化学过程具有不可逆性的经验总结。

人们曾设想制造一种能从单一热源取热，使之完全变为有用功而不产生其他影响的机器，这种空想出来的热机称为第二类永动机。它并不违反热力学第一定律，但却违反热力学第二定律。有人曾计算过，地球表面有10亿立方千米的海水，以海水作单一热源，若把海水的温度哪怕只降低0.25℃，放出热量，将能变成一千万亿度的电能，足够全世界使用一千年。但只用海洋作为单一热源的热机是违反上述第二种讲法的，因此要想制造出热效率为百分之百的热机是绝对不可能的，即"第二类永动机永不可能造成"。

2.1.2.3 热力学第三定律及熵

系统的变化总是从有序到无序的，如往一杯清水中滴一滴墨水，墨水就会自发地逐渐扩散到整杯水中，但是这个过程不能自发地逆向进行。又如（NH_4）$_2SO_4$ 晶体中的 NH_4^+ 和 SO_4^{2-} 在晶体中的排列是整齐有序的。但将其投入水中后，晶体表面的 NH_4^+ 和 SO_4^{2-} 受到极性水分子的吸引而从晶体表面脱落，形成水和离子并在水中扩散。在（NH_4）$_2SO_4$ 溶液中，无论 NH_4^+、SO_4^{2-}，还是水分子，它们的分布情况都比溶解前要混乱得多。由此可见，自然界中的物理和化学的自发过程都是朝着混乱程度增加的方向进行。

系统内组成物质的粒子的运动混乱程度，在热力学中用一个新的物理量——熵来表示，符号为 S。熵描述的是物质混乱程度的大小，也是系统的状态函数。物质（或系统）的混乱度越大，其熵值就越大。

把任何纯净的完整晶态物质在0K时的熵值规定为零（$S_0 = 0$）。根据热力学第三定律，可以求得物质在其他温度下的熵值（S_T）以及此过程总的熵变量（ΔS）。

某单位物质的量的纯物质在标准态下的熵值称为标准摩尔熵（简称标准熵），符号为 $S_m^\ominus(T)$，单位为 J/(mol·K)。

熵是状态函数，化学反应的熵变同样只取决于反应的始态和终态，而与变化的途径无关。因此根据已知物质的标准熵数值可以从式（2-10）中计算出化学反应的标准摩尔焓变 $\Delta_r S_m^\ominus$：

$$\Delta_r S_m^\ominus = \sum \nu_B S_m^\ominus(B) \tag{2-10}$$

式中，ν_B 表示反应物或生成物B的化学反应计量系数，即化学反应的熵变等于生成物的熵的总和减去反应物的熵的总和。例如：对于反应：

$$aA + bB = gG + dD$$

有
$$\Delta_r S_m^\ominus = dS_m^\ominus(D) + gS_m^\ominus(G) - aS_m^\ominus(A) - bS_m^\ominus(B)$$

【例题2-2】求反应 $2H_2$（g）+ O_2（g）→ $2H_2O$（g）在298.15K下的 $\Delta_r S_m^\ominus$。

解：查表得25℃时：

$$S_m^\ominus(H_2, g) = 130.59 J/(mol \cdot K)$$

$$S_m^\ominus(O_2, g) = 205.10 J/(mol \cdot K)$$

$$S_m^\ominus(H_2O, g) = 188.72 J/(mol \cdot K)$$

根据式（2-10）：

$$\begin{aligned}\Delta_r S_m^{\ominus}(298.15\text{K}) &= 2S_m^{\ominus}(H_2O,g) - 2S_m^{\ominus}(H_2,g) - S_m^{\ominus}(O_2,g) \\ &= 2\times188.72 - 2\times130.59 - 205.10 \\ &= -88.84\text{J/(mol}\cdot\text{K)}\end{aligned}$$

2.1.3 吉布斯自由能

在恒温恒压条件下，吉布斯自由能（也称吉布斯函数）可以直接、简便地判断化学变化方向及化学反应是否可以自发进行。

在恒温恒压条件下，$Q_{环境} = -\Delta H_{体系}$，所以对于一个自发进行的反应，有：

$$\Delta S_{总} = \Delta S_{系统} + \Delta S_{环境} = \Delta S_{系统} + \frac{Q_{环境}}{T} = \Delta S_{系统} - \frac{\Delta H_{系统}}{T} > 0$$

即
$$T\Delta S_{系统} - \Delta H_{系统} > 0$$

整理可得
$$\Delta H - T\Delta S < 0$$

即
$$(H_2 - H_1) - T(S_2 - S_1) < 0$$
$$(H_2 - TS_2) - (H_1 - TS_1) < 0$$

设 $G = H - TS$，则

$$\Delta G = G_2 - G_1 < 0$$

这里的 G 就成为吉布斯（Gibbs）自由能，也称吉布斯函数，是 1876 年由 Gibbs 提出的。G 同样为状态函数，具有与能量相同的量纲。

在恒温恒压下，利用吉布斯自由能判断反应过程的自发性，即：

(1) $\Delta G < 0$，反应过程可以自发进行。

(2) $\Delta G > 0$，反应过程不可能自发进行。

(3) $\Delta G = 0$，反应过程处于平衡状态。

吉布斯自由能变为：

$$\Delta G = \Delta H - T\Delta S \qquad (2-11)$$

由式（2-11）可以看出，反应是否能够自发进行是由两个因素决定—— ΔH 和 ΔS，下面对此加以讨论。

(1) 若 $\Delta H > 0, \Delta S < 0$，则不管温度如何，$\Delta G > 0$，所以反应不可能正向自发进行。

(2) 若 $\Delta H < 0, \Delta S > 0$，则不管温度如何，$\Delta G < 0$，所以反应总是正向自发进行。

(3) 若 $\Delta H < 0, \Delta S < 0$，此时温度起到重要作用，因为只有在 $|\Delta H| > |T\Delta S|$ 时，$\Delta G < 0$，所以温度越低，对反应过程越有利。当 $|\Delta H| < |T\Delta S|$ 时，即 $\Delta G > 0$，反应过程就不可能自发进行了。

(4) 若 $\Delta H > 0$，$\Delta S > 0$，此种情况与（3）的情况相反，当 $|\Delta H| < |T\Delta S|$ 时，即 $\Delta G < 0$，温度越高，对反应过程越有利，反应总是正向自发进行。

标准摩尔生成自由能——在标准状态下（温度通常为 298.15K），由稳定的单质生成单位物质的量的物质时的吉布斯自由能，用符号 $\Delta_f G_m^{\ominus}$ 表示，单位为 kJ/mol。对于一个化学反应可用下列公式求出反应的标准摩尔生成自由能变化值，即：

$$\Delta_r G_m^{\ominus} = \sum \upsilon_B \Delta_r G_m^{\ominus}(B) \qquad (2-12)$$

以下列反应为例：

$$aA + bB \rightleftharpoons gG + dD$$

式（2－12）可以写为：

$$\Delta_r G_m^\ominus = d\Delta_r G_m^\ominus(D) + g\Delta_r G_m^\ominus(G) - a\Delta_r G_m^\ominus(A) - b\Delta_r G_m^\ominus(B)$$

【例题 2－3】 求反应 $2H_2(g) + O_2(g) \rightarrow 2H_2O(g)$ 在 298.15K 下的 $\Delta_f G_m^\ominus$（298.15K）。

解： 查表得 25℃时：

$$\Delta_f G_m^\ominus(H_2,g) = 0\text{kJ/mol} \quad \Delta_f G_m^\ominus(O_2,g) = 0\text{kJ/mol}$$

$$\Delta_f G_m^\ominus(H_2O,g) = -228.572\text{kJ/mol}$$

$$\Delta_r G_m^\ominus = \sum \upsilon_B \Delta_r G_m^\ominus(B) = 2 \times \Delta_f G_m^\ominus(H_2O,g) - 2 \times \Delta_f G_m^\ominus(H_2,g) - \Delta_f G_m^\ominus(O_2,g)$$

$$= 2 \times (-228.572) - 0 - 0 = -457.144\text{kJ/mol} < 0$$

所以，此反应过程在标准状态下可以自发进行。

如何在任意状态下求得化学反应的 ΔG，范特霍夫等温方程给出了计算 $\Delta_r G_m^\ominus$ 的方法，对于化学反应：

$$aA + bB \rightleftharpoons gG + dD$$

其范特霍夫等温方程式为：

$$\Delta_r G_m = \Delta_r G_m^\ominus + RT\ln\frac{a_D^d a_G^g}{a_A^a a_B^b} \tag{2-13}$$

式中，$\Delta_r G_m^\ominus$ 为化学反应在标准状态下的吉布斯自由能变。对于理想溶液，a_A、a_B、a_D、a_G 分别表示 A、B、C、D 相对于标准状态的浓度（相对浓度），分别表示为：

$$a_A = \frac{c_A}{c^\ominus}, a_B = \frac{c_B}{c^\ominus}, a_D = \frac{c_D}{c^\ominus}, a_G = \frac{c_G}{c^\ominus}$$

$c^\ominus = 1\text{mol/L}$，可见 a 的量纲为 1。纯溶剂或固体的 a 规定为 1。

令 $\frac{a_D^d a_G^g}{a_A^a a_B^b} = J$，$J$ 称为反应熵，则式（2－13）可简写为：

$$\Delta_r G_m = \Delta_r G_m^\ominus + RT\ln J$$

2.2 化学平衡

2.2.1 化学反应速率

在设计水处理方案时，化学反应速率往往起到重要作用，特别是在涉及氧化－还原、沉淀－溶解的反应中。化学反应速率差别悬殊，反应快的可以在 10^{-12} s 内完成，而反应慢的则以亿万年计。

化学反应速率就是化学反应进行的快慢程度，用单位时间内反应物或生成物的物质的量的变化量来表示。在容积不变的反应容器中，通常用单位时间内反应物浓度的减少量或生成物浓度的增加量来表示。

对于不可逆反应：

$$aA + bB \longrightarrow gG + dD$$

可写出如下速率方程：

$$-\frac{d[A]}{dt} = k[A]^a[B]^b \tag{2-14}$$

式中 $\frac{d[A]}{dt}$——物种 A 的浓度随时间的变化速率；

k——反应速率常数；

[A]，[B]——分别为反应物 A、B 的浓度；

a，b——常数，分别表示组分 A 和组分 B 的反应级数，($a+b$) 为总反应级数。

在反应式中，根据化学计量关系，有 a 个 A 分子消失时，就一定有 b 个 B 分子消失，同时会有 g 个 G 分子和 d 个 D 分子生成，所以不同物质的反应速率在数值上是不同的，但是它们有如下关系：

$$-\frac{1}{a}\frac{d[A]}{dt}=-\frac{1}{b}\frac{d[B]}{dt}=\frac{1}{g}\frac{d[G]}{dt}=\frac{1}{d}\frac{d[D]}{dt}$$

参与反应的任何一种物质的浓度随时间变化都能表示反应速率，但通常选择比较容易测定浓度变化的物质。

积分形式表示的速率方程对于确定反应级数及反应速率常数很有帮助，反应级数表示浓度对反应速率的影响程度。下面将各级反应的特性进行归纳，先只考虑一种反应物的反应。

$$A \longrightarrow \text{产物}$$

其反应速率方程为：

$$-\frac{d[A]}{dt}=k[A]^n$$

当 $n=0$ 时，该反应是零级反应，则 $-\frac{d[A]}{dt}=k[A]^0=k$，积分后得：

$$[A]=[A]_0-kt \qquad (2-15)$$

零级反应的特点是反应速率与反应物浓度无关，为常数。反应物的浓度随时间呈线性下降趋势。半衰期 $t_{\frac{1}{2}}$ 指反应物浓度达到初始浓度一半时，反应所需要的时间，即：

$$t_{\frac{1}{2}}=\frac{[A]_0}{2k} \qquad (2-16)$$

当 $n=1$ 时，该反应是一级反应，则 $-\frac{d[A]}{dt}=k[A]$，对其进行积分得：

$$\int_{[A]_0}^{[A]}\frac{d[A]}{[A]}=-\int_0^t k\,dt$$

得

$$\ln[A]=\ln[A]_0-kt \qquad (2-17)$$

$$[A]=[A]_0e^{-kt} \qquad (2-18)$$

二级反应的特点是 ln [A] 与 t 呈线性关系，ln [A] 随时间线性降低，[A] 随时间呈指数下降。半衰期为：

$$t_{\frac{1}{2}}=\frac{\ln 2}{k} \qquad (2-19)$$

当 $n>1$ 时，总结通式

$$-\frac{d[A]}{dt}=k[A]^n$$

积分得

$$\int_{[A]_0}^{[A]}\frac{d[A]}{[A]^n}=-\int_0^t k\,dt$$

即
$$\left(-\frac{1}{n-1}\right)\left(\frac{1}{[A]^{n-1}}\right)-\left(-\frac{1}{n-1}\right)\left(\frac{1}{[A]_0^{n-1}}\right)=-kt$$

得
$$\frac{1}{n-1}\left(\frac{1}{[A]_0^{n-1}}-\frac{1}{[A]^{n-1}}\right)=-kt \tag{2-20}$$

当 $n=2$ 时，该反应为二级反应，根据式（2-19）得：

$$\frac{1}{[A]}=\frac{1}{[A]_0}+kt \tag{2-21}$$

二级反应的特点是 $\frac{1}{[A]}$ 与 t 呈线性关系，其半衰期为：

$$t_{\frac{1}{2}}=\frac{1}{k[A]_0} \tag{2-22}$$

涉及两种反应物的反应本书中就不详细讨论了。表 2-1 中列出了不同反应级数的反应速率方程、半衰期及线性关系特征。

表 2-1 不同反应级数的反应速率方程、半衰期及线性关系特征

反应级数	反应式	起始浓度	速率方程	积分式	半衰期	线性关系特征
零级	A → 产物	$[A]_0$	$-\frac{d[A]}{dt}=k$	$[A]=[A]_0-kt$	$t_{\frac{1}{2}}=\frac{[A]_0}{2k}$	$[A]\sim t$
一级	A → 产物	$[A]_0$	$-\frac{d[A]}{dt}=k[A]$	$\ln[A]=\ln[A]_0-kt$	$t_{\frac{1}{2}}=\frac{\ln 2}{k}$	$\ln[A]\sim t$
二级	2A → 产物	$[A]_0$	$-\frac{d[A]}{dt}=k[A]^2$	$\frac{1}{[A]}=\frac{1}{[A]_0}+kt$	$t_{\frac{1}{2}}=\frac{1}{k[A]_0}$	$\frac{1}{[A]}\sim t$
	A + B → 产物	$[A]_0=[B]_0$				
	A + B → 产物	$[A]_0\neq[B]_0$	$-\frac{d[A]}{dt}=k[A][B]$	$\ln\frac{[B]}{[A]}=\ln\frac{[B]_0}{[A]_0}+([B]_0-[A]_0)kt$	—	$\frac{1}{[A]^2}\sim t$

【例题 2-4】 在碱性溶液中，次磷酸根离子（$H_2PO_2^-$）分解为亚磷酸根离子和氢气，反应式为 $H_2PO_2^-(aq)+OH^-(aq)\rightleftharpoons HPO_3^{2-}(aq)+H_2(g)$。

在一定温度下，实验测得下列数据（表 2-2）。

表 2-2 次磷酸根离子分解实验数据

实验编号	$c_{H_2PO_2^-}$/mol·L^{-1}	c_{OH^-}/mol·L^{-1}	v/mol·(L·s)$^{-1}$
1	0.10	0.10	5.30×10^{-9}
2	0.50	0.10	2.67×10^{-8}
3	0.50	0.40	4.25×10^{-7}

试求该反应的反应级数及速率常数 k。

解： 设 a 和 b 分别为反应对 $H_2PO_2^-$ 和 OH^- 的反应级数，则该反应的速率方程式可写为：

$$v=kc_{H_2PO_2^-}^{a}c_{OH^-}^{b}$$

将表中三组数据分别代入上式，得：

$$5.30\times10^{-9}=k(0.10)^a(0.10)^b \tag{2-23}$$

$$2.67\times10^{-8}=k(0.50)^a(0.10)^b \tag{2-24}$$

$$4.25\times10^{-7}=k(0.50)^a(0.40)^b \tag{2-25}$$

式（2－25）/式（2－24），得 $b=2$；式（2－24）/式（2－23），得 $a=1$。所以反应速率方程为：

$$v=kc_{H_2PO_2^-}c_{OH^-}^2$$

反应总级数 $a+b=1+2=3$。

将表中任意一组数据代入速率方程式均能求得速率常数 k 值。如取第二组数据，得：

$$2.67\times10^{-8}=k(0.50)^1(0.10)^2$$

$$k=5.30\times10^{-6}\,\mathrm{mol^{-2}\cdot L^2\cdot s^{-1}}$$

2.2.2 化学平衡

化学平衡是就可逆反应而言的，可逆反应是指同一条件下既可以向一个方向进行，又可以向相反方向进行的反应。对任一可逆反应，若在一定条件且密闭容器中进行，当反应开始时反应物浓度较大，而生成物浓度为零，即正反应速率较大，逆反应速率为零。随着反应的进行，反应物的浓度逐渐减小，生成物的浓度逐渐增大，正反应速率降低而逆反应速率增大。当反应进行到一定程度后，正、逆反应速率达到相等时，反应物与生成物的浓度不再变化，这种状态就称为化学平衡。可逆反应的反应速率变化示意图如图 2－1 所示。

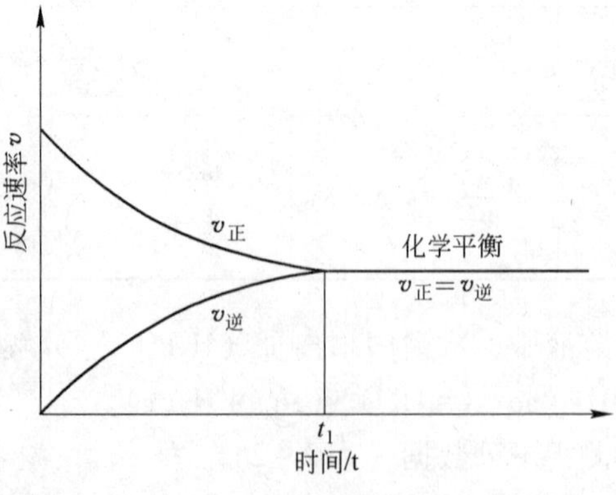

图 2－1 可逆反应的反应速率变化示意图

化学平衡是一种动态平衡。可逆反应达到平衡后，只要外界条件不变，反应体系中各物质的量将不会随时间改变，反应实际上仍在进行，只是正、逆反应速率相等，即 $v_{正}=v_{逆}$。

2.2.3 平衡常数

对任一可逆反应：

$$a\mathrm{A}+b\mathrm{B}\rightleftharpoons g\mathrm{G}+d\mathrm{D}$$

在一定温度下达到平衡时，都有：

$$\frac{[\mathrm{D}]^d[\mathrm{G}]^g}{[\mathrm{A}]^a[\mathrm{B}]^b}=K^{\ominus} \tag{2-26}$$

式中，$K^\ominus$ 称为浓度平衡常数。

在一定温度下，生成物的相对浓度（以方程式中化学计量系数为乘幂的乘积）除以反应物的相对浓度（以方程式中化学计量系数为乘幂的乘积）是一个常数，这个常数称为标准平衡常数。标准平衡常数是一个无量纲的物理量。结合式（2－13）可以由 $\Delta_r G_m^\ominus$ 求出 $K^\ominus$，即：

$$\Delta_r G_m^\ominus = -RT\ln K^\ominus \tag{2-27}$$

对于标准平衡常数，做如下几点说明：

（1）标准平衡常数数值越大，说明正反应进行得程度越大。

（2）平衡常数表达式中各项均为平衡时的浓度或分压。

（3）稀溶液中的溶剂（如水）、纯液态和纯固态物质的浓度不出现在平衡常数表达式中。

（4）平衡常数是温度的函数，与浓度和分压无关。

（5）平衡常数的表达式及数值与反应式的书写有关（注意反应系数）。

2.2.4 多重平衡原理

某些反应体系中，经常有一种或几种物质同时参与几个不同的化学反应，这些物质可以是反应物，也可以是产物。在一定条件下，这种反应体系中的某一种（或几种）物质同时参与两个或两个以上的化学反应，当这些反应都达到化学平衡时，就称为同时平衡或多重平衡。这种体系就称为多重平衡体系。若多重平衡体系中的某个反应可以由几个反应相加或相减得到，则该反应的平衡常数等于这几个反应的平衡常数之积或商，这种关系称为多重平衡原理。

假设一个体系中有（1）、（2）、（3）三个平衡同时存在，在同一温度下的标准平衡常数分别为 $K_1^\ominus$、$K_2^\ominus$、$K_3^\ominus$，三个反应的标准吉布斯自由能变分别为 $\Delta_r G_1^\ominus$、$\Delta_r G_2^\ominus$、$\Delta_r G_3^\ominus$。

若 反应(3) = 反应(1) + 反应(2)

则有 $$\Delta_r G_3^\ominus = \Delta_r G_1^\ominus + \Delta_r G_2^\ominus$$

所以 $$-RT\ln K_3^\ominus = -RT\ln K_1^\ominus + (-RT\ln K_2^\ominus)$$

整理可得 $$\ln K_3^\ominus = \ln(K_1^\ominus K_2^\ominus)$$

即 $$K_3^\ominus = K_1^\ominus K_2^\ominus$$

若 反应(3) = 反应(1) - 反应(2)

所以 $$-RT\ln K_3^\ominus = -RT\ln K_1^\ominus - (-RT\ln K_2^\ominus)$$

整理可得 $$\ln K_3^\ominus = \ln(K_1^\ominus / K_2^\ominus)$$

即 $$K_3^\ominus = K_1^\ominus / K_2^\ominus$$

2.2.5 水溶液中离子和分子的非理想行为

2.2.5.1 离子的非理想行为

当水中离子浓度较高时，由于离子间的静电作用，使离子的行为受到束缚，即离子活度要小于离子浓度，小于程度可以用活度系数来表达，即：

$$\{i\} = \gamma_i [i]$$

式中 $\{i\}$——i 离子的活度；

γ_i——i 离子的活度系数；

$[i]$——i 离子的浓度。

在稀溶液中 $\gamma = 1$，或近似于1，故可用浓度代替活度。为了计算在水溶液中的活度系数，引进离子强度 μ 这个概念，离子强度是用来描述在某个溶液里的电场强度。

$$\mu = \frac{1}{2}\sum_i (c_i Z_i^2) \tag{2-28}$$

式中 μ——离子强度；

c_i——i 离子的浓度；

Z_i——i 离子所带电荷数。

【例题 2-5】 测得某天然水中：

$$[Ca^{2+}] = 1 \times 10^{-3} mol/L \qquad [HCO_3^-] = 2 \times 10^{-3} mol/L$$
$$[Mg^{2+}] = 1 \times 10^{-4} mol/L^{-1} \qquad [SO_4^{2-}] = 1 \times 10^{-4} mol/L$$
$$[Na^+] = 1 \times 10^{-4} mol/L \qquad [Cl^-] = 1 \times 10^{-4} mol/L$$

求该天然水的离子强度。

解： $\mu = \frac{1}{2}\sum_i (c_i Z_i^2) = \frac{1}{2}[Ca^{2+}](2)^2 + [Mg^{2+}](2)^2 + [Na^+](1)^2 + [HCO_3^-](-1)^2 + [SO_4^{2-}](-2)^2 + [Cl^-](-1)^2\} = \frac{1}{2}(1 \times 10^{-3} \times 2^2 + 1 \times 10^{-4} \times 2^2 + 1 \times 10^{-4} \times 1^2 + 2 \times 10^{-3} \times 1^2 + 1 \times 10^{-4} \times 2^2 + 1 \times 10^{-4} \times 1^2) = 7 \times 10^{-3} mol/L$

【例题 2-6】 测得某海水中：

$$[K^+] = 0.010 mol/L \qquad [Cl^-] = 0.56 mol/L$$
$$[Na^+] = 0.48 mol/L \qquad [SO_4^{2-}] = 0.028 mol/L$$
$$[Mg^{2+}] = 0.054 mol/L \qquad [HCO_3^-] = 0.0024 mol/L$$
$$[Ca^{2+}] = 0.010 mol/L \qquad [CO_3^{2-}] = 0.00027 mol/L$$

求该海水的离子强度。

解： $\mu = \frac{1}{2}\sum_i (c_i Z_i^2) = \frac{1}{2}([K^+](1)^2 + [Na^+](1)^2 + [Mg^{2+}](2)^2 + [Ca^{2+}](2)^2 + [HCO_3^-](-1)^2 + [SO_4^{2-}](-2)^2 + [Cl^-](-1)^2 + [CO_3^{2-}](-2)^2\} = \frac{1}{2} \times (0.010 \times 1^2 + 0.48 \times 2^2 + 0.054 \times 2^2 + 0.010 \times 2^2 + 0.0024 \times 1^2 + 0.028 \times 2^2) + 0.56 \times 1^2 + 0.00027 \times 2^2 = 0.71 mol/L$

对于更为复杂的一些溶液，可以通过电导率或者总溶解固体（TDS）的相关性来求得。电导率描述了溶液传导某一电流的能力，而电流是通过离子的移动产生的，当离子浓度增加时，电导率也增加。

离子强度跟电导率的关系为：

$$\mu = 1.6 \times 10^{-5} \times EC \tag{2-29}$$

式中 EC——电导率。

水中离子主要来自于溶解于水的无机盐，因此总溶解度固体的含量可大致反映水中的离子浓度，与离子强度有关：

$$\mu = 2.5 \times 10^{-5} \times \mathrm{TDS\ mg/L} \tag{2-30}$$

式（2－30）适用于 TDS＜1000mg/L 的水样。

2.2.5.2 分子的非理想行为

对于水中分子的非理想行为，有经验公式：

$$\lg\gamma = k_s\mu \tag{2-31}$$

式中 γ—— 活度系数；

μ—— 离子强度；

k_s—— 常数，称为盐析系数，一般为 0.01 ～ 0.15 。

当 $\mu < 0.1\mathrm{mol/L}$ 时，$\gamma \approx 1$ 。淡水的离子强度一般小于 0.1mol/L，故不考虑离子强度对分子的影响。

【例题 2－7】 已知 25℃时，1 个标准大气压下（$1\mathrm{atm} = 1.01325 \times 10^5\mathrm{Pa}$，下同）氧的亨利定律常数 $K_H = 1.29 \times 10^{-3}\mathrm{mol/L}$，氧在干燥空气中的体积分数为 0.21，25℃时水蒸气分压为 23.8mmHg（1mmHg＝133.322Pa），氧的盐析系数为 0.132。计算 25℃，1 个标准大气压下淡水与海水中溶解氧的活度与浓度。

解：根据亨利定律，$\{O_2(aq)\} = K_H p_{O_2}$ 得：

$$p_{O_2} = 1 \times (760 - 23.8) \times 0.21 = 0.203\mathrm{atm}$$

$$\{O_2(aq)\} = 1.29 \times 10^{-3}\mathrm{mol/L} \times 0.203 = 2.62 \times 10^{-4}\mathrm{mol/L}$$

$$= 2.62 \times 10^{-4}\mathrm{mol/L} \times 32 \times 10^3\mathrm{mg/mol} = 8.4\mathrm{mg/L}$$

淡水 $\mu < 0.1\mathrm{mol/L}$，$\gamma = 1$

$$[O_2(aq)] = \{O_2(aq)\} = 8.4\mathrm{mg/L}$$

海水 $\mu < 0.7\mathrm{mol/L}$，$\lg\gamma = k_s\mu = 0.132 \times 0.7 = 0.0924$

$$\{O_2(aq)\} = \gamma[O_2(aq)] \Rightarrow [O_2(aq)] = \frac{8.4}{1.24} = 6.77\mathrm{mg/L}$$

2.3 影响化学平衡的因素

1888 年，法国化学家勒夏特列发现了平衡移动原理，又称为勒夏特列原理，其内容是：化学平衡是一种动态平衡，如果改变影响平衡的一个因素，平衡就向能够减弱这种改变的方向移动，以抗衡该改变。如下列可逆反应：

$$a\mathrm{A} + b\mathrm{B} \rightleftharpoons g\mathrm{G} + d\mathrm{D}$$

根据勒夏特列原理，如果物质 A 或 B 的浓度增加，平衡将向右移动（向右进行的反应速率增加）；然而如果增加物质 G 或 D 的浓度，平衡将向左移动（向左进行的反应速率增加）。在平衡体系中，当一种或几种物质的浓度改变时，平衡发生改变，所有物质的浓度都将改变，然后达到一种新的平衡。

化学平衡受到催化剂、温度、压力等因素的影响，下面主要讨论浓度和温度对化学平衡的影响。

2.3.1 浓度对化学平衡的影响

在其他条件不变时，增大反应物的浓度或减小生成物的浓度，有利于正反应的进行，平衡向右移动；增加生成物的浓度或减小反应物的浓度，有利于逆反应的进行，平衡向左移动。单一物质的浓度改变只是改变正反应或逆反应中一个反应的反应速率而导致正逆反应速率不相等，而导致平衡被打破。

在一定温度下，当反应熵 $J = K^{\ominus}$ ，则 $\Delta_r G_m = 0$ ，系统处于平衡态。如果这时增加反应物的浓度，或者从反应系统中取走某一生成物，则必然导致 $J < K^{\ominus}$ ，从而使 $\Delta_r G_m < 0$ ，这时原来平衡被打破，反应将向正反应的方向自发进行。随着正反应的进行，反应物的浓度逐渐减低，生成物的浓度将逐渐增加，直到 $J = K^{\ominus}$ ，再次出现平衡。反之，若增加生成物的浓度或减少反应物的浓度，化学平衡将向逆反应方向移动。

对于 $\Delta_r G_m > 0$ 的反应，可通过改变浓度，使 $J/K^{\ominus} < 1$ ，即 $\Delta_r G_m < 0$ ，这样就可以使化学平衡的方向发生逆转，使本来不能发生的反应也有可能发生。但若反应的 $\Delta_r G_m$ 正值很大（若大于 40kJ/mol ），则这样的反应就很难通过改变浓度来改变反应的方向。

2.3.2 温度对化学平衡的影响

平衡常数和温度的关系为：

$$\Delta_r G_m^{\ominus} = -RT\ln K^{\ominus}$$

又因为：

$$\Delta_r G_m^{\ominus} = \Delta_r H_m^{\ominus} - T\Delta_r S_m^{\ominus}$$

合并后整理可得：

$$\ln K^{\ominus} = -\frac{\Delta_r H_m^{\ominus}}{RT} + \frac{\Delta_r S_m^{\ominus}}{R} \tag{2-32}$$

由式（2－32）可以看出，对于吸热反应，即 $\Delta_r H_m^{\ominus} > 0$ 的反应，当温度升高时，$K^{\ominus}$ 增大，故平衡向正反应方向移动，即向着吸热反应方向移动；当温度降低时，$K^{\ominus}$ 减小，故平衡向逆反应方向移动，即向放热反应方向移动。对于放热反应，即 $\Delta_r H_m^{\ominus} < 0$ 的反应，当温度升高时，$K^{\ominus}$ 减小，故平衡向逆反应方向移动，即向吸热反应方向移动；当温度降低时，$K^{\ominus}$ 增大，故平衡向正反应方向移动，即向放热反应方向移动。

由式（2－32）可以推导出不同温度下平衡常数之间的关系。设温度 T_1、T_2 时的平衡常数分别为 $K_1^{\ominus}$ 、$K_2^{\ominus}$ ，并假定 $\Delta_r H_m^{\ominus}$ 和 $\Delta_r S_m^{\ominus}$ 不随温度而变化，则有：

$$\ln K_1^{\ominus} = -\frac{\Delta_r H_m^{\ominus}}{RT_1} + \frac{\Delta_r S_m^{\ominus}}{R}$$

$$\ln K_2^{\ominus} = -\frac{\Delta_r H_m^{\ominus}}{RT_2} + \frac{\Delta_r S_m^{\ominus}}{R}$$

所以

$$\ln\frac{K_2^{\ominus}}{K_1^{\ominus}} = \frac{\Delta_r H_m^{\ominus}}{R}\left(\frac{1}{T_1} - \frac{1}{T_2}\right) = \frac{\Delta_r H_m^{\ominus}}{R}\left(\frac{T_2 - T_1}{T_1 T_2}\right) \tag{2-33}$$

由式（2－33）可知，若已知反应在某一温度下的平衡常数，就可以求出该反应在另一温度下的平衡常数。

【例题 2－8】 为什么将 pH <5.6 的雨水称为酸雨?

解： 因为空气中的 CO_2 溶于去离子水中，达到气液平衡时，水的 pH 值约为 5.6。计算方法如下：

气液平衡（亨利定律）：

$$CO_2(g) \rightleftharpoons CO_2(aq) \quad [CO_2(aq)] = K_H p_{CO_2}$$

化学平衡：

$$CO_2(aq) + H_2O \rightleftharpoons H^+ + HCO_3^-$$

$$\frac{[H^+][HCO_3^-]}{[CO_2(aq)]} = K_{a,1}$$

$$HCO_3^- \rightleftharpoons H^+ + CO_3^{2-}$$

$$\frac{[H^+][CO_3^{2-}]}{[HCO_3^-]} = K_{a,2}$$

$$H_2O \rightleftharpoons H^+ + OH^-$$

$$[H^+][OH^-] = K_w$$

电荷平衡：

$$[H^+] = [HCO_3^-] + 2[CO_3^{2-}] + [OH^-]$$

解方程得：

$$[H^+]^3 - (K_w + K_H K_{a,1} p_{CO_2})[H^+] - 2K_H K_{a,1} K_{a,2} p_{CO_2} = 0$$

已知在25℃时，$K_w = 10^{-14}$；$K_H = 3.36 \times 10^{-7}$mol/(L·Pa)；$K_{a,1} = 10^{-6.3}$；$K_{a,2} = 10^{-10.3}$。$CO_2$ 占空气的体积分数以0.0330%计，在一个大气压下有：

$$p_{CO_2} = 101.3\text{kPa} \times 0.0330\% = 33.4\text{Pa}$$

将这些数据代入上式，解得：

$$[H^+] = 2.49 \times 10^{-6}\text{mol/L}，即\ pH = 5.6$$

＊＊＊＊＊＊＊＊＊＊＊＊＊＊＊＊＊＊＊＊＊＊＊＊＊＊＊＊＊＊＊＊＊＊＊＊＊＊

习　题

2-1　1mol理想气体由202.65kPa、10dm^3恒容升温，压力增大到2026.5kPa，再恒压压缩至体积为1dm^3，求整个过程的W、Q、ΔU及ΔH。

答案：$W = -Q = 18.24$kJ，$\Delta U = \Delta H = 0$。

2-2　在外包装绝热材料的带活塞气缸中，原放有101325Pa、30℃的一定量某理想气体，将其压缩至192517.5Pa时，气体温度升至84℃，试求每压缩1mol该气体时所做的功W和系统的焓变ΔH。已知该气体的$c_{V,m}$近似为25.3J/(K·mol)。

答案：$W = 1366$J，$\Delta H = 1815$J。

2-3　试由25℃下气态苯乙烯的标准摩尔燃烧焓求其在25℃下的标准摩尔生成焓。

答案：146kJ/mol。

2-4　1mol的理想气体在25℃下由202.650kPa、V_1向真空膨胀至101.325kPa、$V_2 = 2V_1$，求过程系统的熵变ΔS。

答案：5.76J/K。

2-5　0℃、101.325kPa的10dm^3 H_2（理想气体）经绝热可逆压缩到1dm^3，试求终态温度以及ΔU、ΔH、ΔS。

答案：682.16K、$\Delta U = 3817$J、$\Delta H = 5332$J、$\Delta S = 0$。

2-6　求在298.15K标准状态下，1mol α-右旋糖［$C_6H_{12}O_6(s)$］与氧反应的标准摩尔反应吉布斯函数。已知298.15K下有关数据如下：

物 质	O_2 (g)	$C_6H_{12}O_6$ (s)	CO_2 (g)	H_2O (l)
$\Delta_f H_m^\ominus$/J·(K·mol)$^{-1}$	0	-1274.5	-393.5	-285.8
$S_B^\ominus$/J·(K·mol)$^{-1}$	205.1	212.1	213.6	69.6

2-7 在55℃及100.00Pa下，$N_2O_4(g) = 2NO_2(g)$ 反应达到平衡时，测得平衡混合物的平均摩尔质量 $M=61.2$g/mol，求此反应的标准平衡常数 $K^\ominus$ 。

答案：1.360。

2-8 某地天然水水样的分析结果见下表，水的离子强度是多少？

离 子		Na^+	Ca^{2+}	Mg^{2+}	SO_4^{2-}	Cl^-	CO_3^{2-}	HCO^{3-}
浓度	mg·L^{-1}	2187	39	57	232	1680	84	2580
	mol·L^{-1}	0.0951	0.00097	0.0023	0.00242	0.0474	0.0014	0.0423

答案：0.107。

2-9 $CaCO_3$ (s) 分解反应为：$CaCO_3(s) = CaO(s) + CO_2(s)$，为使分解达到平衡时的 CO_2 (g) 压力不小于101.325kPa，此时反应的温度为多少？设 $\Delta_r H_m^\ominus$ 与温度无关。已知298.15K下的有关数据如下：

物 质	$CaCO_3$ (s)	CaO (s)	CO_2 (s)
$\Delta_f H_m^\ominus$/J·(K·mol)$^{-1}$	-1206.8	-635.5	-393.51
$S_B^\ominus$/J·(K·mol)$^{-1}$	92.9	39.7	213.639

答案：1109K。

2-10 由原料气环乙烷开始，在230℃、101.325kPa下进行如下反应：

$$C_6H_{12}(g) \rightleftharpoons C_6H_6(g) + 3H_2(g)$$

测得平衡混合气体中含 H_2(g) 72%，又已知327℃时 $\Delta_f G_m^\ominus$ (C_6H_{12}, g) = 200.25kJ/mol，$\Delta_f G_m^\ominus$ (C_6H_6, g) = 129.7kJ/mol。求：

(1) 230℃时反应的标准平衡常数 $K^\ominus$ ；

(2) 在230℃下，要使反应平衡混合气中的 H_2(g) 含量为66%时，需多大的压力？

答案：(1) $K^\ominus$ =2.3297；(2) p=164.11kPa。

参考文献

[1] 王凯雄，朱优峰. 水化学 [M]. 北京：化学工业出版社，2009.
[2] 肖衍繁，李文斌. 物理化学 [M]. 天津：天津大学出版社，2004.
[3] 李保山. 基础化学 [M]. 北京：科学出版社，2003.
[4] 蒋展鹏，刘希曾. 水化学 [M]. 北京：中国建筑工业出版社，1990.

3 酸碱平衡

在研究水处理过程化学时，必需充分讨论酸碱化学，酸碱化学是研究碳酸盐系统的基础。由于碳酸盐系统对天然水的 pH 值有着重大影响，而且能够影响某些金属离子的溶解度，所以研究碳酸盐系统对于水处理过程化学是重要的。在水处理过程中，为降低硬度所需化学药剂的用量也部分受到水中酸碱平衡的影响。

3.1 酸碱化学基础

3.1.1 酸碱质子理论

根据布朗斯特德－劳莱（Bronted－Lowry）的酸碱质子理论，对酸和碱做出以下定义：

酸是能给出氢离子 H^+（或称为质子）的物质；碱是能接受质子的物质。

对于如下酸碱反应：

$$HA + B^- \rightleftharpoons HB + A^-$$

正反应过程中，HA 给出质子，B^- 接受质子，生成 HB 和 A^-；逆反应过程中，HB 给出质子，A^- 接受质子，生成 HA 和 B^-。故该系统中 HA、HB 均为酸，B^- 和 A^- 均为碱。

将 $HA-A^-$ 和 $HB-B^-$ 这样的酸碱对称为共轭酸碱对，常见的共轭酸碱对见表 3－1。作为酸的 HA，要给出质子，有如下电离反应：

$$HA \rightleftharpoons H^+ + A^- \qquad K_a = \frac{[H^+][A^-]}{[HA]} \tag{3-1}$$

式中　K_a——酸平衡常数。

表 3－1　常见共轭酸碱对和相关的平衡常数

酸	$-\lg K_a = pK_a$	共轭碱	$-\lg K_b = pK_b$
$HClO_4$	-7	ClO_4^-	21
HCl	约 -3	Cl^-	17
H_2SO_4	约 -3	HSO_4^-	17
HNO_3	0	NO_3^-	14
H_3O^+	0	H_2O	14
HIO_3	0.8	IO_3^-	13.2
HSO_4^-	2	SO_4^{2-}	12
H_3PO_4	2.1	$H_2PO_4^-$	11.9
$Fe(H_2O)_6^{3+}$	2.2	$Fe(H_2O)_5OH^{2+}$	11.8
HF	3.2	F^-	10.8
HNO_2	4.5	NO_2^-	9.5

续表 3 - 1

酸	$-\lg K_a = pK_a$	共轭碱	$-\lg K_b = pK_b$
CH_3COOH	4.7	CH_3COO^-	9.3
$Al(H_2O)_6^{3+}$	4.9	$Al(H_2O)_5OH^{2+}$	9.1
H_2CO_3	6.3	HCO_3^-	7.7
H_2S	7.1	HS^-	6.9
$H_2PO_4^-$	7.2	HPO_4^{2-}	6.8
$HOCl$	7.5	OCl^-	6.5
HCN	9.3	CN^-	4.7
H_3BO_3	9.3	$B(OH)_4^-$	4.7
NH_4^+	9.3	NH_3	4.7
H_4SiO_4	9.5	$H_3SiO_4^-$	4.5
C_6H_5OH	9.9	$C_6H_5O^-$	4.1
HCO_3^-	10.3	CO_3^{2-}	3.7
HPO_4^{2-}	12.3	PO_4^{3-}	1.7
$H_3SiO_4^-$	12.6	$H_2SiO_4^{2-}$	1.4
HS^-	14	S^{2-}	0
H_2O	14	OH^-	0
NH_3	约 23	NH_2^-	-9
OH^-	约 24	O^{2-}	-10

作为碱 A^- 要接受质子，有如下水解反应：

$$A^- + H_2O \rightleftharpoons HA + OH^- \qquad K_b = \frac{[HA][OH^-]}{[A^-]} \tag{3-2}$$

式中　K_b——碱平衡常数。

3.1.2　水的解离平衡和溶液 pH 标度

从表 3 - 1 中可以看出，对于每组共轭酸碱对都有如下规律：

$$K_a K_b = K_w \tag{3-3}$$

这是因为：

$$K_a K_b = \frac{[H^+][A^-]}{[HA]} \frac{[HA][OH^-]}{[A^-]} = [H^+][OH^-] = K_w \tag{3-4}$$

K_w 称为水的离子积，25℃时水的 $K_w = 10^{-14}$，可以从标准生成自由能推得：

$$H_2O \rightleftharpoons H^+ + OH^-$$

$$K_w = [H^+][OH^-]$$

根据式（2 - 12）得：

$$\Delta G^\ominus = (\Delta G^\ominus_{H^+} + \Delta G^\ominus_{OH^-}) - \Delta G^\ominus_{H_2O}$$

查表，得：

$$\Delta G^\ominus = (0 - 37.60) + 56.69 = 19.09 \text{kcal/mol}$$

根据公式 $\Delta G^{\ominus} = -RT\ln K$，得：

$$\ln K = \frac{\Delta G^{\ominus}}{RT} = -\frac{19.09}{1.987 \times 10^{-3} \times 298}$$

故 $$K = 1.0 \times 10^{-14}$$

pH 值的定义是氢离子活度的负对数，在忽略离子强度影响时：

$$pH = -\lg[H^+]$$

已知 $$K_w = [H^+][OH^-]$$

对上式作变换，两边同时取负对数得：

$$-\lg K_w = -\lg[H^+] - \lg[OH^-]$$

即 $$pK_w = pH + pOH$$

因此，水中 pH 值与 pOH 值之和总是等于 14。

pH 值是表示水溶液酸碱度的一种标度。pH 值越大，$[H_3O^+]$ 越小，溶液的酸度越低；反之，溶液的酸度就越高。溶液的酸碱性与 $[H_3O^+]$、pH 值的关系可概括如下：

酸性溶液：$[H_3O^+] > [OH^-]$，$pH < 7$，$pOH > 7$；

中性溶液：$[H_3O^+] = [OH^-]$，$pH = 7$，$pOH = 7$；

碱性溶液：$[H_3O^+] < [OH^-]$，$pH > 7$，$pOH < 7$。

3.2 平衡计算

在水处理过程中酸碱平衡计算是极为重要的。由于溶液中的酸碱反应速度较快，因此主要关心的是在达到平衡时各物质的浓度。通常当一种酸或碱加入到水中时，所产生的 $[H^+]$、$[OH^-]$、酸及其共轭碱的浓度多少是人们所关心的。

本节主要介绍平衡计算的一般解法，讨论一种酸 HA 或其共轭碱的盐 MA（M 指阳离子）加到水中去以后，描述此溶液的各个方程式。

3.2.1 质量平衡

在酸碱反应中，各反应的物质是质量守恒的。当 HA 加到水中后，就会部分或完全地电离：

$$HA + H_2O \rightleftharpoons A^- + H_3O^+$$

假设该系统是均匀和封闭的（没有含有 A 的物质可以从大气进入系统或离开系统到大气中，而且也不发生此物质的沉淀或分解）。于是，所有含 A 物质的质量平衡式为：

$$c_{T,A} = [HA] + [A^-] \tag{3-5}$$

式中，$c_{T,A}$表示含有 A 物质的摩尔浓度，它等于 HA 的分析浓度或所加入的 HA 的摩尔浓度；[HA] 和 $[A^-]$ 是平衡时溶液中这种酸及其共轭碱的摩尔浓度。

当每升加入 cmol 的 MA 盐时，它电离成：

$$MA \rightleftharpoons M^+ + A^-$$

同时，这个碱 A^- 与水反应：

$$A^- + H_2O \rightleftharpoons HA + OH^-$$

这样，对于 M 的质量平衡式为：

$$c = c_{T,M} = [M^+] + [MA] \tag{3-6}$$

或者，当 MA 完全电离时：

$$c_{T,\mathrm{M}} = [\mathrm{M}^+]$$

式中，$c_{T,\mathrm{M}}$是 M 的摩尔浓度。

对于 A 的质量平衡式为：

$$c_{T,\mathrm{A}} = [\mathrm{HA}] + [\mathrm{A}^-] \tag{3-7}$$

式中，$c_{T,\mathrm{A}} = c$。

当 MA 和 HA 都加入到同一溶液中时：

$$c_{T,\mathrm{A}} = [\mathrm{HA}] + [\mathrm{A}^-] \tag{3-8}$$

式中，$c_{T,\mathrm{A}}$是 HA 和 MA 加到每升溶液里的摩尔数之和。

对于 HA 加到纯水里的例子来说，可以用到下面的一些平衡关系式。在水溶液中，忽略离子强度效应，得到水的电离常数为：

$$K_\mathrm{w} = [\mathrm{H}^+][\mathrm{OH}^-] = 10^{-14}(25°\mathrm{C}\ 时) \tag{3-9}$$

HA 的电离常数可写为：

$$K_\mathrm{a} = \frac{[\mathrm{H}^+][\mathrm{A}^-]}{[\mathrm{HA}]} \tag{3-10}$$

假设盐 MA 加到溶液中，上述公式仍然有效。也可以用碱常数来替代式（3-10）。

$$K_\mathrm{b} = \frac{[\mathrm{HA}][\mathrm{OH}^-]}{[\mathrm{A}^-]} \tag{3-11}$$

由于 $K_\mathrm{w} = K_\mathrm{a}K_\mathrm{b}$，因此公式（3-10）和式（3-11）不能同时使用，因为它们不是独立的。

3.2.2 质子条件

质子条件式是质量平衡公式用于质子的一种特殊形式。假如在平衡方程里包含有 H^+ 或 OH^-，质子条件就可以作为解决该平衡问题的一个基本组成部分。在本节里，它只用来解决与实验室配制溶液有关的一类问题。

质子的质量平衡是建立在相对基础之上的，必须要有一个质子的“零级水平”或“参比水平”作为参考对照，这个对照水平称为“质子参比水平”（proton reference level，PRL）。具有质子超过质子参比水平的物质与具有质子低于质子参比水平的物质应该相等。规定：制备该溶液所用的物质所具有的质子水平就是质子参比水平。

【例题 3-1】将 HA 加到水中，试确定其质子条件式。

解：溶液中存在的物质有 $\mathrm{H_3O^+}$、$\mathrm{H_2O}$、$\mathrm{OH^-}$、HA 和 $\mathrm{A^-}$。所有的物质都包含在与 $\mathrm{H^+}$或 $\mathrm{OH^-}$的反应中。

PRL = HA，$\mathrm{H_2O}$。

具有质子超过 PRL 的物质为 $\mathrm{H_3O^+}$。

具有质子低于 PRL 的物质为 $\mathrm{OH^-}$、$\mathrm{A^-}$。于是，质子条件式为：

$$[\mathrm{H_3O^+}] = [\mathrm{OH^-}] + [\mathrm{A^-}]$$

注意：PRL 的物质 HA 和 $\mathrm{H_2O}$ 不出现在质子条件关系式中。

【例题 3-2】把盐 MA 加到水中，试确定其质子条件式。

解：溶液中存在的物质有 $\mathrm{H_3O^+}$、$\mathrm{H_2O}$、$\mathrm{OH^-}$、$\mathrm{M^+}$、HA 和 $\mathrm{A^-}$。与 $\mathrm{H^+}$或 $\mathrm{OH^-}$反应有

关的物质是 H_3O^+、H_2O、OH^-、HA 和 A^-。

PRL = H_2O 和 MA（或 A^-，因为 M^+完全从 MA 中电离出来，而且不会影响质子条件式）。

具有质子超过 PRL 的物质为 HA、H_3O^+。

具有质子低于 PRL 的物质为 OH^-。

质子条件式：

$$[HA^-]+[H_3O^+]=[OH^-]$$

PRL 的物质 A^-和 H_2O 不出现在质子条件式里。

【例题 3-3】 试述磷酸 H_3PO_4 纯水溶液中的质子条件式。

解： 溶液中存在的物质有 H_3O^+、H_2O、OH^-、H_3PO_4、$H_2PO_4^-$、HPO_4^{2-} 和 PO_4^{3-}。

PRL = H_3PO_4，H_2O。

具有质子超过 PRL 的物质为 H_3O^+。

具有质子低于 PRL 的物质为 OH^-、$H_2PO_4^-$、HPO_4^{2-} 和 PO_4^{3-}。

质子条件式：

$$[H_3O^+]=[OH^-]+[H_2PO_4^-]+2[HPO_4^{2-}]+3[PO_4^{3-}]$$

用质子或氢氧根离子的质量平衡也可以得出质子条件式。这种方法可应用于较复杂的溶液中，如当 MA 和 HA 两者都加到同一溶液中时所形成的溶液。这些较复杂的情况用电荷平衡式和质量平衡式的联立而获得的质子条件式可以较容易解决。

3.2.3 电荷平衡

电荷平衡的基础是所有的溶液必须是电中性的。一种电荷的离子在没有加入、形成或去除等量的相反电荷的离子时是不能加进去，也不能形成，或不能从溶液中去除的。在一个溶液中，正电荷的总数必须等于负电荷的总数。

【例题 3-4】 当 HA 加到水中时，试确定其电荷平衡式。

解： 溶液中存在的物质有 HA、A^-、H_2O、OH^-和 H^+。

总正电荷为 $[H^+]$。

总负电荷为 $[OH^-]+[A^-]$。

电荷平衡式为总正电荷 = 总负电荷。

故电荷平衡式为 $[H^+]=[A^-]+[OH^-]$。

【例题 3-5】 写出 Na_2HPO_4 溶解于水中时的电荷平衡式。

解： 溶液中存在的物质有 Na^+、H^+、OH^-、H_2O、H_3PO_4、$H_2PO_4^-$、HPO_4^{2-} 和 PO_4^{3-}。

总正电荷为 $[Na^+]+[H^+]$。

总负电荷为 $[OH^-]+[H_2PO_4^-]+2[HPO_4^{2-}]+3[PO_4^{3-}]$。

电荷平衡式：$[Na^+]+[H^+]=[OH^-]+[H_2PO_4^-]+2[HPO_4^{2-}]+3[PO_4^{3-}]$。

质子条件式是将电荷平衡式和质量平衡式联立起来得到的，它是解决复杂溶液质子条件的最好办法。如：当 $c$mol 的 MA 加到 1L 溶液里时，假定 MA 完全电离，可以得到如下结果：

(1) $c_{T,M}=[M^+]=c$。

(2) $c_{T,M} = [HA] + [A^-] = c$。

(3)电荷平衡式：$[M^+] + [H^+] = [OH^-] + [A^-]$。

联立 (1)、(2) 和 (3) 式，以便消去 M^+、c 和 $c_{T,A}$，从而得到质子条件式：

$$[HA] + [H^+] = [OH^-]$$

用这些由质量平衡式、电荷平衡式和质子条件式联立起来的平衡方程组，可解决溶液的酸碱问题及求其每一种物质的浓度。

3.3 平衡图

3.3.1 平衡图解

由系统中每种组分浓度的对数作纵坐标，其对应的 pH 值作横坐标，绘制出的图称为酸碱系统的平衡图。为了方便，假定溶液为理想溶液，分析浓度等于活度。下面分别介绍绘制一元弱酸、一元强酸和二元弱酸反应的 $\lg c$ 对 pH 的平衡图。

3.3.1.1 一元弱酸

(1) 写出反应平衡方程式：

$$HA \rightleftharpoons H^+ + A^-$$

$$H_2O \rightleftharpoons H^+ + OH^-$$

(2) 写出反应平衡常数表达式：

$$K_w = \frac{[H^+][A^-]}{[HA]}$$

$$K_w = [H^+][OH^-]$$

(3) 写出物料平衡表达式：

$$c_T = [A^-] + [HA]$$

(4) 确定平衡时溶液中的各组分，对于一元弱酸溶液来说有 $[HA]$、$[A^-]$、$[H^+]$、$[OH^-]$。

(5) 写出在步骤 (4) 中定义的每一种组分的图解式。

1) 水的图解式。$\lg[H^+]$ 和 $\lg[OH^-]$ 对于所有的水溶液都很普遍，因而 $\lg[OH^-] = pH - pK_w$ 对此类溶液适用。

2) $[HA]$ 图解式的推导如下：

①整理一元弱酸 HA 的平衡常数表达式如下：

$$[A^-] = \frac{K_a[HA]}{[H^+]}$$

利用物料平衡关系来替代上述关系式中的 $[A^-]$ 得：

$$[HA] + \frac{K_a[HA]}{[H^+]} = c_T$$

即

$$[HA] = \frac{c_T}{1 + \dfrac{K_a}{[H^+]}}$$

对上式右侧分子分母同时乘以 $[H^+]$，然后在方程两边同时取对数，得：

$$\lg[HA] = \lg[H^+] + \lg c_T - \lg([H^+] + K_a)$$

$$\lg[HA] = \lg c_T - pH - \lg([H^+] + K_a) \tag{3-12}$$

②利用式(3－12)绘制 lg[HA]对 pH 图时有两种情况：

第一种情况，当$[H^+] \gg K_a$ 或 $pK_a > pH$ 时，K_a 可以忽略，将式（3－12）简化为：

$$\lg[HA] = \lg c_T - pH - \lg[H^+]$$

即
$$\lg[HA] = \lg c_T \tag{3-13}$$

当 pH 值比 pK_a 值小至少一个单位时，即（$[H^+]$比 K_a 值大 10 倍时）可以应用式（3－13）。该式的直线斜率 $\frac{d\lg[HA]}{dpH} = 0$，因此在 pH 值比 pK_a 值小至少一个单位的情况下，lg［HA］值对 pH 值的图形是一条纵坐标等于 $\lg c_T$ 的水平直线。

第二种情况，当［H^+］$\ll K_a$ 或 $pK_a < pH$ 时，式（3－12）中的［H^+］可以忽略，从而式（3－12）简化为：

$$\lg[HA] = \lg c_T - pH - \lg[K_a]$$

即
$$\lg[HA] = \lg c_T - pH + pK_a \tag{3-14}$$

当［H^+］至少小于 $10K_a$ 时，可以应用式（3－14）。例如，当 pH 值至少大于 pK_a 值一个单位时，该式的直线斜率为$\frac{d\lg[HA]}{dpH} = -1$，因此在 pH 值至少大于 pK_a 值一个单位区域，lg［HA］对 pH 值的图形是一条斜率等于－1 的直线。

3）［A^-］的图解式的推导过程如下：

①重新整理一元弱酸 HA 的平衡常数表达式如下：

$$[HA] = \frac{[H^+][A^-]}{K_a}$$

利用物料平衡关系式：$\frac{[H^+][A^-]}{K_a} + [A^-] = c_T$ 或$\left(\frac{[H^+]}{K_a} + 1\right)[A^-] = c_T$，上式可以进一步简化为：

$$[A^-] = \frac{K_a c_T}{[H^+] + K_a}$$

在方程式两边同时取对数得：

$$\lg[A^-] = \lg K_a + \lg c_T - \lg([H^+] + K_a)$$

即
$$\lg[A^-] = \lg c_T - pK_a - \lg([H^+] + K_a) \tag{3-15}$$

②用式（3－15）作图时两种情况：

第一种情况，当［H^+］$\gg K_a$ 或 $pK_a > pH$ 时，［H^+］$+K_a$ 中的 K_a 可以忽略，从而使式（3－15）简化为：

$$\lg[A^-] = \lg c_T - pK_a - \lg[H^+]$$

即
$$\lg[A^-] = \lg c_T - pK_a - pH \tag{3-16}$$

应用式（3－16）时，当 pH 值比 pK_a 小至少一个单位时，该式的直线斜率为：

$$\frac{d\lg[A^-]}{dpH} = +1$$

因此在 pH 值至少小于 pK_a 一个单位的范围，lg［A^-］对 pH 值的曲线是一条斜率等

于 +1 的直线。

第二种情况，当 $[H^+] \ll K_a$ 或 $pK_a < pH$ 时，式（3-15）中的 $[H^+]$ 可以忽略不计，从而该式简化为：

$$\lg[A^-] = \lg c_T - pK_a - \lg K_a$$

即

$$\lg[A^-] = \lg c_T \tag{3-17}$$

应用式（3-17）时，当 pH 值比 pK_a 大至少一个单位时该式直线的斜率为：

$$\frac{d\lg[A^-]}{dpH} = 0$$

因此，在 pH 值至少比 pK_a 大一个单位的范围，$\lg[A^-]$ 对 pH 的曲线是一条纵坐标值为 $\lg c_T$ 的水平直线。

（6）绘制在 4）步骤中列举的每一种组分的浓度对数随 pH 值变化平衡图，如图 3-1 所示。

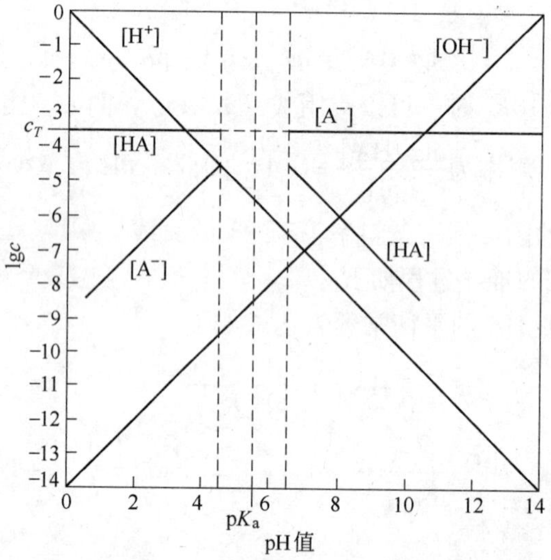

图 3-1 一元弱酸的可逆反应平衡图

图 3-1 描述了能够从式（3-13）、式（3-14）、式（3-16）和式（3-17）推导出的一元弱酸的总平衡图。在此图中，[HA] 和 $[A^-]$ 是两组不连续的直线，在不连续的区域内（图中虚线部分），lg*c*（组分）与 pH 不再呈线性，此时当 $pH = pK_a$ 时，$[HA] = [A^-]$，即有如下关系式：

$$[HA] = 0.5c_T$$

$$[A^-] = 0.5c_T$$

将上式两边同时取自然对数得：

$$\lg[HA] = \lg c_T - \lg 2$$

$$\lg[A^-] = \lg c_T - \lg 2$$

即

$$\lg[HA] = \lg c_T - 0.3$$

$$\lg[A^-] = \lg c_T - 0.3$$

而且当 $pH = pK_a$ 时，[HA] 和 $[A^-]$ 曲线有一个相交公共点，这个公共点经过一个位于通过纵坐标等于 $\lg c_T$ 的水平直线向下 0.3 个 pK_a 单位处的公共点，利用此点作为参考点，[HA] 和 [A^-] 的曲线的直线部分可以如图 3 - 2 那样连接。

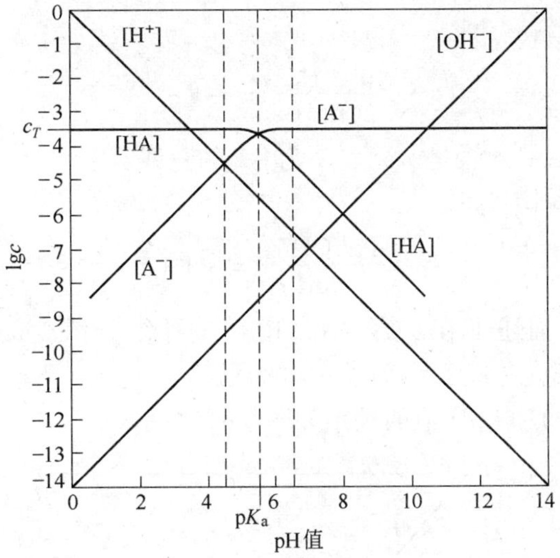

图 3 - 2 一元弱酸的平衡图

3.3.1.2 一元强酸

（1）写出反应平衡方程式。当用图解法时，通常假定强酸和强碱是完全解离的，即：

$$HA \rightleftharpoons H^+ + A^-$$

$$H_2O \rightleftharpoons H^+ + OH^-$$

（2）写出反应平衡常数表达式：

$$K_w = [H^+][OH^-]$$

（3）写出各种物质的物料平衡表达式：

$$c_{T,M} = [A^-]$$

这种物料平衡表达式是假定酸全部解离。

（4）确定平衡时溶液中的各组分，对于一元强酸溶液来说有[A^-]、[H^+]、[OH^-]。

（5）写出在步骤（4）中定义的每一种组分的绘图式。

1）[A^-] 的绘图式是通过物料平衡表达式两边同时取对数得到的：

$$\lg[c_T] = \lg[A^-] \tag{3-18}$$

此式表明 [A^-] 与 pH 值无关，并且与酸的初始浓度相等。

2）[H^+] 绘图式：

$$\lg[H^+] = -pH \tag{3-19}$$

3）[OH^-] 的绘图式：

$$pOH = pK_w - pH$$

由于 $pOH = -\lg[OH^-]$

故

$$\lg[OH^-] = pH - pK_w \tag{3-20}$$

（6）确定曲线斜率。

1）式（3 - 18）的斜率为：

$$\frac{d\lg[A^-]}{dpH}=0$$

即表示 lg［A^-］对 pH 值的图线是一条纵坐标等于 $\lg c_T$ 值的水平线。

2）式（3－19）的斜率为：

$$\frac{d\lg[H^+]}{dpH}=-1$$

即 lg［H^+］对 pH 值的图线是一条斜率为－1 的直线。

3）式（3－20）的斜率为：

$$\frac{d\lg[OH^-]}{dpH}=+1$$

lg*c* 对 pH 值的图形描述了在步骤（4）中每一种组分浓度的对数随 pH 值的变化。lg［OH^-］对 pH 值的图形是一条斜率等于＋1 的直线。

一元强酸 lg*c*（组分）与 pH 值的关系如图 3－3 所示。

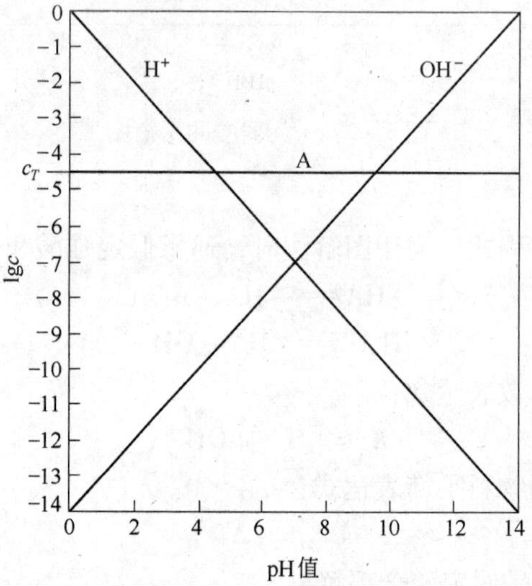

图 3－3　一元强酸 lg*c*（组分）与 pH 值的关系

3.3.1.3　二元弱酸

（1）反应的平衡方程式：

$$H_2A \rightleftharpoons H^+ + HA^-$$
$$HA^- \rightleftharpoons H^+ + A^{2-}$$
$$H_2O \rightleftharpoons H^+ + OH^-$$

（2）反应的平衡常数表达式：

$$K_{a1}=\frac{[H^+][HA^-]}{[H_2A]}$$

$$K_{a2}=\frac{[H^+][A^{2-}]}{[HA^-]}$$

$$K_w=[H^+][OH^-]$$

（3）物料平衡表达式：

$$c_T = [H_2A] + [HA^-] + [A^{2-}]$$

（4）确定平衡时溶液中的各组分。对于二元弱酸溶液来说有如下组分：$[H_2A]$、$[HA^-]$、$[A^{2-}]$、$[OH^-]$、$[H^+]$。

（5）推导在步骤（4）中确定的每一种组分的绘图式。

1）推导 $[H_2A]$ 的绘制图的过程如下：

①整理第一步解离的平衡常数表达式，得：

$$[HA^-] = \frac{K_{a1}[H_2A]}{[H^+]} \tag{3-21}$$

整理第二步解离的平衡常数表达式，得：

$$[A^{2-}] = \frac{K_{a2}[HA^-]}{[H^+]} \tag{3-22}$$

用式（3－21）代替式（3－22）中的 $[HA^-]$ 得：

$$[A^{2-}] = \frac{K_{a1}K_{a2}[H_2A]}{[H^+]^2} \tag{3-23}$$

将式（3－21）和式（3－23）代入物料平衡表达式，得：

$$[H_2A]\left[1 + \frac{K_{a1}}{[H^+]} + \frac{K_{a1}K_{a2}}{[H^+]^2}\right] = c_T$$

即

$$[H_2A] = \frac{c_T[H^+]^2}{[H^+]^2 + [H^+]K_{a1} + K_{a1}K_{a2}}$$

将上式两边同时取对数得：

$$\lg[H_2A] = \lg c_T + 2\lg[H^+] - \lg([H^+]^2 + [H^+]K_{a1} + K_{a1}K_{a2})$$

即

$$\lg[H_2A] = \lg c_T - 2\mathrm{pH} - \lg([H^+]^2 + [H^+]K_{a1} + K_{a1}K_{a2}) \tag{3-24}$$

②当用式（3－24）绘制 $\lg[H_2A]$ 对 pH 图时，有五种不同情况需要考虑：

第一种，当 $K_{a1} \ll K_{a2} \ll [H^+]$ 或 $pK_{a1} > pK_{a2} > \mathrm{pH}$ 时，$[H^+]^2 + [H^+]K_{a1} + K_{a1}K_{a2}$ 中的 K_{a1} 和 K_{a2} 可以忽略不计。因此，式（3－24）可以简化为：

$$\lg[H_2A] = \lg c_T - 2\mathrm{pH} - \lg[H^+]^2$$

即

$$\lg[H_2A] = \lg c_T \tag{3-25}$$

当 pH 比 pK_a 至少小一个单位时，可以应用式（3－25），式（3－25）代表的直线斜率为：

$$\frac{\mathrm{dlg}[H_2A]}{\mathrm{dpH}} = 0$$

在 pH 值比 pK_a 值至少小一个单位的范围，$\lg[H_2A]$ 对 pH 值的曲线是一条纵坐标值等于 $\lg c_T$ 的水平直线。

第二种，当 $K_{a2} \ll [H^+]$ 或 $pK_{a2} > \mathrm{pH}$ 时，在 $[H^+]^2 + [H^+]K_{a1} + K_{a1}K_{a2}$ 中的 K_{a2} 可以忽略。从而式（3－24）简化为：

$$\lg[H_2A] = \lg c_T - 2\mathrm{pH} - \lg([H^+]^2 + [H^+]K_{a1}) \tag{3-26}$$

当 pH 值位于每一边都是 pKa 值的一个单位的范围内时，可以应用式（3－26）。式（3－26）代表的是曲线而非直线。

第三种，当 $K_{a2} \ll [H^+] \ll K_{a1}$ 或 $pK_{a2} > \mathrm{pH} > pK_{a1}$ 时，$[H^+]^2 + [H^+]K_{a1} + K_{a1}K_{a2}$ 中

的 $[H^+]^2$ 和 $K_{a1}K_{a2}$ 可以忽略不计。从而式（3－24）可以简化为：

$$\lg[H_2A]=\lg c_T-2pH-(\lg[H^+]+\lg K_{a1})$$

即

$$\lg[H_2A]=\lg c_T-pH+pK_{a1} \tag{3-27}$$

当 pH 值至少比 pK_{a2} 值小一个单位但比 pK_{a1} 大至少一个单位时，可以应用式（3－27）。式（3－27）的直线斜率为：

$$\frac{d\lg[H_2A]}{dpH}=-1$$

第四种，当 $[H^+]\ll K_{a1}$ 或 $pH>pK_{a1}$ 时，$[H^+]^2+[H^+]K_{a1}+K_{a1}K_{a2}$ 中的 $[H^+]$ 可以忽略不计。从而式（3－24）可以简化为：

$$\lg[H_2A]=\lg c_T-2pH-\lg([H^+]K_{a1}+K_{a1}K_{a2}) \tag{3-28}$$

当 pH 值位于每一边都是 p*K*a 值的一个单位的范围内时，可以应用式（3－28）。式（3－28）代表的是曲线而非直线。

第五种，当 $[H^+]\ll K_{a2}$ 或 $pH>pK_{a2}$ 时，$[H^+]^2+[H^+]K_{a1}+K_{a1}K_{a2}$ 中的 $[H^+]^2$ 和 $[H^+]K_{a1}$ 可以忽略不计。从而式（3－24）可以简化为：

$$\lg[H_2A]=\lg c_T-2pH-\lg K_{a1}-\lg K_{a2}$$

即

$$\lg[H_2A]=\lg c_T-2pH+pK_{a1}+pK_{a2} \tag{3-29}$$

当 pH 值大于 pK_{a2} 值至少一个单位时，可以应用式（3－29）。式（3－29）的斜率为：

$$\frac{d\lg[H_2A]}{dpH}=-2$$

2）[HA] 的图解式的推导过程如下：

整理第一步解离的平衡常数表达式，得：

$$[H_2A]=\frac{[H^+][HA^-]}{K_{a1}} \tag{3-30}$$

把式（3－30）中的 $[H_2A]$ 和式（3－22）中的 $[A^{2-}]$ 代入物料平衡表达式中，得：

$$[HA^-]\left[1+\frac{[H^+]}{K_{1a}}+\frac{K_{a2}}{[H^+]}\right]=c_T$$

即

$$[HA^-]=\frac{K_{a1}c_T[H^+]}{[H^+]^2+[H^+]K_{a1}+K_{a1}K_{a2}}$$

将上式两边同时取对数得：

$$\lg[HA^-]=\lg c_T+\lg K_{a1}+\lg[H^+]-\lg([H^+]^2+[H^+]K_{a1}+K_{a1}K_{a2})$$

即

$$\lg[HA^-]=\lg c_T-pK_{a1}-pH-\lg([H^+]^2+[H^+]K_{a1}+K_{a1}K_{a2})$$

用推导 $[H_2A]$ 的图解式的同样方法，可以得到 $[HA^-]$ 的方程式和斜率：

第一种，当 pH 值比 pK_{a1} 值小一个或一个以上单位时：

$$\lg[HA^-]=\lg c_T-pK_{a1}+pH \tag{3-31}$$

$$\frac{d\lg[HA^-]}{dpH}=+1$$

第二种，当 pH 值位于 pK_{a1} 值两边各一个单位的范围内时：

$$\lg[HA^-]=\lg c_T-pK_{a1}-pH-\lg([H^+]^2+[H^+]K_{a1}) \tag{3-32}$$

第三种，当 pH 值比 pK_{a2} 值小一个或一个以上单位但比 pK_{a1} 值大一个或一个以上单位时：

$$\lg[HA^-]=\lg c_T \tag{3-33}$$

$$\frac{d\lg[HA^-]}{dpH}=0$$

第四种，当 pH 值位于 pK_{a2}值两边各一个单位的范围内时：

$$\lg[HA^-]=\lg c_T-pK_{a1}-pH-\lg(K_{a1}K_{a2}+[H^+]K_{a1}) \tag{3-34}$$

第五种，当 pH 值比 pK_{a2}值大一个或一个以上单位时：

$$\lg[HA^-]=\lg c_T+pK_{a2}-pH \tag{3-35}$$

$$\frac{d\lg[HA^-]}{dpH}=-1$$

3）$[A^{2-}]$ 的图解式的推导过程如下：

①整理酸的第二步解离的平衡常数表达式，得：

$$[HA^-]=\frac{[H^+][A^{2-}]}{K_{a2}} \tag{3-36}$$

把式（3-30）中的 $[HA^-]$ 代入式（3-36）中，得：

$$[H_2A]=\frac{[H^+]^2[A^{2-}]}{K_{a1}K_{a2}} \tag{3-37}$$

把式（3-36）中的 $[HA^-]$ 和式（3-37）中的 $[H_2A]$ 代入物料平衡，得：

$$[A^{2-}]=\frac{K_{a1}K_{a2}c_T}{[H^+]^2+K_{a1}[H^+]+K_{a1}K_{a2}}$$

将上式两边同时取对数得：

$$\lg[A^{2-}]=\lg c_T+\lg K_{a1}+\lg K_{a2}-\lg([H^+]^2+K_{a1}K_{a2}+[H^+]K_{a1})$$

或

$$\lg[A^{2-}]=\lg c_T-pK_{a1}-pK_{a2}-\lg([H^+]^2+K_{a1}K_{a2}+[H^+]K_{a1})$$

②对于 $[A^{2-}]$，相应的方程和斜率如下：

第一种，当 pH 值比 pK_{a1}值小一个或一个以上单位时：

$$\lg[A^{2-}]=\lg c_T-pK_{a1}-pK_{a2}+2pH \tag{3-38}$$

$$\frac{d\lg[A^{2-}]}{dpH}=+2$$

第二种，当 pH 值位于 pK_{a1}值两边各一个单位范围内时：

$$\lg[A^{2-}]=\lg c_T-pK_{a1}-pK_{a2}-\lg([H^+]^2+[H^+]K_{a1}) \tag{3-39}$$

第三种，当 pH 值比 pK_{a2}值小一个或一个以上单位且比 pK_{a1}值大一个以上单位时：

$$\lg[A^{2-}]=\lg c_T-pK_{a2}+pH \tag{3-40}$$

$$\frac{d\lg[A^{2-}]}{dpH}=+1$$

第四种，当 pH 值位于 pK_{a2}值两边各一个单位范围内时：

$$\lg[A^{2-}]=\lg c_T-pK_{a1}-pK_{a2}-\lg(K_{a1}K_{a2}+[H^+]K_{a1}) \tag{3-41}$$

第五种，当 pH 值比 pK_{a2}值大一个或一个以上单位时：

$$\lg[A^{2-}]=\lg c_T \tag{3-42}$$

$$\frac{d\lg[A^{2-}]}{dpH}=0$$

（6）绘制在步骤（4）中列举出的各组分的浓度的对数随 pH 值变化的平衡图。图 3－4 是式（3－18）、式（3－19）以及式（3－21）～式（3－42）的二元弱酸的总平衡图。在作图过程中，把 $pH = pK_{a1}$、$pH = pK_{a2}$时的两条线相交的点称为系统点 1 和系统点 2。

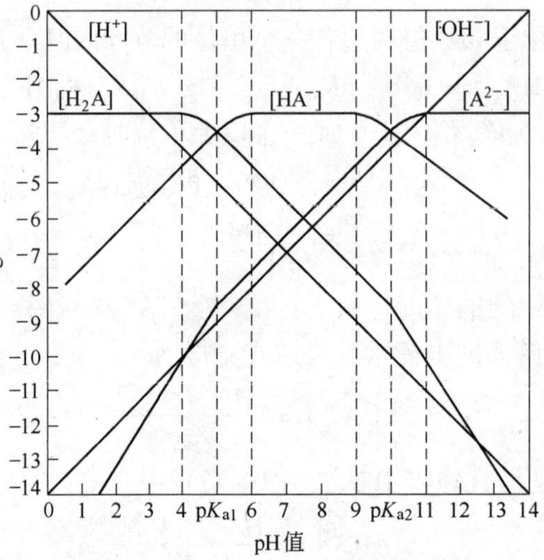

图 3－4　二元弱酸平衡图

系统点 1：当 $pH = pK_{a1}$时，假定：$[H_2A] = [HA^-]$；$[A^{2-}] = 0$。在 $[H_2A] = 1/2c_T$；$[HA^-] = 1/2c_T$ 的条件下，在式两边分别取对数得：

$$\lg[H_2A] = \lg c_T - 0.3$$

$$\lg[HA^-] = \lg c_T - 0.3$$

这就是说当 $pH = pK_{a1}$时，$[H_2A]$ 和 $[HA^-]$ 的曲线均通过位于纵坐标等于 $\lg c_T$ 的水平线垂直向下 0.3 个单位的公共点，此点即为系统点 1。

系统点 2：当 $pH = pK_{a2}$时，假定：$[A^{2-}] = [HA^-]$，$[H_2A] = 0$，即得：

$$\lg[HA^-] = \lg c_T - 0.3$$

$$\lg[A^{2-}] = \lg c_T - 0.3$$

跟系统点 1 类似，当 $pH = pK_{a2}$，$[H_2A]$ 和 $[HA^-]$ 的曲线均通过位于纵坐标等于 $\lg c_T$ 的水平线垂直向下 0.3 个单位的公共点，此点即为系统点 2。

3.3.2　绘制平衡图近似方法

3.3.2.1　近似法简介

对于一元弱酸和二元弱酸，下面介绍一种简洁、快捷绘制 lgc 对 pH 值图的近似方法。

A　一元酸

（1）设范围从 0～14 的纵坐标和横坐标，建立平面直角坐标系。

（2）作一条值为 c_T 通过 lgc（组分）轴的水平直线。

（3）作一条值为 pK_{a1}，通过 pH 轴的直线，水平线和垂直线的交点定义为系统点。

（4）作两条通过系统点，并与水平线成 45°的直线，其中一条斜率为＋1，另一条斜率为－1，两条线位于值为 c_T 的水平线之下。

（5）标出结构点，其位置在通过 pK_{a1} 的垂直线上，系统点下 lg$c$（组分）0.3 个单位处。

（6）作两条通过结构点的曲线，每一条曲线都与呈 45°的斜线相交于距 pK_a 一个 pH 单位处，同时每一条曲线都与水平线 c_T 相交于距 pK_{a1} 一个 pH 单位处。

（7）作［H^+］线使其通过点（0，0）和点（14，-14），作［OH^-］离子线使其通过点（-14，0）和（14，0）。其平衡图如图 3-5 所示。

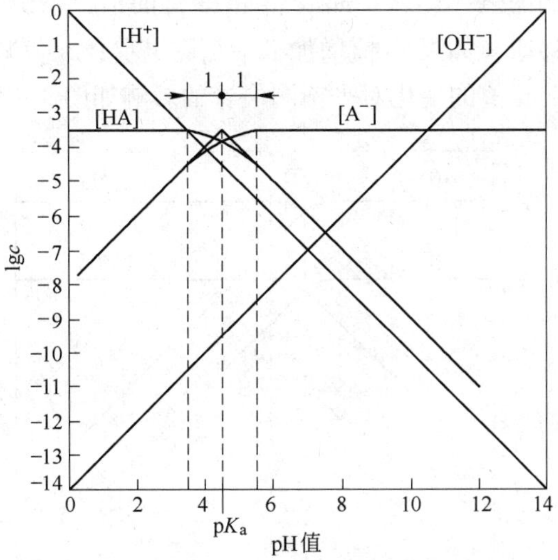

图 3-5 一元弱酸的平衡图

B 二元酸

二元酸的 lg$c$(组分）对 pH 值作图可以用一元酸同样的近似方法。二元酸的作图程序是基于二元酸的解离，可以用两个不同的一元酸解离来表示。每种一元酸的 c_T 值被假定与二元酸的 c_T 值相等。其中一种一原酸假定 pK_a 等于 pK_{a1}，而另一种一元酸假定其 pK_a 等于 pK_{a2}，当每种一元酸的曲线被做完以后，就得到了二元酸的平衡图，如图 3-6 所示。

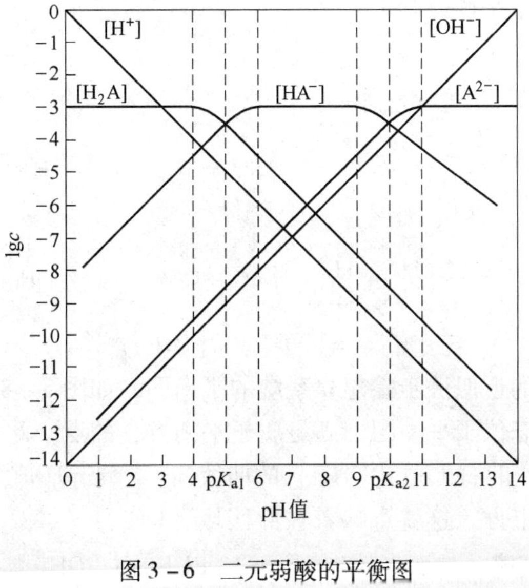

图 3-6 二元弱酸的平衡图

用两种不同一元酸的解离表示二元酸的 lg$c$(组分) 对 pH 值的图，如图 3 - 6 所示。在作 [A^{2-}] 和 [H_2A] 线的斜线时，用斜率 +1 和 -1 近似代替斜率 +2 和 -2，在连接不同斜率的直线时，可忽略直线连接处（弯曲部分）所引起的小误差，这是因为这些部分相对于 c_T 来说位于低浓度部分。

3.3.2.2 c_T 值变化对平衡图的影响

c_T 值并不影响平衡图的整体形状。如果 c_T 值变化的话，整个平衡图将沿着通过 x 轴上 pK_a 处的垂直线上下移动（如果 c_T 值增加，平衡图上移；c_T 值减小，平衡图下移），但平衡图的形状保持不变。c_T 值的变化对平衡图位置的影响如图 3 - 7 所示。

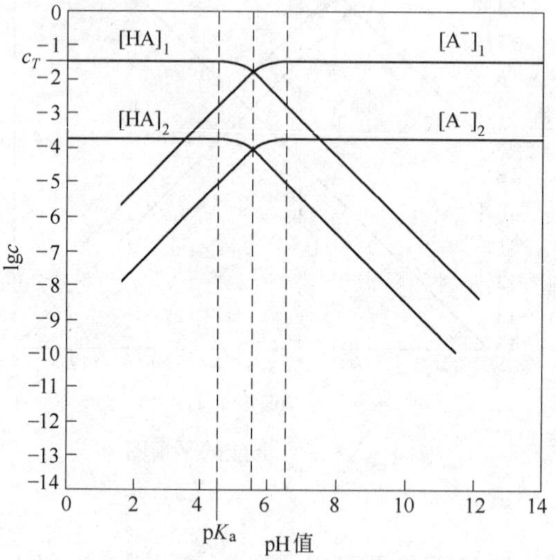

图 3 - 7 c_T 值的变化对平衡图位置的影响

3.3.2.3 利用平衡图解酸碱平衡问题

【例题 3 - 6】 计算 0.1mol/L 亚硝酸平衡状态的 pH 值，温度 25℃，pK_a = 3.29。

解：(1) 系统的质子平衡方程为：

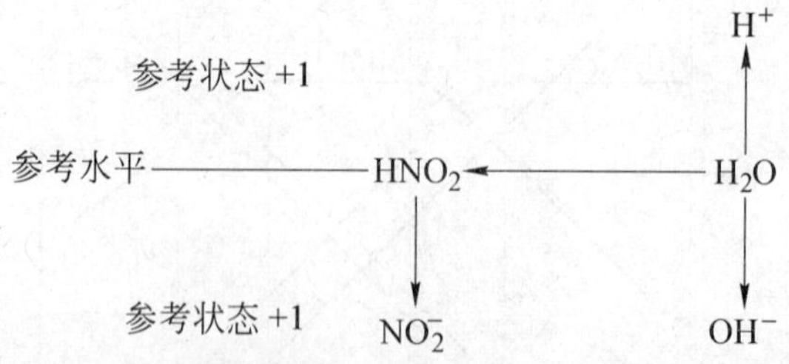

因此 $$[H^+] = [NO_2^-] + [OH^-]$$

(2) 按照先前列举的近似法步骤建立系统的平衡图，如图 3 - 8 所示。

(3) 系统的平衡状态位于平衡图中满足质子平衡方程的点，此点通过如下步骤定位：

1) 开始沿着图 3 - 7 的右上角 [OH^-] 的曲线向下，当 pH 值大于 13 时，[OH^-] 曲线位于 [NO_2^-] 曲线的上方，这就意味着在此区域 [OH^-] > [NO_2^-]，因此在 [OH^-] + [NO_2^-] 中 [NO_2^-] 可以忽略。然而当 pH 值位于 13 以下时，[OH^-] 曲线将位于 [NO_2^-] 曲

线的下方，这就意味着当pH值小于13时，在$[OH^-]+[NO_2^-]$中$[OH^-]$可以忽略。在这里$[OH^-]$曲线位于曲线之下，开始随着$[NO_2^-]$曲线直到与$[H^+]$曲线相交，平衡状态就位于这一点。

2）根据图3-8显示，$[H^+]$曲线和$[NO_2^-]$曲线在pH值为2.5处相交，即0.1mol/L亚硝酸平衡状态的pH值为2.5，其变化如图3-8粗线所示。

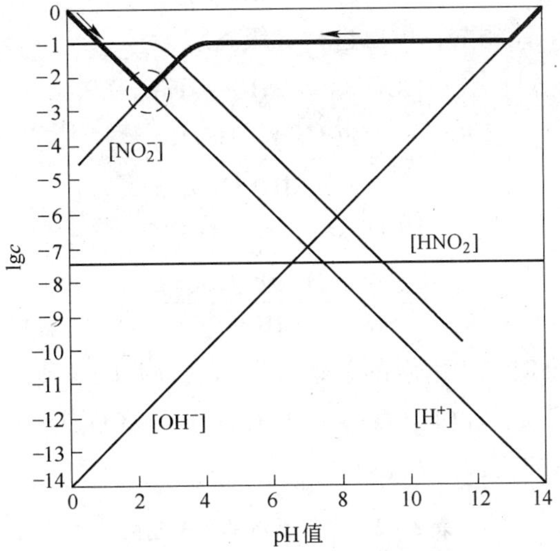

图3-8 0.1mol/L亚硝酸平衡图

3.4 碳酸系统

一般天然水都受到碳酸系统的影响，碳酸系统可以缓冲天然水pH值的急剧变化。碳酸系统与生物活动有着密切关系，如光合作用和呼吸作用；在水处理过程中，碳酸系统应用于水质软化等技术。

水中的碳酸系统包含以下三种化合形态的碳酸：（1）游离态碳酸。它以溶解CO_2或H_2CO_3形态存在，实际上水中以CO_2为主，H_2CO_3比CO_2少，一般只占其总和的1%。通常将水中游离碳酸总量用$H_2CO_3^*$表示。（2）重碳酸，即HCO_3^-。（3）碳酸，即CO_3^{2-}。

3.4.1 封闭碳酸系统

深层地下水与大气联系较差，因此深层地下水中的碳酸平衡通常多属于封闭碳酸系统。

水中碳酸的重要来源是大气中的CO_2气体溶于水，其反应如下：

$$CO_2(g)+H_2O \rightleftharpoons CO_2(aq)+H_2O \tag{3-43}$$

$$CO_2(aq)+H_2O \rightleftharpoons H_2CO_3(aq) \tag{3-44}$$

联合式（3-43）和式（3-44），则有：

$$CO_2(g)+H_2O \rightleftharpoons H_2CO_3^*(aq) \tag{3-45}$$

在上述反应式中“g”代表气相；“aq”代表液相。按化学平衡定律，式（3-45）的平衡常数表达式为：

$$K_0 = \frac{c(H_2CO_3^*)}{c(CO_2)c(H_2O)} \tag{3-46}$$

CO_2 的摩尔浓度或活度可用其分压 p（CO_2）（以 10^5Pa 为单位）代替，纯水的活度为 1，所以式（3－46）可以表示为：

$$K_0 = \frac{c(H_2CO_3^*)}{c(CO_2)} \tag{3-47}$$

碳酸（H_2CO_3）为二元弱酸，可以进行二级离解：

$$H_2CO_3^* \rightleftharpoons H^+ + HCO_3^- \tag{3-48}$$

$$K_1 = \frac{c(H^+)c(HCO_3^-)}{c(H_2CO_3^*)} \tag{3-49}$$

$$HCO_3^- \rightleftharpoons H^+ + CO_3^{2-} \tag{3-50}$$

$$K_2 = \frac{c(H^+)c(CO_3^{2-})}{c(HCO_3^-)} \tag{3-51}$$

设标准状态下，平衡时水中溶解的总碳酸为 c_T（mol/L），则：

$$c_T = c(H_2CO_3^*) + c(HCO_3^-) + c(CO_3^{2-}) \tag{3-52}$$

碳酸系统的平衡常数见表 3－2。

表 3－2 碳酸系统的平衡常数

温度/℃	pK_0	pK_1	pK_2	pK_c	pK_d
0	1.11	6.58	10.63	8.34	16.56
5	1.19	6.52	10.49	8.345	16.63
10	1.27	6.46	10.43	8.355	16.71
15	1.33	6.42	10.38	8.370	16.79
20	1.41	6.38	10.33	8.385	16.89
25	1.47	6.35	10.29	8.400	17.00
30	1.53	6.33	10.22	8.510	
40	1.64	6.30	10.17		
50	1.72	6.29			

注：K_c、K_d 分别为方解石 $CaCO_3$ 及白云石 $CaMg(CO_3)_2$ 的平衡常数。

如果水中溶解的碳酸总量（c_T）不变，在不同的 pH 值条件下，三种形态的碳酸按一定比例分配，它们是 pH 或 $c(H^+)$ 的函数。

设 a_0、a_1、a_2 分别是 H_2CO_3、HCO_3^-、CO_3^{2-} 所占总碳酸（c_T）的百分数，即：

$$a_0 = \frac{c(H_2CO_3^*)}{c_T} \times 100\%$$

$$a_1 = \frac{c(HCO_3^-)}{c_T} \times 100\%$$

$$a_2 = \frac{c(CO_3^{2-})}{c_T} \times 100\%$$

根据式（3－49）、式（3－51）和式（3－52）及 a_0、a_1、a_2 的定义式，可求得：

$$a_0 = \left[1 + \frac{K_1}{c(H^+)} + \frac{K_1K_2}{c(H^+)^2}\right]^{-1} \times 100\% \qquad (3-53)$$

$$a_1 = \left[1 + \frac{c(H^+)}{K_1} + \frac{K_2}{c(H^+)}\right]^{-1} \times 100\% \qquad (3-54)$$

$$a_2 = \left[1 + \frac{c(H^+)^2}{K_1K_2} + \frac{c(H^+)}{K_2}\right]^{-1} \times 100\% \qquad (3-55)$$

式中　a_0，a_1，a_2——分配系数，分别为水中 H_2CO_3、HCO_3^-、CO_3^{2-} 所占总碳酸（c_T）的百分数。

根据式（3－53）～式（3－55）和 $c(H^+) < 10^{-pH}$的关系，采用表3－2中25℃时的数据进行计算，计算结果见表3－3。根据表3－3绘制图3－9，图中 a、b、c、d、e 是特征点及其所对应的。从图3－9和表3－3中可以看出：pH＜6.3（a 点）的酸性水中的 $H_2CO_3^*$ 占优势；pH＞10.3（d 点）的碱性水中 CO_3^{2-} 占优势；偏酸、偏碱及中性水中（pH＝6.3～10.3，b 点至 d 点）HCO_3^- 占优势；pH＜4.5（a 点）时，水中只有 H_2CO_3；pH＞12.16（f 点）时，水中只有 CO_3^{2-}，但后两种情况在自然界中很少存在。其中 pH＝8.3（c 点）是一个很有意义的零点或分界点，记为 pH^0，在该点，HCO_3^- 达到最高值，占98%，H_2CO_3 和 CO_3^{2-} 含量甚微，各占总碳酸1%，常规的分析方法不能检出，所以它是检查分析结果是否可靠的一个标志。若水样的 pH＜pH^0（pH^0＜8.3），分析结果中出现 CO_3^{2-}，则其结果不可靠，不是 CO_3^{2-} 测量有误，就是pH测量有误。当分析结果没有 CO_3^{2-} 数据，而又必须计算难溶碳酸盐的饱和指数值时，所用的 CO_3^{2-} 多为计算值。其计算公式可由式（3－51）导出，即：

$$c(CO_3^{2-}) = K_2[c(HCO_3^-)]/c(H^+) \qquad (3-56)$$

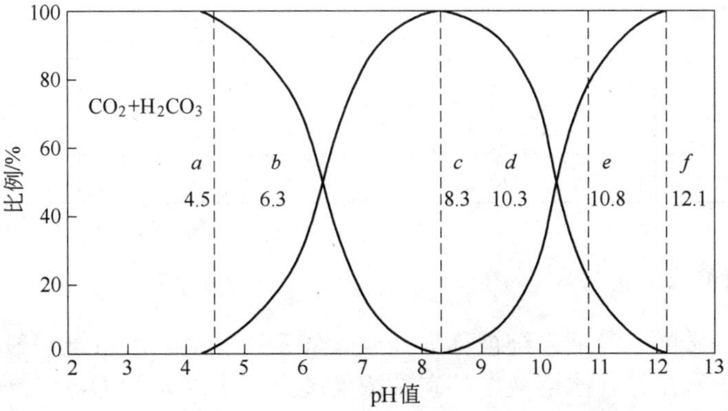

图3－9　三种碳酸值pH值变化曲线

以上讨论没有考虑溶解性 CO_2 与大气交换过程。因而属于封闭的水溶液系统，如果所考虑的溶液反应数小时或数天之内完成，可利用该体系进行有关计算。如果研究的过程是长期的，如一个期间内的水质组成，则 CO_2 与水处于动态平衡，则应采用开放体系进行计算。

表 3-3 H_2CO_3、HCO_3^-、CO_3^{2-} 的比例（25℃，10^5Pa）

pH 值	a_0/%	a_1/%	a_2/%
2.0	99.9955	0.0045	0.0000
2.5	99.9859	0.0141	0.0000
3.0	99.9554	0.0466	0.0000
3.5	99.8598	0.1411	0.0000
4.0	99.5553	0.4447	0.0000
4.5	98.6071	1.3929	0.0000
5.0	95.7241	4.2758	0.0000
5.5	87.6228	12.3770	0.0002
6.0	69.1226	30.8759	0.0014
6.5	41.1165	58.5448	0.0087
7.0	18.2851	81.6767	0.0382
7.5	6.6023	93.2598	0.1379
8.0	2.1797	97.3694	0.4554
8.5	0.6928	97.8598	1.4474
9.0	0.2134	95.3278	4.4588
9.5	0.0616	87.0611	12.8773
10.0	0.0152	68.1218	31.8930
10.5	0.0029	40.3359	59.6612
11.0	0.0004	17.6138	82.3858
11.5	0.0000	6.3327	93.6673
12.0	0.0000	2.0932	97.9068
12.5	0.0000	0.6715	99.3258
13.0	0.0000	0.2133	99.2867
13.5	0.0000	0.0676	99.9324
14.0	0.0000	0.0214	99.9786

3.4.2 开放碳酸系统

与大气相通的碳酸水溶液系统被称为开放碳酸系统。地表水系统一般属于开放碳酸系统。此时，按照亨利定律，水溶液中的碳酸浓度随大气中的 p（CO_2）分压而改变：

$$c(H_2CO_3^*) \approx c[CO_2(aq)] = K_H p(CO_2) \tag{3-57}$$

溶液中，碳酸总浓度（c_T）及各组分浓度应为：

$$c_T = c[CO_2(aq)]/a_0 = \frac{1}{a_0} K_H p(CO_2) \tag{3-58}$$

$$c(HCO_3^-) = \frac{a_1}{a_0} K_H p(CO_2) = \frac{K_1}{c(H^+)} K_H p(CO_2)$$

$$c(CO_3^{2-})=\frac{a_2}{a_0}K_Hp(CO_2)=\frac{K_1K_2}{c(H^+)}K_Hp(CO_2)$$

对以上方程式分别取对数，同时，把25℃各平衡常数K_H、K_1、K_2的值（表3-2）和大气中CO_2的实际分压值$p(CO_2)=36Pa$代入，则可得到相应的lg$c$-pH方程：

$\lg c(H_2CO_3^*)\approx\lg c[CO_2(aq)]=\lg K_H+\lg p(CO_2)=-4.9$ （斜率为0的直线）

$\lg c(H_2CO_3)=\lg c[CO_2(aq)]-\lg K_0=7.7$ （斜率为0的直线）

$\lg c(HCO_3^-)=\lg K_1+\lg c[H_2CO_3^*]+pH=-11.3+pH$ （斜率为+1的直线）

$\lg c(CO_3^{2-})=\lg K_1+\lg K_2+\lg c[H_2CO_3^*]+2pH=-21.6+2pH$ （斜率为+2的直线）

另有

$$\lg c[H^+]=-pH$$

$$\lg c[OH^-]=pH-14$$

将以上六方程作成如图3-10所示的开放碳酸系统各组分浓度与pH值的关系图。图中H_2CO_3、HCO_3^-、CO_3^{2-}三条线的斜率分别为0、+1、+2，c_T为三者之和，又是以三条直线为渐近线的一条曲线，是上述四线叠加的结果。从图3-10中可以看出，在开放系统中，当pH<6时以$c(HCO_3^-)$为主，pH>10.25时则以$c(CO_3^{2-})$为主。

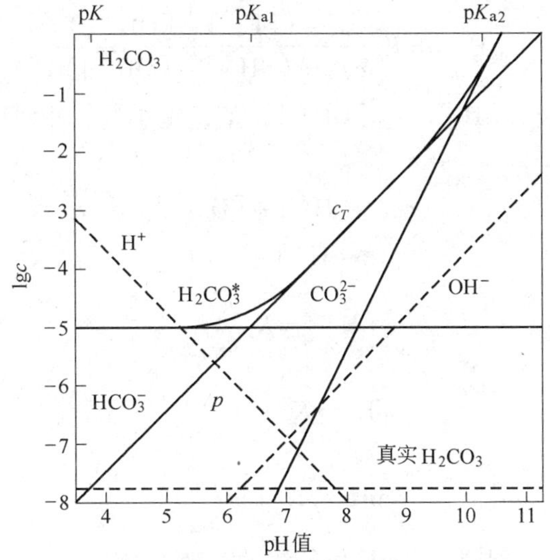

图3-10 开放体系的碳酸平衡

3.5 缓冲系统

3.5.1 pH缓冲溶液

缓冲溶液是能抵抗外界少量强酸、强碱或稀释的影响，使组分保持稳定的溶液。pH缓冲溶液能限制pH值发生变化，是最常见的缓冲溶液。其他缓冲溶液还包括金属离子缓冲溶液、氧化还原电位缓冲溶液等。

天然水中因有碳酸盐等共轭酸碱系统的存在而具有一定缓冲能力，一般天然水的pH值都在6~9范围内。在水处理过程中常常需要保持一定的pH值，以保证较高的处理效率，因此需要使水具有一定的缓冲能力。

假设弱酸 HA 及其共轭碱 NaA 组成 pH 缓冲液，应有如下平衡式：

质量平衡
$$c_{T,\mathrm{A}} = [\mathrm{HA}] + [\mathrm{A}^-] = c_{\mathrm{HA}} + c_{\mathrm{NaA}} \tag{3-59}$$

$$c_{T,\mathrm{Na}} = [\mathrm{Na}^+] = c_{\mathrm{NaA}} \tag{3-60}$$

式中，c_{HA}和 c_{NaA}分别为配制时加入 HA 和 NaA 于一定体积水中的浓度。

化学平衡
$$K_\mathrm{a} = \frac{[\mathrm{H}^+][\mathrm{A}^-]}{[\mathrm{HA}]} \tag{3-61}$$

$$K_\mathrm{w} = [\mathrm{H}^+][\mathrm{OH}^-] \tag{3-62}$$

电荷平衡
$$[\mathrm{Na}^+] + [\mathrm{H}^+] = [\mathrm{A}^-] + [\mathrm{OH}^-] \tag{3-63}$$

由式（3-61）知，要求 $[\mathrm{H}^+]$，先看 $[\mathrm{A}^-]$ 和 $[\mathrm{HA}]$。

由式（3-60）和式（3-63）得

$$c_{\mathrm{NaA}} + [\mathrm{H}^+] = [\mathrm{A}^-] + [\mathrm{OH}^-]$$

即
$$[\mathrm{A}^-] = c_{\mathrm{NaA}} + [\mathrm{H}^+] - [\mathrm{OH}^-] \tag{3-64}$$

由式（3-59）可得
$$[\mathrm{HA}] = c_{\mathrm{HA}} + c_{\mathrm{NaA}} - [\mathrm{A}^-]$$

将式（3-64）代入得
$$[\mathrm{HA}] = c_{\mathrm{HA}} - [\mathrm{H}^+] + [\mathrm{OH}^-]$$

代入式（3-61）得
$$[\mathrm{H}^+] = K_\mathrm{a}\frac{c_{\mathrm{HA}} - ([\mathrm{H}^+] - [\mathrm{OH}^-])}{c_{\mathrm{NaA}} + ([\mathrm{H}^+] - [\mathrm{OH}^-])} \tag{3-65}$$

对于大多数缓冲溶液（$[\mathrm{H}^+] - [\mathrm{OH}^-]$）值是很小的，相对于 c_{HA}和 c_{NaA}可以忽略不计。

即
$$c_{\mathrm{HA}} \gg [\mathrm{H}^+] - [\mathrm{OH}^-]$$
$$c_{\mathrm{NaA}} \gg [\mathrm{H}^+] - [\mathrm{OH}^-]$$

整理得
$$[\mathrm{H}^+] = K_\mathrm{a}\frac{c_{\mathrm{HA}}}{c_{\mathrm{NaA}}}$$

即
$$\mathrm{pH} = \mathrm{p}K_\mathrm{a} + \lg\frac{c_{\mathrm{NaA}}}{c_{\mathrm{HA}}}$$

作为通式可写作
$$\mathrm{pH} = \mathrm{p}K_\mathrm{a} + \lg\frac{c_{盐}}{c_{酸}} \tag{3-66}$$

通常利用式（3-66）配制一定 pH 值的缓冲溶液。

若条件不符合，即

$$c_{\mathrm{HA}} \ll [\mathrm{H}^+] - [\mathrm{OH}^-]$$
$$c_{\mathrm{NaA}} \ll [\mathrm{H}^+] - [\mathrm{OH}^-]$$

则缓冲溶液的 pH 值要按二元弱酸的平衡图解法进行复杂计算。

若考虑离子强度的影响，则要把 K_a 值转化为 $K_\mathrm{a}^\ominus$ 值，$K_\mathrm{a}^\ominus$ 的意义是化学平衡式中用浓度代替活度时的平衡常数。$K_\mathrm{a}^\ominus$ 和 K_a 的关系如下（活度系数近似为 1，即 $\gamma_{\mathrm{HA}}=1$）：

$$K_\mathrm{a} = \frac{[\mathrm{H}^+][\mathrm{A}^-]}{[\mathrm{HA}]}$$

$$K_\mathrm{a}^\ominus = \frac{[\mathrm{H}^+][\mathrm{A}^-]}{[\mathrm{HA}]} = \frac{\dfrac{[\mathrm{H}^+]}{\gamma_{\mathrm{H}^+}}\dfrac{[\mathrm{A}^-]}{\gamma_{\mathrm{A}^-}}}{[\mathrm{HA}]} = \frac{K_\mathrm{a}}{\gamma_{\mathrm{H}^+}\gamma_{\mathrm{A}^-}}$$

3.5.2 缓冲特性

缓冲强度又被称为缓冲容量，是描述为引起缓冲溶液单位 pH 值变化所需加入的强酸或强碱的浓度（mol/L），即：

$$\beta=\frac{dc_B}{dpH}\text{ 或 }\beta=\frac{dc_A}{dpH} \tag{3-67}$$

式中 β——缓冲强度（缓冲容量）；

c_A——加入强酸至缓冲溶液的浓度；

c_B——加入强碱至缓冲溶液的浓度。

因加入强酸时使 pH 值下降，因此$\beta=-\frac{dc_A}{dpH}$式中有一负号。

缓冲强度可以通过实验确定，用强碱或强酸对缓冲溶液进行滴定，根据滴定曲线的斜率可以得到缓冲强度。可以通过计算求得，这对于设计具有一定缓冲能力的水溶液尤其重要。下面是缓冲强度计算公式的推导过程。

假定 HA－NaA 缓冲系统，加入强酸 HCl，由定义得：

$$\beta=-\frac{dc_A}{dpH}$$

$$c_A=[Cl^-]$$

根据电荷平衡式 $$[Na^+]+[H^+]=[A^-]+[OH^-]+[Cl^-]$$

故 $$c_A=[Na^+]+[H^+]-[A^-]+[OH^-]$$

因为 $$dpH=d(-\lg[H^+])=d(-\ln[H^+]/2.3)=-\frac{d[OH^-]}{d[H^+]}$$

因此 $$\beta=\frac{2.3[H^+]d([Na^+]+[H^+]-[A^-]-[OH^-])}{d[H^+]}$$

$$\beta=2.3[H^+]\left(\frac{d[Na^+]}{d[H^+]}+\frac{d[H^+]}{d[H^+]}-\frac{d[A^-]}{d[H^+]}-\frac{d[OH^-]}{d[H^+]}\right)$$

因为 d［Na^+］＝0，故括号内第一项为零，第二项为 1，整理得：

$$\beta=2.3[H^+]\left(1-\frac{d[A^-]}{d[H^+]}-\frac{d[OH^-]}{d[H^+]}\right)$$

根据化学平衡 $$K_a=\frac{[H^+][A^-]}{[HA]}$$

$$[A^-]=\frac{K_a[HA]}{[H^+]}$$

根据质量平衡 $$c_{T,A}=[HA]+[A^-]$$

$$[A^-]=\frac{K_a(c_{T,A}-[A^-])}{[H^+]}$$

$$[A^-]=\frac{K_a c_{T,A}}{[H^+]+K_a}$$

$$-\frac{d[A^-]}{d[H^+]}=\frac{d}{d[H^+]}\left(\frac{-K_a c_{T,A}}{[H^+]+K_a}\right)=\frac{K_a c_{T,A}}{([H^+]+K_a)^2}=\frac{[A^-]}{[H^+]+K_a}$$

$$-\frac{d[OH^-]}{d[H^+]}=\frac{d(-K_w/[H^+])}{d[H^+]}=\frac{K_w}{[H^+]^2}$$

因此 $$\beta=2.3[H^+]\left(1-\frac{d[A^-]}{d[H^+]}-\frac{d[OH^-]}{d[H^+]}\right)=2.3[H^+]\left(1+\frac{K_w}{[H^+]^2}+\frac{[A^-]}{[H^+]+K_a}\right)$$

$$=2.3\left([H^+]+[OH^-]+\frac{[H^+][A^-]}{[H^+]+K_a}\right)$$

由于 $$a_0=\frac{[HA]}{c_{T,A}}[A^-]=a_1c_{T,A}$$

$$\frac{[H^+][A^-]}{[H^+]+K_a}=\frac{[H^+][A^-]}{[H^+]+\frac{[A^-][H^+]}{[HA]}}=\frac{[HA][A^-]}{[HA][A^-]}=a_0a_1c_{T,A}$$

故 $$\beta=2.3([H^+]+[OH^-]+a_0a_1c_{T,A})$$

即 $$\beta=2.3([H^+]+[OH^-])+2.3a_0a_1c_{T,A} \tag{3-68}$$

或 $$\beta=\beta_{H_2O}+\beta_{HA/A^-} \tag{3-69}$$

由式（3-68）可以证明当 $pH=pK_a$ 时，$a_0=a_1=0.5$ 有最大的 β 值。因此在配制 pH 缓冲溶液时，选择盐与酸的浓度之比为1时，在同样的 $c_{T,A}$ 条件下有最大的缓冲强度。

根据公式（3-69），可把 $HA-A^-$ 缓冲系统的缓冲强度看作是水本身的缓冲强度与一元酸-共轭碱的缓冲强度之和。

3.6 酸度和碱度

3.6.1 酸度和碱度

3.6.1.1 酸度

酸度是某一种水的中和强碱的能力的一个量度。在天然水中这种能力通常是由如 H_2CO_3 和 HCO_3^-，有时还包括一些强酸 H^+ 这样一类酸引起的。

如果某一水中的酸度主要是由 H^+ 和碳酸盐物质形成的，其总酸度滴定终点处的 pH 值是：该处已经加入的为完成下列三个反应按化学计量法所需的 OH^- 量：

$$OH^-+H^+ \rightleftharpoons H_2O$$

$$OH^-+HCO_3^- \rightleftharpoons CO_3^{2-}+H_2O$$

$$2OH^-+H_2CO_3 \rightleftharpoons CO_3^{2-}+2H_2O$$

在终点 pH 处存在的物质相当于水样 $c_{T,CO_3^{2-}}$ 那么多的 Na_2CO_3 加到纯水中所引起中和的那些物质。这个 pH 就是 $pH_{CO_3^{2-}}$，它一般在10~11之间。二氧化碳酸度的终点是在 $pH_{HCO_3^-}$ 大约8.3处。无机酸度的终点是在 pH_{CO_2} 为4~5处。在水分析过程中，用于酸度测定的两个终点是 pH 值分别为8.3和4~5。在 pH 值为8.3和4~5的终点处分别相应于指示剂酚酞和甲基橙颜色改变处，所以二氧化碳酸度又可以称为酚酞酸度，无机酸度则常称为甲基橙酸度。

假定下列反应式完全反应，可以推导出为达到 pH 值4~5而所需加的碱量。

$$OH^-+H^+ \longrightarrow H_2O$$

还可推导出这时的碳酸盐物质与 CO_2 加到纯水中时所存在的形式相当。当加入强碱到

pH 值为 8.3 时，下列两个反应就都完成了。

$$OH^- + H^+ \longrightarrow H_2O$$

$$OH^- + H_2CO_3 \longrightarrow HCO_3^- + H_2O$$

对于碳酸系统： 总碱度 - 碳酸盐碱度 = $c_{T,CO_3^{2-}}$

3.6.1.2 碱度

碱度是某一种水的中和强酸能力的一个量度。在天然水中这个能力是由如 HCO_3^-、CO_3^{2-}、OH^- 这样一类碱，以及通常是低浓度存在的物质如硅酸根、硼酸根、铵、磷酸根和有机碱等所引起的。

测定某一已知体积水样总碱度的方法如下：用一个强酸标准溶液加到水样中，使其 pH 值在 4～5 的范围，通常是 4.5～4.8 的范围。这个终点一般都用指示剂甲基橙的颜色改变来指明。因而，总碱度常称为甲基橙碱度。所加的 H^+ 即为以下反应的化学计量关系所需要的量：

$$OH^- + H^+ \rightleftharpoons H_2O$$

$$H^+ + HCO_3^- \rightleftharpoons H_2CO_3$$

$$2H^+ + CO_3^{2-} \rightleftharpoons H_2CO_3$$

总碱度滴定的真实终点处 pH 值应该是 $H_2CO_3^*$ 和 H_2O 溶液的 pH 值。假定碱度滴定是一个封闭系统，到滴定终点时溶液应该是一个具有 $c_{T,CO_3^{2-}}$ 的 $H_2CO_3^*$ 溶液，这个 $c_{T,CO_3^{2-}}$ 等于被滴定溶液的 $c_{T,CO_3^{2-}}$。把这样一种溶液的 pH 称为 pH_{CO_2}，同时称这种溶液为每升含 $c_{T,CO_3^{2-}}$ mol 的 CO_2 溶液。

对于碳酸系统，可以从理论上说明发生在碱度滴定过程中的两个重要的 pH 值。这两种 pH 值是 $pH_{HCO_3^-}$ 和 $pH_{CO_3^{2-}}$。它们分别表示：

（1）在溶液中加入了为完成下列两个反应按化学计量关系所需要的 H^+ 量后的 pH 值：

$$OH^- + H^+ \rightleftharpoons H_2O$$

$$H^+ + CO_3^{2-} \rightleftharpoons HCO_3^-$$

（2）在溶液中加入了仅仅为完成下面这个反应按化学计量关系所需要的 H^+ 量后溶液的 pH 值：

$$OH^- + H^+ \rightleftharpoons H_2O$$

在后面这种情况中，碳酸盐物质都是以 CO_3^{2-} 存在的，或者以 $c_{T,CO_3^{2-}}$ mol 的 Na_2CO_3 加到水中去时所产生的那种形式存在。$pH_{HCO_3^-}$ 的值约为 8.3，而 $pH_{CO_3^{2-}}$ 一般在 10～11 之间，并且随 $c_{T,CO_3^{2-}}$ 而改变。

可以用实验的方法来使某一溶液的 pH 低于 $pH_{HCO_3^-}$，这时每升此溶液所需要的酸量就是碳酸盐碱度。它的滴定终点可以用 pH 计或用酚酞指示剂颜色的改变来确定，因而它常常被称为酚酞碱度。达到 $pH_{CO_3^{2-}}$ 所需的酸量在实验室里不能迅速地测定，因为不容易找到滴定终点，这是由于水的缓冲作用引起的。

若近似地认为反应是完全的并假定水的碱度仅仅是由于碳酸盐物质和 OH^- 引起的，那么可以根据碱度的滴定结果，对一个溶液的初始组分做出某些推断。假定 pH 值为 8.3 时，下面的反应都已经完成了：

$$OH^- + H^+ \rightleftharpoons H_2O$$

$$H^+ + CO_3^{2-} \rightleftharpoons HCO_3^-$$

而到 pH 值为 4.3～4.7 时，反应为：

$$H^+ + HCO_3^- \rightleftharpoons H_2CO_3$$

也已完成了。可以推论，当溶液被滴定到 pH 值为 8.3 时，溶液中存在的单位 CO_3^{2-} 将消耗一份 H^+，而当它从 pH 值为 8.3 滴定到 pH 值大约为 4.3 时，又将消耗一份 H^+。如果达到 pH 值为 8.3 时用去酸的体积 V_P 等于从 pH 值为 8.3 滴定到 pH 值大约为 4.3 所需酸的体积 V_{m0}，那么就可以推断：初始溶液中的主要碱度五种仅仅只含有 CO_3^{2-}。

当酚酞指示剂加到该溶液中的时候，如果溶液立刻成为无色，这样就达到 pH 值为 4.3，只需要 V_{m0} 的酸体积就可以了，于是初始的溶液中引起碱度的主要物质只含有 HCO_3^-。

如果初始溶液需要 V_PmL 的酸才能达到 pH 值为 8.3，但不需要进一步加酸就可以达到 pH 值为 4.3，那么该溶液的碱度就只是由 OH^- 引起的。根据同样的理由，可以得出，如果 $V_P > V_{m0}$，主要的碱度物质是 CO_3^{2-} 和 OH^-；如果 $V_P < V_{m0}$，主要的碱度物质是 CO_3^{2-} 和 HCO_3^-。引起碱度的物质的第三种可能的组合，即 OH^- 和 HCO_3^- 的组合是不存在的，因为没有一个 pH 值的区域里，这两个物质共同是主要的碱度物质。用这种方法求得的各物质浓度均是近似的，而且如果 pH 值大于约 9.5 的话，就会有相当大的误差。

3.6.2　酸度和碱度的解析定义

碱度和酸度分别是根据碱和酸的组成来定义的，正是这些碱和酸构成了碱度和酸度。各种碱度和酸度的测定都是根据碱度和酸度测定时等当点的质子条件式来定义的。测定碱度需要加入强酸（H^+）。因此如果某一水样中存在着碱度，这就表明含有比参考（或滴定终点）物质质子少的物质超过了比参考物质质子多的物质。测定酸度需要加入强碱（OH^-），这等于去除质子。于是酸度的存在表明：含有比参考物质质子多的物质超过了比参考物质质子少的物质。表 3－4 简要地归纳了各种等当点、它们的质子条件式以及水中只含有碳酸盐物质和 OH^-、H^+ 作为缓冲成分时酸度和碱度的解析定义。每个酸度和碱度的解析定义都可以用 a 值来表示，见表 3－5。

表 3－4　碱度和酸度的公式和等当点

等当点	参考物质	质子条件	酸度和碱度公式(eq/L)
pH_{CO_2}	$H_2CO_3^*$ H_2O	$[H^+] = [HCO_3^-] + 2[CO_3^{2-}] + [OH^-]$	总碱度 $= [HCO_3^-] + 2[CO_3^{2-}] + [OH^-] - [H^+]$ 无机酸度 $= [H^+] - [HCO_3^-] - 2[CO_3^{2-}] - [OH^-]$
$pH_{HCO_3^-}$	HCO_3^- H_2O	$[H^+] + [H_2CO_3^*] = [CO_3^{2-}] + [OH^-]$	碳酸盐碱度 $= [CO_3^{2-}] + [OH^-] - [H^+] - [H_2CO_3^*]$ 二氧化碳酸度 $= [H^+] + [H_2CO_3^*] - [CO_3^{2-}] - [OH^-]$
$pH_{CO_3^{2-}}$	CO_3^{2-} H_2O	$[H^+] + [HCO_3^-] + 2[H_2CO_3^*] = [OH^-]$	苛性碱度 $= [OH^-] - [H^+] - [HCO_3^-] - 2[H_2CO_3^*]$ 总酸度 $= [H^+] + [HCO_3^-] + 2[H_2CO_3^*] - [OH^-]$

从这些表达式中可以看到，对于仅仅由碳酸盐物质以及 OH^- 和 H^+ 组成的缓冲系统，总碱度、pH 和 $c_{T,CO_3^{2-}}$ 之间以及总酸度、pH 和 $c_{T,CO_3^{2-}}$ 之间都有一个确切的关系。对于这种系统，假如这些数量之中有两项已被测得，那么第三项就可计算得到。很多天然水都可以看成它们只是由碳酸系统、OH^- 和 H^+ 所缓冲的，因此根据初始 pH 值以及测得的总碱度

或总酸度，就可以计算出 c_{T,CO_3} 和所有物质的浓度。

表 3－5　用 $c_{T,CO_3^{2-}}$ 和 a 值来表示的碱度和酸度公式

名　称	公　式	名　称	公　式
总碱度	$c_{T,CO_3^{2-}}(a_1+2a_2)+\frac{K_W}{[H^+]}+[H^+]$	总酸度	$c_{T,CO_3^{2-}}(a_1+2a_0)-\frac{K_W}{[H^+]}+[H^+]$
碳酸盐碱度	$c_{T,CO_3^{2-}}(a_2-a_0)+\frac{K_W}{[H^+]}-[H^+]$	二氧化碳酸度	$c_{T,CO_3^{2-}}(a_0-a_2)-\frac{K_W}{[H^+]}+[H^+]$
苛性碱度	$\frac{K_W}{[H^+]}-[H^+]-c_{T,CO_3^{2-}}(a_1+2a_0)$	无机酸度	$[H^+]-c_{T,CO_3^{2-}}(a_1+2a_2)-\frac{K_W}{[H^+]}$

＊＊＊＊＊＊＊＊＊＊＊＊＊＊＊＊＊＊＊＊＊＊＊＊＊＊＊＊＊＊＊＊＊＊＊＊＊＊＊

习　题

3－1　写出碳酸氢钠 $NaHCO_3$ 加到水中去时的质子条件式。

答案：$[H^+]+[H_2CO_3]=[OH^-]+[CO_3^{2-}]$。

3－2　某水厂井水的分析结果如下：pH＝7.8，硅 19mgSiO_2/L，钙 65mgCa^{2+}/L，镁 18.2mgMg^{2+}/L，钠 76mgNa^+/L，重碳酸根 286.7mgHCO_3^-/L，硫酸根 28mgSO_3^{2-}/L，氯离子 98mgCl^-/L。从分析准确性的观点看，这个水分析结果是否准确？

答案：准确。

3－3　10^{-2}mol 的 HCl 加到 25℃的 1L 蒸馏水中，求该溶液的［H^+］、［OH^-］、［Cl^-］。该溶液的 pH 值是多少？并且证明［HCl］是可以忽略不计的。假定活度系数是 1。

答案：$[H^+]=10^{-2}$、$[OH^-]=10^{-2}$、$[Cl^-]=10^{-12}$；pH＝2。

3－4　10^{-7}mol 的 HNO_3 加到 25℃的 1L 蒸馏水中，求该溶液的 pH 值是多少？

答案：pH＝6.79。

3－5　10^{-8}mol 的 NaCN 溶液中的 pH、pOH、［HCN］、［CN^-］和［Na^+］。温度为 25℃，忽略离子强度效应。

答案：pH＝10.1；pOH＝3.9；$[HCN]=10^{-3.9}$mol；$[CN^-]=10^{-3.05}$mol；$[Na^+]=10^{-8}$mol。

3－6　某酸 HX 溶液，其浓度为 4×10^{-3}mol，pH＝2.4，求其共轭碱 Na^+ 盐的等摩尔溶液的 pH 值？

答案：pH＝7。

3－7　有硫酸进入某水体，使该水体成为 1.00×10^{-3}mol/L 的 H_2SO_4 溶液。求平衡时溶液的 pH 值以及各组分的浓度。假定该水体缓冲能力很小，忽略不计。

已知 $[H^+]=1.84\times10^{-3}$mol/L；pH＝2.74；$[HSO_4^-]=1.56\times10^{-4}$mol/L。

答案：$[OH^-]=5.42\times10^{-12}$mol/L；$[SO_4^{2-}]=8.44\times10^{-4}$mol/L；$[H_2SO_4]=2.87\times10^{-10}$mol/L。

3－8　有一制药厂产生［H^+］＝$10^{-1.8}$mol/L 的强酸性废水，在排放前要求中和到 pH＝6，但由于缓冲强度低，使 pH 值在 4～11 之间大幅度变动。为了使 pH 值稳定在 6，需增加缓冲强度β，β必须达到0.75mmol/L。加NaOH中和，加$NaHCO_3$增加缓冲强度，需加多少NaOH和$NaHCO_3$可达到上述要求？忽略离子强度影响。

答案：需加入$NaHCO_3$的量为1.46×10^{-3}mol/L。

需加入NaOH的量为1.48×10^{-2}mol/L。

3-9 计算当0.0010mol/L的HCl加到100mL下述溶液后，下述溶液的pH值：

（1）0.0010mol/L的乙酸盐缓冲溶液（0.0500mol/L乙酸和0.0500mol/L乙酸钠）。

（2）0.0100mol/L的乙酸盐缓冲溶液（0.0050mol/L乙酸和0.0050mol/L乙酸钠）。

答案：（1）pH=4.74；（2）pH=4.58。

3-10 一个沉淀-软化处理过程后面的再碳酸化池其溢流水水样的pH=9.0。将200mL此水样滴定到酚酞终点，需要0.02mol/L$H_2SO_4$1.1mL，进一步滴定到甲基橙终点又需要0.02mol/L$H_2SO_4$22.9mL。假设该水样不含有钙盐颗粒。试求此水样的总碱度和碳酸盐碱度（以mol/L计）并求其总碱度（以mg$CaCO_3$/L计）。

答案：碳酸盐碱度为0.11mol/L；总碱度为2.4mol/L；以mg$CaCO_3$/L计为120mg/L。

3-11 有一由碳酸盐系统、H^+和OH^-缓冲的水溶液，该水样的pH=7.8。将100mL此水样滴定到pH=4.5以下，需要13.7mL的0.02mol/L的HCl。问此水中总无机碳的浓度（以mgC/L计）是多少？碱度的主要组分是什么？（忽略离子效应）

答案：总无机碳浓度为33.9mgC/L；碱度的主要组分是HCO_3^-。

参考文献

[1] 王凯雄，朱优峰．水化学［M］．北京：化学工业出版社，2009.

[2] 蒋辉．环境水化学［M］．北京：化学工业出版社，2003.

[3] 李保山．基础化学［M］．北京：科学出版社，2003.

[4] 蒋展鹏，刘希曾．水化学［M］．北京：中国建筑工业出版社，1990.

[5] 王九思，陈学民，肖举强，等．水处理化学［M］．北京：化学工业出版社，2002.

4 溶解平衡

水是极性分子，是一种溶解能力很强的溶剂。

本章将叙述有关污染物在水中共存时的沉淀溶解平衡问题，着重介绍水处理工艺中常见的金属氧化物和碳酸盐等化合物的沉淀溶解平衡、固体物质以及气体在水中的稳定条件及其计算等内容。

4.1 气体在水中的溶解平衡

自然界的水平衡体系中，存在固体物质在水中的沉淀过程和溶解过程，也存在气态物质在水中的溶解平衡过程。水中含有的溶解气体通常包括氧气（O_2）、氮气（N_2）、二氧化碳（CO_2）等。

氮气是一种惰性气体，当水作为工业传热介质使用时，可不考虑其影响。

二氧化碳来自动物呼吸过程和人类活动所排放的废气等，如锅炉排放烟气、汽车尾气等。但其最大的来源则是土壤中有机物腐化过程中分解释放出的二氧化碳。当二氧化碳溶解于水中时，CO_2 和 H_2O 发生化学反应形成 H_2CO_3，进而分解成 H^+ 及 CO_3^{2-}。其化学反应式：$CO_2 + H_2O \rightleftharpoons H_2CO_3 \rightleftharpoons H^+ + HCO_3^- \rightleftharpoons 2H^+ + CO_3^{2-}$。这种化学反应会使水的 pH 值降低，使水具腐蚀性。溶解在水中的气体对水生生物具有重要的意义。鱼类需要氧气，排出二氧化碳；而藻类在进行光合作用时则相反。气体在水中的溶解与挥发对水处理也具有重要意义。有些有机化合物在好氧菌作用下发生生物降解，要消耗水里的溶解氧。如果有机物以碳来计算，根据 $C + O_2 \rightleftharpoons CO_2$ 可知，每 12g 碳要消耗 32g 氧气。当水中的溶解氧值降到 5mg/L 时，一些鱼类的呼吸就发生困难。水里的溶解氧由于空气里氧气的溶入及绿色水生植物的光合作用会不断得到补充。但当水体受到有机物污染，耗氧严重，溶解氧得不到及时补充，水体中的厌氧菌就会很快繁殖，有机物因腐败而使水体变黑、发臭。溶解氧值是研究水自净能力的一种依据。水里的溶解氧被消耗，要恢复到初始状态，所需时间短，说明该水体的自净能力强，或者说水体污染不严重。否则说明水体污染严重，自净能力弱，甚至失去自净能力。

二氧化碳在水中的溶解平衡在第 3 章酸碱平衡中已经详细介绍，本节主要介绍溶解氧在天然水系中的溶解平衡。

4.1.1 亨利定律

如果气体被吸收后所形成的溶液是理想溶液，则遵循拉乌尔定律，即溶液上方溶质气体的平衡分压等于该气体在同一温度下的饱和蒸气压与它在溶液中的摩尔分数的乘积。气体在水中与大气之间的平衡可以用亨利定律来表示，即水中某气体的溶解度与同水接触的该气体的平衡分压成正比。溶解氧跟空气里氧的分压、大气压、水温和水质有密切的关系。

亨利定律的表达式为：

$$[G_{(aq)}] = K \cdot p_c \tag{4-1}$$

式中 $[G_{(aq)}]$——某气体在水中的溶解度；

K——对于一定温度和一定气压是常数，称亨利常数；

p_c——气体的分压。

表 4-1 中列出了 25℃时一些气体在水中的亨利常数。

表 4-1 一些气体在 25℃水中的亨利常数 （mol/(L·Pa)）

气体	K	气体	K
O_2	1.28×10^{-8}	HO	2.47×10^{-4}
O_3	9.28×10^{-8}	HO_2	1.97×10^{-2}
NO	1.88×10^{-8}	H_2O_2	0.70
NO_2	9.87×10^{-8}	HNO_2	2.47×10^{-4}
N_2O	2.47×10^{-7}	NH_3	6.12×10^{-4}
H_2S	1.00×10^{-6}	HNO_3	2.07
SO_2	1.22×10^{-5}	HCl	2.47×10^{-2}

在应用亨利定律时须注意下列几点：

（1）由亨利定律计算得到的气体溶解度，并不包括由于化学反应而进入水体的气体。例如：$CO_2 + H_2O \rightleftharpoons H_2CO_3 \rightleftharpoons H^+ + HCO_3^-$。在这种情况下，水中实际获取的气体会大大高于由亨利定律所得到的。

（2）对于混合气体，在压力不大时，亨利定律对每一种气体都能分别适用，与另一种气体的压力无关。

（3）对于亨利常数大于 10^{-2} 的气体，可认为它基本上是能完全被水吸收的。

（4）亨利常数作为温度的函数，有如下关系式：$\frac{d\ln K_H}{dT} = \frac{\Delta H}{RT^2}$（式中，$\Delta H$ 为气体溶于水过程的焓变）。一般 ΔH 为负值，所以随温度降低，亨利常数增大，即低温下气体在水中有较大溶解度。对于溶解度非常大的气体，亨利常数还可能与浓度有关。

（5）亨利常数的数值可以在定温下由实验测定，也可以使用热力学方法予以推算。

（6）亨利定律有几种不同表达式，应用时要注意辨别。

利用亨利定律原理，还可以在水中通入空气，将水中挥发性污染物质从水中驱赶出来，以达到水处理的目的；或把被驱赶出来的挥发性污染物用吸附剂收集起来，通过加热释放并与气相色谱仪相连，以达到定量分析的目的，这种分析挥发性有机物（VOCs）的方法称为吹扫捕集法。

气体的溶解度与温度有关，一般来说，温度下降则气体的溶解度增高。温度与溶解度的关系可由 Clausius - Clapeyron 方程表示：

$$\lg \frac{c_2}{c_1} = \frac{\Delta H}{2.303R}\left(\frac{1}{T_1} - \frac{1}{T_2}\right)$$

式中 c_1——在热力学温度 T_1 时气体在水中的浓度，mol/L；

c_2——在热力学温度 T_2 时气体在水中的浓度，mol/L；

ΔH——溶解热，J/mol；

R——气体常数，其数值为 8.314J/(mol·K)。

气体的溶解现象可归纳为：(1) 温度一定时，溶解度随压力增大而增大，但随着压力增大，溶解度增加的幅度越来越小；(2) 压力一定时，在一定的温度范围，溶解度有一极小值；(3) 气体在盐溶液中的溶解度比在纯水中低得多；(4) 溶解度与气体分子的极性、分子中化学键的极性以及分子体积有关。

4.1.2 气体在水中溶解速率的影响因素

气体溶解速率与很多因素相关。在本小节主要阐述气体的不饱和程度、水的单位体积表面积对气体在水中溶解速率的影响。

(1) 气体不饱和程度。水中溶解气体含量与饱和含量相差越远，由气相溶于液相的速度就越快。如果用 c 表示气体在水中的含量，c_0 表示在该温度下对应于气相分压的气体溶解度（饱和含量），用单位时间内气体含量的增加来表示气体溶解速率，则有 $\frac{dc}{dt} \propto (c_0 - c)$。

(2) 水的单位体积表面积。因为用单位时间内气体含量的增加来表示溶解速率，在同样的不饱和程度下，显然是比表面积大的，浓度增加快，即 dc/dt 与单位体积表面积 (A/V) 成正比，即 $\frac{dc}{dt} \propto \frac{A}{V}$。

将 $\frac{dc}{dt} \propto (c_0 - c)$ 与 $\frac{dc}{dt} \propto \frac{A}{V}$ 合并，则可得到表达式：

$$\frac{dc}{dt} = K_g \frac{A}{V}(c_0 - c)$$

式中　K_g——气体迁移系数，与气体的性质、温度及水的紊动强度有关，其单位为 cm/min。当其他影响因素都固定时 K_g 为常数。

4.1.3 氧在水中的溶解

氧在水中的溶解度和溶解氧值是两个既相互区别而又相互联系的概念。氧在水中的溶解度指的是水体和大气处于平衡时氧的最大溶解浓度，它的数值与温度、压力、水中溶质质量等因素有关。水中溶解氧值则一般是指非平衡状态下的水中溶解氧的浓度，它的数值与水体曝气作用、光合作用、呼吸作用及水中有机污染物的氧化作用等因素有关。这两个概念之间的差异是由于大气和水体界面间氧气传质动力过程较慢而引起的。

氧在干空气中的组成为 20.95%，天然水中的溶解氧主要来自于空气中氧的溶解。藻类的光合作用也产生氧，但这并不是有效的来源，因为到了晚上藻类自身新陈代谢要消耗氧，当藻类死亡后，有机质的分解也要消耗氧。水中的溶解氧浓度取决于水温、空气中氧的分压和水中含盐量等。由亨利定律可求得 25℃时，在一个大气压条件下，水中溶解氧为 8.32mg/L。

氧的补充，除了光合作用外，只有来自于空气。复氧可通过增加水的流动，向水中鼓空气等加快氧的溶解。复氧速率与水的流动情况、空气气泡大小、温度等因素有关。要注意区别平衡时的溶解氧浓度与不平衡时的溶解氧浓度，前者是平衡时具有的饱和溶解氧浓度，后者不等于前者，它受到氧的溶解速率的限制。如果单纯靠分子扩散，复氧速率是很慢的。

温度对溶解氧的影响十分明显，随着温度升高，溶解氧浓度下降。常有这种情况：水温升高时，溶解氧下降；同时水温升高时，水生生物的呼吸速率加快，需氧量增加。

一般来讲，地下水的溶解氧较少，但也发现有些地区的地下水含 8 ~ 10mg/L 的溶解氧，其原因可能是由于铁 - 钦氧化态矿的缘故造就了氧化性的地下水。

水中溶解氧（DO）含量主要受到耗氧和复氧两种作用的影响。

（1）水的耗氧过程。使水中溶解氧减少的作用称为耗氧作用或夺氧作用。主要机理有三方面：1）水中有机污染物质氧化分解需要消耗大量的氧，这是主要的耗氧（夺氧）作用；2）生物呼吸耗氧；3）其他。

（2）水的复氧过程。增加溶解氧的作用称为复氧作用。其来源主要有三个方面：1）空气中氧的溶解补充，即当水中溶解氧含量不饱和时，空气中的氧便不断通过水面溶入水中并不断扩散开来，这是最主要的溶解氧的来源；2）水中绿色植物的光合作用，即水中绿色植物（如藻类等）在太阳辐射下进行光合作用产生溶解于水中的氧；3）清洁的支流和雨雪水带入的溶解氧。

由于复氧作用与耗氧作用（夺氧作用）相互消长，使水中溶解氧含量呈现时空变化。例如，若含有有机污染物的污水从河流某点处排入，由于排入的有机物生化耗氧起主要作用，河流溶解氧 c 逐渐下降，达到最低值后复氧作用转为优势，溶解氧又逐渐增大，恢复到原来的含氧状况，这种曲线称为水中溶解氧下垂曲线（又称垂氧曲线）（图 4 - 1），其中溶解氧量低值 c_0 的发生距离称为临界距离 x_0，发生时间称为临界时间 t_0。

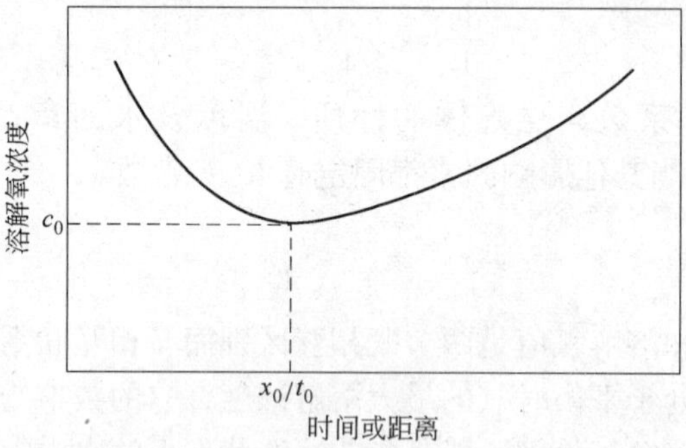

图 4 - 1 河水中溶解氧下垂曲线

当污水排入水体后，水中 BOD 与 DO 的变化趋势如图 4 - 2 所示。初始，有机物排入河流，微生物降解有机物大量消耗水中的溶解氧使河水处于亏氧状态；同时空气中的氧通过河流水面不断地溶入水中，使溶解氧逐步得到恢复。所以耗氧与复氧是同时存在的，河水中的 DO 与 BOD 浓度变化模式为：DO 曲线呈悬索状下垂，故称为垂氧曲线或氧垂曲线；BOD 曲线呈逐步下降状，直至恢复到污水排入前的基值浓度。

为了便于理解，可以把氧垂曲线分为三段：

第一段为 a 点与 o 点之间，耗氧速率大于复氧速率，水中溶解氧含量大幅度下降，亏氧量增加，直至耗氧速率等于复氧速率。在图中的 o 点处，溶解氧量最低，亏氧量最大，故称 o 点为临界亏氧点或氧垂点。

第二段为 o 点与 b 点之间，复氧速率开始超过耗氧速率，水中溶解氧量开始回升，亏

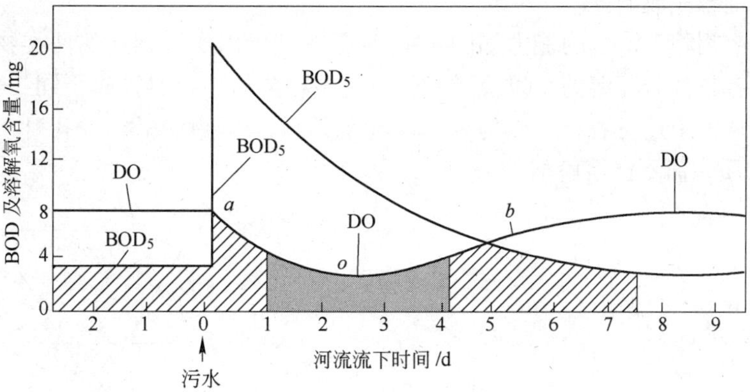

图 4-2 水体中 BOD 与 DO 变化趋势

氧量逐渐减少，直至转折点 b。

第三段为 b 点以后，溶解氧含量继续回升，亏氧量继续减少，直至恢复到排污口前的状态。

4.2 液体在水中的溶解平衡

关于液态物质在水中溶解平衡的规则大多是定性的和经验性的。一般来讲，低极性分子构成的物质或分子中不带有能形成氢键的基团的物质在水中溶解度很小。例如，与醇类具有高度水溶性的性质相反，烃类或卤代烃在水中溶解度是很小的。结构相近而分子较小的物质一般有较大的水溶性，如苯、甲苯、邻二甲苯三者在水中溶解度递降，分别为 1.8g/L、0.51g/L、0.17g/L。至于苯酚、苯、环已烷，虽然它们的分子大小相近，但由于极性有较大差异，所以在水中溶解度分别为 70g/L、1.8g/L 和 0.05g/L。

很多呈液态的有机物质在水中依靠分子间作用力发生物理性溶解。这种分子间作用力有两类：一类是范德华引力，这种力较小，存在于任何分子间；另一类是氢键力，可表示为 AH…B，这种力较大，对溶解度有决定性意义。在氢键的表达式中，A 和 B 为电负性大、半径小的原子，如氧、硫、氟、氯、氮等；从电子授受能力来讲，AH 为受电子基，如—OH、═NH、—SH 等；B 为给电子基，如—O—、═N—、—F、—S—、—Cl 等。基于上述原因，可以将溶剂分为以下四种类型：

（1）N 型是惰性溶剂，它们没有生成氢键的能力，如苯、甲苯、煤油、硅油、石蜡油、四氯化碳、二硫化碳、环已烷、戊烷、已烷、庚烷等。

（2）A 型是受电子型溶剂，分子中含 AH 基，能与给电子溶剂 B 的分子生成氢键，如氯代甲烷、氯代乙烷等。

（3）B 型是给电子型溶剂，分子中含 B 原子，能与另一种溶剂 AH 的分子生成氢键，如各类醚、酮、醛、腈、酯、季胺、吡啶等。

（4）AB 型是给受电子型溶剂，分子中同时含有 AH 基和 B 原子，因此自身就可缔合成多聚分子，如水、多酚、多元醇、多元羧酸类化合物，它们自身缔合成多聚分子是通过交链氢键键合完成的，可定名为 AB_1 型溶剂。

另有一类 AB_2 型溶剂，如醇、酚、伯胺、羧酸类化合物，它们自身缔合成多聚分子是通过直链氢键键合完成的。

以上几类溶剂相互溶解的能力如图4－3所示。图中以实线相连的两类物质是互溶的，以点划线相连者是部分互溶的，以虚线相连者是不相溶的。当然，属于同一类的物质也是相互可溶的。从图中还可看出，作为AB_1型溶剂的水，可溶解AB_1、AB_2和B型物质，部分溶解A型物质，而不能溶解N型物质。

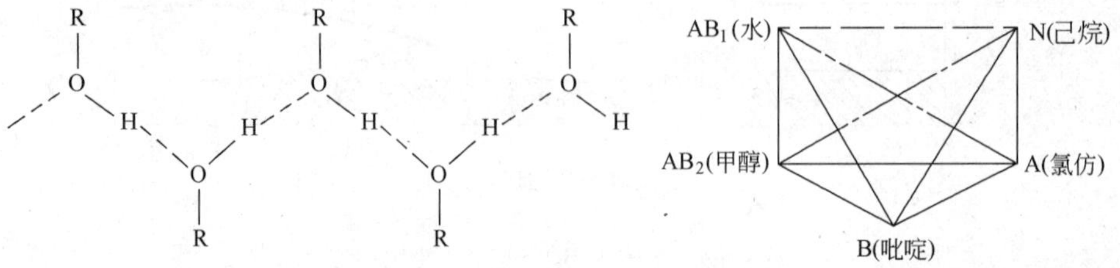

图4－3 几类溶剂相互溶解的能力

4.3 固体的沉淀－溶解平衡

自然界中，固体物质在水中沉淀和溶解是水污染处理过程中很常见的物理化学现象。沉淀溶解平衡是从固液体系提出的，当固液体系中固体物质溶解速度等于其结晶速度时，该固液系统达平衡状态。这种是在一定条件下维持的暂时平衡状态，当条件变化时，平衡被打破从而发生平衡点的移动。

溶解或沉淀反应一般比各溶解化合态之间的反应进行得缓慢一些，但是统一归纳沉淀和溶解的速度很困难，主要原因如下：对于地球化学中大多数重要的固体－溶液反应，都仍缺乏数据，因而不容易估算出动力学系数。起初生成的固相往往对热力学更稳定的固相而言是处于介稳状态，在条件稍有变化或介稳态物质稍受扰动、碰撞，它就会变成稳定或更不稳定的状态。

沉淀和溶解对污染物在水中的迁移转化有很大的影响。一般金属化合物在水中迁移能力可以直接由溶解度进行衡量，即溶解度小，迁移能力小，溶解度大，迁移能力大。溶解反应一般为多相化学反应，固体污染物质在水中溶解后形成的固液平衡体系中，需用溶度积表征溶解度。热力学化学平衡理论可以预测沉淀和溶解平衡，研究影响沉淀和溶解平衡的有关因素，找出适当的控制条件，更利于将污染物从水中分离去除。

4.3.1 沉淀－溶解平衡的相关概念

4.3.1.1 理想溶液

理想溶液是指溶液中离子间或分子间没有相互作用力的存在，任何组分在全浓度范围内都符合拉乌尔定律的溶液。一般溶液大都不具有理想溶液的性质。但是因为理想溶液所服从的规律较简单，并且实际上，许多溶液在一定的浓度区间的某些性质常表现得很像理想溶液，所以引入理想溶液的概念，不仅在理论上有价值，而且也有实际意义。以后可以看到，只要对从理想溶液所得到的公式做一些修正，就能用于实际溶液。在实际工作中，对稀溶液可用理想溶液的性质与规律做各种近似计算。

4.3.1.2 活度及活度系数

活度也称衰变率，指样品在单位时间内衰变掉的原子数，即某物质的“有效浓度”，或称为物质的"有效摩尔分率"。它是为使理想溶液（或极稀溶液）的热力学公式适用于真实溶液，用来代替浓度的一种物理量。当一部分离子在反应中不起作用，化学反应相对减弱。如果仍然用水中各组分的实测浓度进行计算，就会产生误差。为了保证计算的精确程度，就必须对水中组分的实测浓度加以校正，校正后的有效浓度称为活度。平衡常数（K）的表达式中，即要求是活度（有效浓度）。一般，活度小于实测浓度（真实浓度）。其关系式为 $a=rm$（式中，m 为实测浓度；a 为活度；r 为活度系数（校正系数））。

活度系数 $r\leqslant 1$，活度系数越大，表示离子活动的自由度越大。溶液越稀，活度系数越接近于1，活度越趋近于实测浓度。在水中，活度系数随溶解固体（矿化度）的增加而减小。严格来说，水中单个离子的活度系数无法测定，但可应用热力学理论公式算出单个离子的活度系数。热力学中规定。不带电的分子（包括水分子）和不带电的离子对的活度系数为1。

活度系数的计算，一般采用德拜-休克尔（Debye-Huckel）极限方程：

$$\lg\gamma_i = -AZ_i^2\sqrt{I} \tag{4-2}$$

式中 Z_i——离子的电荷数；

I——离子强度；

A——在指定温度与溶剂时是一常数，在25℃的水溶液中，$A=0.509\ (\mathrm{kg\cdot mol^{-1}})^{1/2}$。

德拜-休克尔（Debye-Huckel）理论为1923年提出的强电解质溶液理论，为其他电解质溶液的理论基础，该理论假设前提为：

（1）在强电解质溶液中，溶质完全离解成离子；

（2）离子是带电的硬球，离子中电场球形对称，且不会被极化；

（3）只考虑离子间的库仑力，而将其他作用力忽略不计；

（4）离子间的吸引能小于热运动能；

（5）溶剂水是连续介质，它对体系的作用仅在于提供介电常数，并且电解质加入后引起的介电常数变化以及水分子与离子间的水化作用可完全忽略。

故式（4-2）可用于稀溶液离子活度系数的计算。

4.3.1.3 饱和指数

饱和指数是确定水与难溶电解质（矿物）处于何种状态的参数，以符号"SI"表示。对于：

$$a\mathrm{A} + b\mathrm{B} \rightleftharpoons c\mathrm{C} + d\mathrm{D}$$

反应达到平衡时：

$$\frac{[\mathrm{C}]^c[\mathrm{D}]^d}{[\mathrm{A}]^a[\mathrm{B}]^b} = K$$

上式左边称为活度积，以"AP"表示；如所用组分均为离子，则称离子活度积，以"IAP"表示。当达到溶解平衡时，AP/K 或 IAP/K 等于1；当 AP/K 或 $IAP/K>1$，反应向左边进行；当 AP/K 或 $IAP/K<1$ 时，反应向右边进行。

令
$$SI = IAP/K$$

或
$$[SI] = \lg\frac{IAP}{K}$$

有些学者认为，以 SI 值判断矿物的溶解是比较可靠的；而用 SI 值判断矿物沉淀往往不甚可靠。他们认为，有些矿物，特别是方解石、白云石和许多硅酸盐矿物，尽管 SI 值为比较大的正值，处于过饱和状态时，也可能不产生沉淀。例如，虽然海水与方解石和白云石均处于过饱和状态，但无沉淀的趋势。

4.3.1.4　溶度积规则

A_nB_m 化合物在水中溶解时，当溶液中的离子浓度（$[A^{m+}]m$）的乘积等于溶度积（L）时，则溶液是饱和的；若小于其溶度积时，则没有沉淀生成；若大于其溶度积时，会有 A_nB_m 化合物的沉淀析出。即可表示为：$[A^{m+}]m<L$ 时，溶液未饱和，无沉淀析出；$[A^{m+}]m=L$ 时，溶液达到饱和，仍无沉淀析出；$[A^{m+}]m>L$ 时，有 A_nb_m 沉淀析出，直到 $[A^{m+}]m=L$ 时为止。

4.3.2　溶解过程

固体物质的溶解是沉淀的逆过程。溶解速率受很多因素的影响，如固体物质本身的性质、溶剂的性质、温度等。其经验规律是相似相溶。大多数固体的溶解度随温度的升高而增大，但基本不受压力的影响。气体的溶解度随温度的升高而降低。气体在液体中的溶解度与气体的分压成正比。在这里要注意：如果没有指明溶剂，通常所说的溶解度就是物质在水里的溶解度。

溶解速率一般是由溶质组分扩散过程控制的，其动力学方程式为：

$$\frac{dc}{\mathrm{d}t}=KS(c^*-c)$$

式中　$\frac{\mathrm{d}c}{\mathrm{d}t}$——溶解速率，mol/(L·min)；

K——溶解速率常数；

S——单位体积中含有的固体物质的量，mg/L；

c^*——固体物质溶解度，mol/L；

c——溶液中固体物溶质的浓度，mol/L。

在一定温度下，难溶电解质的饱和溶液中，各离子浓度乘幂的乘积是一个常数，称为溶度积，用 K_{sp} 表示。它是沉淀－溶解平衡的平衡常数，只和难溶电解质的本性和温度有关。

对于难溶物质而言，溶解度和溶度积两者可以进行换算。在进行溶解度和溶度积的换算时应注意：（1）所采用的浓度单位应为 mol/L；（2）由于微溶物质的溶解度很小，溶解度在以 mol/L 为单位和以 g/100g 水为单位间进行换算时，可以认为其饱和溶液的密度等于纯水的密度。

【例题 4－1】 已知室温下，Ag_2CrO_4 的溶度积是 1.12×10^{-12}，求其溶解度 S(g/L) 为多少?

解： 设 Ag_2CrO_4 的溶解度为 $x$mol/L

$$Ag_2CrO_4(s) \rightleftharpoons 2Ag^+(aq)+CrO_4^{2-}(aq)$$

达平衡时　$[Ag^+]=2x\text{mol/L},[CrO_4^{2-}]=x\text{mol}$

$$K_{aq}^{\ominus}(Ag_2CrO_4)=[Ag^+]\times2[CrO_4^{2-}]=2x\times2x=1.12\times10^{-12}$$

求得　$x=6.54\times10^{-5}\text{mol/L}$

故 Ag_2CrO_4 的溶解度 $S=6.45\times10^{-5}\times331.7=2.17\times10^{-2}$g/L。

应注意的是，上述溶度积与溶解度之间的换算只是一种近似的计算，只适用于溶解度很小的难溶物质，而且离子在溶液中不发生任何副反应（不水解、不形成配合物等）或发生副反应程度不大的情况。

根据一种物质的溶度积来判断它的溶解程度是困难的。下面由例题给出解释。

【例题 4-2】 在 25℃ 条件下，已知 AgCl 的 $K_{aq}^{\ominus}=1\times10^{-10}$，$Ag_2CrO_4$ 的 $K_{aq}^{\ominus}=2.5\times10^{-12}$。试比较两者溶解度的大小。

解： 在 25℃ 时，对于 AgCl 而言，忽略离子强度，则有 $S_{(AgCl)}=[Ag^+]=[Cl^-]$。

故可知 $$K_{aq}^{\ominus}=[Ag^+][Cl^-]=S_{(AgCl)}^2=1\times10^{-10}$$

解得 $$S_{(AgCl)}=1\times10^{-5}\text{mol/L}$$

对于 Ag_2CrO_4 而言，当 CrO_4^{2-} 不水解的情况下，$S_{(Ag_2CrO_4)}=[CrO_4^{2-}]=\frac{1}{2}[Ag^+]$。

故可知 $$K_{aq}^{\ominus}=[Ag^+]^2\cdot[CrO_4^{2-}]=S_{(Ag_2CrO_4)}\cdot(2S_{(Ag_2CrO_4)})^2=2.5\times10^{-12}$$

解得 $$S=8.6\times10^{-5}\text{mol/L}$$

由上面例题可知，Ag_2CrO_4 的溶度积比 AgCl 的溶度积小，但 Ag_2CrO_4 却比 AgCl 更容易溶解，而且 Ag_2CrO_4 溶液中的 $[Ag^+]$ 比 AgCl 溶液中的 $[Ag^+]$ 大约大出 17 倍。这个事实常被用于测定氯离子的银量法中，即用硝酸银溶液来滴定含有未知氯离子量的溶液，溶液中还加有少量的黄色铬酸钾（作为指示剂）。首先，白色沉淀 AgCl 出现，因为 AgCl 的溶解度比 Ag_2CrO_4 小。当足够量的 $[Ag^+]$ 被加到使 $[Cl^-]$ 浓度降低到低于 1×10^{-5}mol/L 时，红色的 Ag_2CrO_4 开始沉淀，此时到达滴定终点。

4.3.3 沉淀过程

沉淀的形成过程复杂，有关沉淀的理论研究目前还不够成熟，这里仅仅从定性角度解释这一过程。沉淀反应分两个阶段：

（1）晶核形成过程——离子凝聚成微小颗粒。晶核（crystal nucleus）的生成中有两种成核作用，分别为均相成核和异相成核。所谓均相成核（homogeneous nucleation），是当溶液呈过饱和状态时，构晶离子由于静电作用，通过缔合而自发形成晶核的作用。如 $BaSO_4$ 晶核的生成一般认为是在过饱和溶液中，Ba^{2+}、SO_4^{2-} 首先缔合为 $Ba^{2+}SO_4^{2-}$ 离子对，然后再进一步结合 $Ba^{2+}SO_4^{2-}$ 形成离子群，如 $(Ba^{2+}SO_4^{2-})_2$。当离子群大到一定程度时便形成晶核。尼尔森（Nielesen）等认为，$BaSO_4$ 晶核就是由 8 个构晶离子所组成。

晶核的形成条件：溶质的离子必须具有足够大的吸引力足以使溶液中的溶质离子脱离溶剂分子的束缚，而仅有此还不够，溶液中的溶质离子还必须以足够高的浓度来确保离子相互间的高频率碰撞。

事实上，混合物沉淀前，溶液总是处于一定程度的过饱和状态。因此，在探讨溶解平衡时，溶液的过饱和现象应有所考虑。在过饱和程度相当低的溶液中，沉淀反应可能不会立即发生。

（2）颗粒成长过程——离子在溶液中不断扩散导致颗粒成长。晶核形成之后，构晶离子就可以向晶核表面运动并沉积下来，使晶核逐渐长大，最后形成沉淀微粒。在此过程中，有两种倾向同时存在：1）沉淀微粒有进一步聚集的倾向；2）构晶离子又有按一定的晶格定向排列成大晶粒的倾向。这两种倾向的大小与两种速率的相对大小有关。一种是晶核的聚集速率（aggregation velocity），另一种则是构晶离子的定向速率（direction velocity）。聚集速率是指构晶离子聚集成晶核，进一步积聚成沉淀微粒的速率；而定向速率是指在聚集的同时，构晶离子按一定顺序在晶核上进行定向排列的速率。哈伯（Haber）认为，若聚集速率大于定向速率，这时主要是均相成核占主导作用，不仅会消耗大量的构晶离子，而且大量晶核迅速聚集而无法使构晶离子定向排列，就会生成颗粒细小的无定形沉淀。相反，若定向速率大于聚集速率，这时一般是异相成核起主导作用，溶液中有足够的构晶离子能按一定的晶格位置在晶粒上进行定向排列，这样就能获得颗粒较大的晶形沉淀。

定向速率的大小主要取决于沉淀物质的本性。一般强极性难溶物质，如 $BaSO_4$、CaC_2O_4 等具有较大的定向速率；氢氧化物，特别是高价金属离子形成的氢氧化物，定向速率就小。而聚集速率的大小则主要与沉淀时的条件有关。冯·韦曼（Von Weimarn）根据有关实验现象，综合了一个经验公式，它指出沉淀的分散度（表示沉淀颗粒大小）与溶液的相对过饱和程度有关。即分散项目：

$$K \times (c_Q - S)/S$$

式中 K——常数，它与沉淀的性质、温度、介质以及溶液中存在的其他物质有关；

c_Q——开始沉淀瞬间沉淀物质的总浓度；

S——开始沉淀时沉淀物质的溶解度；

$c_Q - S$——沉淀开始瞬间的过饱和度，是引起沉淀作用的动力；为沉淀开始瞬间的相对过饱和度（relative supersaturation）。

由上式可知，溶液的相对过饱和度越大，分散度也越大，形成的晶核数目就越多，这时一般聚集速率就越快，往往是均相成核占主导作用，将得到小晶形沉淀。相反，沉淀时溶液的相对过饱和度较小，分散度也较小，形成的晶核数目就相应较少，则晶核形成速度较慢，将得到大晶形沉淀。

4.4 影响沉淀-溶解平衡及难溶物质溶解度的主要因素

温度是很多反应的重要影响因素之一。对于溶解平衡而言，温度既影响沉淀溶解平衡的平衡状态，也影响其反应速率。大部分在水处理中有重要意义的沉淀物的溶解度随温度的升高而变大，除了 $CaCO_3$、$Ca(PO_4)_2$、$CaSO_4$ 和 $FePO_4$ 等沉淀物例外。本小节主要介绍同离子效应、盐效应及酸效应对溶解平衡的影响。

能斯特（Walther Hermann Nernst）在 1899 年就指出了离子性的盐类物质在水溶液中溶解所遵循的平衡表达式。微溶化合物 A_nB_m 的溶解方程可用通式表达如下：

$$A_nB_m(s) \rightleftharpoons nA^{m+}(aq) + mB^{n-}(aq) \tag{4-3}$$

理想溶液的溶解平衡常数为：

$$(K_a)(eq) = (c^{eq}(A^{m+}))^n(c^{eq}(B^{n-}))^m \tag{4-4}$$

式中 $(K_a)(eq)$——盐的热力学溶解平衡常数；

A——阳离子；

B——阴离子。

由于假定固体为纯物质，溶解平衡常数表达式没有分母项，不同于大多数其他的平衡常数表达式。当式（4－3）的参照平衡条件为饱和溶液时，热力学平衡常数被称为容度积常数 K_s。容度积常数表示该反应在一定条件能达到的最大离子浓度。

（1）当 $(c^{eq}(A^{m+}))^n(c^{eq}(B^{n-}))^m$ 的值小于 K_a 时，不生成沉淀，溶液呈不饱和状态；

（2）当 $(c^{eq}(A^{m+}))^n(c^{eq}(B^{n-}))^m$ 的值大于 K_a 时，溶液呈过饱和状态；

（3）当 $(c^{eq}(A^{m+}))^n(c^{eq}(B^{n-}))^m$ 的值等于 K_a 时，A_nB_m 沉淀生成。

一些微溶盐类物质的溶度积常数见表4－2。能斯特指出，新沉淀生成的溶度积常数通常比经过一段时期后所生成沉淀的溶度积常数大，该结论称为陈化现象。该现象发生的原因是新生成的沉淀有高度无序的晶格，一段时期经过陈化后会形成更大更多的晶体，后者的不活泼晶体形式的溶解性小于起初活泼的晶体形式。

表4－2 微溶化合物的溶度积（18～25℃，$I=0$）

微溶化合物	K_{sp}	pK_{sp}	微溶化合物	K_{sp}	pK_{sp}
AgAc	2×10^{-3}	2.7	AgI	9.3×10^{-17}	16.03
$AgAsO_4$	1×10^{-22}	22.0	$Ag_2C_2O_4$	3.5×10^{-11}	10.46
AgBr	5.0×10^{-13}	12.30	$AgPO_4$	1.4×10^{-16}	15.84
Ag_2CO_3	8.1×10^{-12}	11.09	Ag_3SO_4	1.4×10^{-5}	4.84
AgCl	1.8×10^{-10}	9.75	Ag_2S	2×10^{-49}	48.7
Ag_2CrO_4	2.0×10^{-12}	11.71	AgSCN	1.0×10^{-12}	12.00
AgCN	1.2×10^{-16}	15.92	$Al(OH)_3$（无定形）	1.3×10^{-33}	32.9
AgOH	2.0×10^{-8}	7.71	$As_2S_3$①	2.1×10^{-22}	21.68
$BaCO_3$	5.1×10^{-9}	8.29	Hg_2SO_4	7.4×10^{-7}	6.13
$Cd_2[Fe(CN)_6]$	3.2×10^{-17}	16.49	Hg_2S	1×10^{-47}	47.0
$Cd(OH)_2$（新析出）	2.5×10^{-14}	13.60	$Hg(OH)_2$	3.0×10^{-25}	25.52
$CdC_2O_4\cdot3H_2O$	9.1×10^{-8}	7.04	HgS（红色）	4×10^{-53}	52.4
CdS	8×10^{-27}	26.1	HgS（黑色）	2×10^{-52}	51.7
$CoCO_3$	1.4×10^{-13}	12.84	MNH_4PO_4	2×10^{-13}	12.7
$Co_2[Fe(CN)_6]$	1.8×10^{-15}	14.74	$MgCO_3$	3.5×10^{-3}	7.46
$Co(OH)_2$（新析出）	2×10^{-15}	14.7	MgF_2	6.4×10^{-9}	8.19
$Co(OH)_3$	2×10^{-44}	43.7	$Mg(OH)_2$	1.8×10^{-11}	10.74
$Co[Hg(SCN)_4]$	1.5×10^{-8}	5.82	$MnCO_3$	1.8×10^{-11}	10.74
α－CoS	4×10^{-21}	20.4	$Mn(OH)_2$	1.9×10^{-13}	12.72
β－CoS	2×10^{-25}	24.7	MnS（无定形）	2×10^{-10}	9.7
$Co_3(PO_4)_2$	2×10^{-35}	34.7	MnS（晶体）	2×10^{-13}	12.7
$Cr(OH)_3$	6×10^{-31}	30.2	$NiCO_3$	6.6×10^{-9}	8.18
CuBr	5.2×10^{-9}	8.28	$Ni(OH)_2$（新析出）	2×10^{-15}	14.7
CuCl	1.2×10^{-3}	5.92	$Ni_3(PO_4)_2$	5×10^{-31}	30.3
CuCN	3.2×10^{-20}	19.49	α－NiS	3×10^{-19}	18.5
CuI	1.1×10^{-12}	11.96	β－NiS	1×10^{-24}	24.0

续表 4－2

微溶化合物	K_{sp}	pK_{sp}	微溶化合物	K_{sp}	pK_{sp}
CuOH	1×10^{-14}	14.0	γ－NiS	2×10^{-26}	25.7
Cu_2S	2×10^{-48}	47.7	$PbCO_3$	7.4×10^{-14}	13.13
CuSCN	4.8×10^{-15}	14.32	$PbCl_2$	1.6×10^{-5}	4.79
$BaCrO_4$	1.2×10^{-10}	9.93	PbClF	2.4×10^{-9}	8.62
BaF_2	1×10^{-5}	6.0	$PbCrO_4$	2.8×10^{-13}	12.55
$BaC_2O_4H_2O$	2.3×10^{-8}	7.64	SrF_2	2.4×10^{-9}	8.61
$BaSO_4$	1.1×10^{-10}	9.96	$SrC_2O_4\cdot H_2O$	1.6×10^{-7}	6.80
$Bi(OH)_3$	4×10^{-31}	30.4	$Sr_3(PO_4)_2$	4.1×10^{-28}	27.39
BiOOH②	4×10^{-10}	9.4	$SrSO_4$	3.2×10^{-7}	6.49
BiI_3	8.1×10^{-19}	18.09	$Ti(OH)_3$	1×10^{-40}	40.0
BiOCl	1.8×10^{-31}	30.75	$TiO(OH)_2$④	1×10^{-29}	29.0
$BiPO_4$	1.3×10^{-23}	22.89	PbF_2	2.7×10^{-8}	7.57
Bi_2S_3	1×10^{-97}	97.0	$Pb(OH)_2$	1.2×10^{-15}	14.93
$CaCO_3$	2.9×10^{-9}	8.54	PbI_2	7.1×10^{-9}	8.15
CaF_2	2.7×10^{-11}	10.57	$PbMoO_4$	1×10^{-13}	13.0
$CaC_2O_4\cdot H_2O$	2.0×10^{-9}	8.70	$Pb_3(PO_4)_2$	8.0×10^{-43}	42.10
$Ca_3(PO_4)_2$	2.0×10^{-29}	28.70	$PbSO_4$	1.6×10^{-8}	7.79
$CaSO_4$	9.1×10^{-6}	5.04	PbS	8×10^{-28}	27.9
$CaWO_4$	8.7×10^{-9}	8.06	$Pb(OH)_4$	3×10^{-66}	65.5
$CdCO_3$	5.2×10^{-12}	11.28	$Sb(OH)_3$	4×10^{-42}	41.4
$CuCO_3$	1.4×10^{-10}	9.86	Sb_2S_3	2×10^{-93}	92.8
$Cu(OH)_2$	2.2×10^{-20}	19.66	$Sn(OH)_2$	1.4×10^{-23}	27.85
CuS	6×10^{-36}	35.2	SnS	1×10^{-25}	25.0
$FeCO_3$	3.2×10^{-11}	10.50	$Sn(OH)_4$	1×10^{-56}	56.0
$Fe(OH)_2$	8×10^{-16}	15.1	SnS_2	2×10^{-27}	26.7
FeS	6×10^{-18}	17.2	$SrCO_3$	1.1×10^{-10}	9.96
$Fe(OH)_3$	4×10^{-38}	37.4	$SrCrO_4$	2.2×10^{-5}	4.65
$FePO_4$	1.3×10^{-22}	21.89	$ZnCO_3$	1.4×10^{-11}	10.84
$Hg_2Br_2$③	5.8×10^{-23}	22.24	$Zn_2[Fe(CN)_6]$	4.1×10^{-16}	15.39
Hg_2CO_3	8.9×10^{-17}	16.05	$Zn(OH)_2$	1.2×10^{-17}	16.92
Hg_2Cl_2	1.3×10^{-18}	17.88	$Zn_3(PO_4)_2$	9.1×10^{-33}	32.04
$Hg_2(OH)_2$	2×10^{-24}	23.7	ZnS	2×10^{-22}	21.7
Hg_2I_2	4.5×10^{-29}	28.35			

①为下列平衡的平衡常数 $As_2S_3+4H_2O \rightleftharpoons 2HAsO_2+3H_2S$。

②BiOOH 的 $K_{sp}=[BiO^+][OH^-]$。

③$(Hg_2)_mX_n$：$K_{sp}=[Hg_2^{2+}][X^{-2m/n}]^n$。

④$TiO(OH)_2$：$K_{sp}=[TiO^{2+}][OH^-]^2$。

4.4.1 同离子效应

在难溶盐的沉淀溶解平衡中，因加入含有共同离子的电解质使难溶盐溶解度降低的效应称为同离子效应。在已经建立起溶解平衡的难溶电解质的溶液中，加入含有相同离子的另一强电解质溶液时，由于离子浓度的增加，会使平衡向着生成沉淀的方向进行移动，从而达到新的溶解平衡。可见相同离子效应也会使难容电解质的溶解度降低。

以式（4－3）反应为例，阐明同离子效应。该反应溶解平衡常数的表达式见式（4－4）。

当含有 A^{m+} 离子的电解质被加入该溶液时，$(c^{eq}(A^{m+}))^n(c^{eq}(B^{n-}))^m$ 的离子浓度乘积将会大于 K_s，则 $A_nB_m(s)$ 沉淀。当新的平衡形成时，（理想溶液）A 的活度已增加，而 B 的活度在新平衡中减小。B 活度的减小是 A_nB_m 在溶液中形成沉淀导致 A_nB_m 又一次等于 K_s 的结果。这意味着 A_nB_m 的溶解度随共同离子的加入而减小。

【例题 4－3】 将 AgCl 溶于两种溶液，一种是不含 Cl^- 和 Ag^+ 的纯水溶液，另一种是含 0.1mol 的 NaCl 溶液。AgCl 的 $K_{sp}=1\times10^{-9.8}$，其溶解度分别是多少？

解：（1）如不考虑活度的影响，设 1L 水中有 $x$mol AgCl 溶解，则：

$$K_{sp}=c_{(Ag^+)}c_{(Cl^-)}=x^2=1\times10^{-9.8}$$

AgCl 的溶解度 $S=x=\sqrt{1\times10^{-9.8}}=1\times10^{-4.9}\text{mol/L}$

（2）0.1mol NaCl 溶液中 AgCl 的溶解度。设 1L 水中有 $x$mol AgCl 溶解，原溶液中已有 0.1molCl^-，故：

$$K_{sp}=c_{(Ag^+)}c_{(Cl^-)}=x(x+0.1)=1\times10^{-9.8}$$

由于 x 很小，因此 x^2 更小，假设 x^2 可忽略，则：

$$0.1x=1\times10^{-9.8}$$

$$S=x=1\times10^{-8.8}\text{mol/L}$$

上述计算结果说明，纯水溶液与 0.1mol 的 NaCl 溶液相比，前者的 AgCl 溶解度远大于后者，所以，同离子效应在某些情况下，对矿物溶解度的影响比活度系数变化的影响更大。

4.4.2 盐效应

在弱电解质、难溶电解质和非电解质的水溶液中，加入非同离子的无机盐，能改变溶液的活度系数，从而改变离解度或溶解度使弱电解质分子浓度减小，离子浓度相应增大，解离度增大，这一效应称为盐效应。

（1）使难溶物质溶解度增加。例如，$PbSO_4$ 在 KNO_3 溶液中的溶解度，比它在纯水中的溶解度大。这是因为加入不含相同离子的强电解质 $PbSO_4$ 沉淀，表面碰撞的次数减少，使沉淀过程速度变慢，平衡向沉淀溶解的方向移动，故难溶物质溶解度增加。加入含相同离子的电解质时，有盐效应也有同离子效应，而后者的影响比前者大，故只能观察到难溶物质的溶解度降低了。

（2）使弱电解质电离度增大。在弱电解质溶液中，加入不含相同离子的强电解质，由于盐效应，会使弱电解质的电离度增大。例如，0.1mol/L 醋酸溶液的电离度是 1.3%，若溶液中有 0.1mol/L 的 NaCl 存在，则醋酸的电离度增大到 1.7%。若在弱电解质溶液中，加入含相同离子的强电解质，则盐效应与同离子效应同时发生，但盐效应对电离平衡的影响远不如同离子效应。这里必须注意：在发生同离子效应时，由于也外加了强电解质，所以也伴随有盐效应的发生，只是这时同离子效应远大于盐效应，所以可以忽略盐效应的影响。

需要指出的是，化学手册中的 K_{sp} 值通常是基于活度的值，只是因为难溶电解质溶液中构晶离子的浓度极低，才能用浓度（c）代替活度（a）。如果往系统中加入高浓度的 KNO_3（或其他电解质），Cl^- 和 Ag^+ 分别被 NO_3^- 和 K^+ 包围，形成各自的离子氛。离子氛的存在导致两个构晶离子的有效浓度（即活度）明显地小于测量浓度。

将固体 AgCl 放在 KNO_3 水溶液中搅拌，随着 AgCl 不断溶解，溶液中 Cl^- 和 Ag^+ 的浓度同步增大。当 $c_{(Ag^+)}c_{(Cl^-)}$ 达到 1.8×10^{-10} 时，$a_{(Ag^+)}a_{(Cl^-)}$ 仍然小于这个数值，这意味着尚未达到平衡。继续搅拌，Cl^- 和 Ag^+ 浓度继续上升。当 $a_{(Ag^+)}a_{(Cl^-)}$ 达到 1.8×10^{-10} 时，$c_{(Ag^+)}c_{(Cl^-)}$ 无疑大于这个数值了，即 $c_{(Ag^+)}c_{(Cl^-)}>K_a(sp)$。显然，如果允许用浓度的乘积表示平衡的话，这已经是另一个平衡了。盐效应有时又称为非共同离子效应。从上述讨论不难发现，同离子效应涉及沉淀－溶解平衡的移动，而盐效应则与平衡移动无关。

4.4.3　酸效应

溶液中 H^+ 往往影响沉淀的溶解度，这种影响称为酸效应。而弱酸盐（草酸盐、硫化物、碳酸盐等）和氢氧化物的溶解度受溶液的 pH 值影响更大，因为 H^+ 与这些弱酸盐的阴离子或 OH^- 结合形成弱酸或弱电解质 H_2O，从而使沉淀的溶解度增加。

以草酸钙沉淀 CaC_2O_4 为例，CaC_2O_4 在溶液中沉淀平衡为：

$$CaC_2O_4 \rightleftharpoons Ca^{2+} + C_2O_4^{2-}$$

溶液中，$C_2O_4^{2-}$ 与 H^+ 还存在以下平衡：

$$C_2O_4^{2-} + H^+ \rightleftharpoons HC_2O_4^- + H^+ \rightleftharpoons H_2C_2O_4$$

可以推断当溶液中 H^+ 浓度特别大时，$C_2O_4^{2-}$ 与 H^+ 结合能力也很大，生成大量 $H_2C_2O_4$，实际我们观察到的是 CaC_2O_4 沉淀溶解。这种情况只在弱酸盐沉淀中才有可能出现。因为，弱酸盐的酸根一旦与 H^+ 形成弱酸，就难再解离。弱酸盐沉淀的溶解度受溶液的 pH 值影响很大，溶液 H^+ 浓度大，pH 值小，沉淀溶解度增大。强酸盐沉淀的溶解度受溶液的 pH 值影响不大。

4.5　溶解平衡的计算

本小节通过例题简述溶解平衡中的相关计算。

【例题 4－4】 试推导 $Al(OH)_3(s)$ 溶于水，形成的平衡体系（25℃）中各物质浓度与 pH 值的关系。

解：（1）$Al(OH)_3(s) \rightleftharpoons Al^{3+}(aq) + 3OH^-(aq)$；$K_{sp}=1\times10^{-32.34}$（25℃）

因 $K_{sp}=[Al^{3+}][OH^-]^3$，两边取对数则：

$$\lg K_{sp}=\lg[Al^{3+}]+3\lg[OH^-]$$

将 $K_{sp}=1\times10^{-32.34}$ 代入 $\lg K_{sp}=\lg[Al^{3+}]+3\lg[OH^-]$，得：

$$-32.34=\lg[Al^{3+}]+3\lg[OH^-]$$

由水的电离反应知：$\lg[OH^-]=pH-14$，将其代入 $-32.34=\lg[Al^{3+}]+3\lg[OH^-]$ 得：

$$-32.34=\lg[Al^{3+}]+3pH-42$$

故 $$\lg[Al^{3+}]=9.66-3pH$$

（2）$Al^{3+}(aq)\rightleftharpoons Al(OH)^{2+}(aq)+H^+(aq)$；$K_{sp}=1\times10^{-5.02}$（25℃）

同理可得 $$\lg[Al(OH)^{2+}]=4.44-2pH$$

（3）$2Al^{3+}(aq)\rightleftharpoons Al_2(OH)_2^{4+}(aq)+2H^+(aq)$；$K_{sp}=1\times10^{-6.27}$（25℃）

同理可得 $$\lg[Al_2(OH)_2^{4+}]=13.05-4pH$$

（4）$6Al^{3+}\rightleftharpoons Al_6(OH)_{15}^{3+}+15H^+$；$K_{sp}=10^{-47.00}$（25℃）

同理可得 $$\lg[Al_6(OH)_{15}^{3+}]=10.96-3pH$$

（5）$8Al^{3+}\rightleftharpoons Al_8(OH)_{20}^{4+}+20H^+$；$K_{sp}=10^{-68.7}$（25℃）

同理可得 $$\lg[Al_8(OH)_{20}^{4+}]=8.58-4pH$$

（6）$13Al^{3+}+34H_2O\rightleftharpoons Al_{13}(OH)_{34}^{5+}+34H^+$；$K_{sp}=10^{-97.39}$（25℃）

同理可得 $$\lg[Al_{13}(OH)_{34}^{5+}]=28.19-5pH$$

（7）$Al^{3+}+4H_2O\rightleftharpoons Al(OH)_4^-+4H^+$；$K_{sp}=10^{-23.57}$（25℃）

同理可得 $$\lg[Al(OH)_4^-]=pH-13.91$$

联想 $Fe(OH)_3(s)$ 溶于水时，平衡体系中各组分与 pH 值的关系也可按例题所示的方法推出。根据上述关系可以绘制 pH 值与物质浓度对数图（图 4－4）。它可以清晰地展现盐类的溶解度随 pH 值变化而变化的过程，也可以明显地看出期望值和盐类最小溶解度所对应的 pH 值。

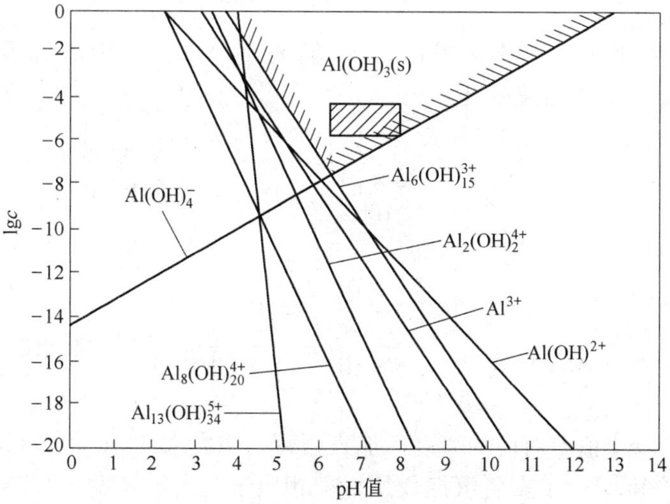

图 4－4　$Al(OH)_3$ 的溶解度图

【例题 4－5】 在 pH＝6 的废水中，可溶性 Pb（Ⅱ）浓度为 100mg/L，加入碱度为 200mg/L 的 $CaCO_3$（假定碱度只由碳酸决定）。假设沉淀只有 $Pb(OH)_2$，试求将 pH 值调节至对应 $Pb(OH)_2$ 溶解度最小时石灰的用量（忽略离子强度的影响，温度为 25℃）。

解：（1）确定影响 $Pb(OH)_2$ 体系的平衡表达式：

$$[Pb^{2+}][OH^-]^2=10^{-14.9}$$

$$\frac{[PbOH^+]}{[H^+]}=10^{4.9}$$

$$Pb(OH)_2^0=10^{-4.5}$$

$$[Pb(OH)_3^-][H^+]=10^{-15.4}$$

（2）列出铅的总溶解度表达式：

$$[Pb]_T=[Pb^{2+}]+[PbOH^+]+[Pb(OH)_2^0]+[Pb(OH)_3^-]$$

代入数值得： $$[Pb]_T=\frac{10^{-14.9}}{[OH^-]^2}+10^{4.9}\times[H^+]+10^{-4.5}+\frac{10^{-15.4}}{[H^+]}$$

（3）用pH值和$\lg[Pb]_T$的对数曲线图表示$Pb(OH)_2-H_2O$体系，如图4－5所示。从该图可得出$Pb(OH)_2(s)$最小溶解度所对应的pH值。

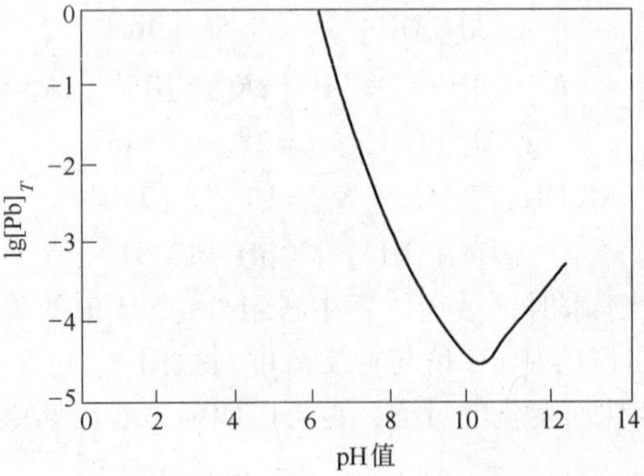

图4－5　$Pb(OH)_2-H_2O$体系的溶解度曲线图

（4）由图4－5可知，当pH＝10时，可溶铅的最小浓度为$10^{-4.5}$或6.5mg/L。

（5）计算未处理的碳酸总浓度。

1）用mol/L表示$CaCO_3$碱度。

$$[碱度]=\frac{200\times10^{-3}}{100}=2\times10^{-3}mol/L$$

2）计算未处理水中碳酸的总浓度。

$$c_T-\frac{1}{0.692}\left[\frac{2\times(2\times10^{-3})-\frac{10^{-14}}{10^{-6}}+10^{-6}}{\frac{2\times(4\times10^{-7})\times(5\times10^{-11})}{(10^{-6})^2}+\frac{4\times10^{-7}}{10^{-6}}}\right]=1.44\times10^{-2}mol/L$$

（6）计算所求pH值所对应的碱度。加入强碱，增大水的pH值，可增大溶液的OH^-浓度，只要碳酸盐和OH^-不发生沉淀作用，就相当于提高了碱度。此时，假定$Pb(OH)_2$可溶，在石灰存在的条件下所得pH值对应的碱度如下：

$$碱度=\frac{1}{2}\left[1.44\times10^{-2}\times0.681\left(\frac{2\times5\times10^{-11}}{10^{-11}}+1\right)+\frac{10^{-14}}{10^{-10}}-10^{-10}\right]=9.8\times10^{-3}mol/L$$

这时的c_T值（mol/L）是未处理前的初始值。$[H^+]$和a_1值用来计算pH值，调节到该pH值时$Pb(OH)_2$沉淀。

（7）计算pH＝10时产生$Pb(OH)_2$沉淀所需的石灰量。

1）由于最初与最终pH值直接关系到石灰的用量，碱度变化引起pH值变化，假设

$Pb(OH)_2$不沉淀，则石灰用量 = [碱度]$_{最终}$ − [碱度]$_{最初}$ = Δ[碱度] = $9.8\times10^{-3}-2\times10^{-3}=7.8\times10^{-3}$mol/L。

2）若 $Pb(OH)_2$ 沉淀，平衡式表明 $Pb(OH)_2$ 沉淀量与最初和最终溶液可溶铅的浓度改变量相等。$[Pb]_{沉淀}=[Pb]_{最初}-[Pb]_{最终}=\Delta[Pb]$。

当生成 $Pb(OH)_2$ 沉淀时，OH^-减小，碱度和 pH 值相应减小，而石灰（或 NaOH）的加入阻止了碱度和 pH 值的减少。生成 1mol$Pb(OH)_2$ 沉淀需消耗 2molOH^-，1mol$Ca(OH)_2$ 刚好提供 2mol 的 OH^-，所以 $Pb(OH)_2$ 沉淀所需的石灰量为 Δ[Pb]。故石灰总用量 = Δ[碱度] + Δ[Pb] = $7.8\times10^{-3}+\dfrac{(100-6.5)\times10^{-3}}{207.2}=8.2\times10^{-3}$mol/L。

若使用 NaOH，则用量是 $Ca(OH)_2$ 的 2 倍。

* *

习　题

4－1　什么是活度？活度与浓度有什么关系？

4－2　温度和压力如何影响氧气在水中的溶解度？

4－3　何谓溶解？溶解度与溶度积有何异同，天然水中有哪些主要的溶解物质？什么是水体自净？为什么说溶解氧是河流自净中最有力的生态因素之一？

4－4　饱和指数的概念及作用？

4－5　氧垂曲线的意义，使用时应注意哪些问题？

4－6　计算下列各难溶化合物的溶解度（不必考虑副反应）：

（1）CaF_2 在 0.0010mol/L $CaCl_2$ 溶液中；

（2）$AgCrO_4$ 在 0.010mol/L $AgNO_3$ 溶液中。

4－7　与 $c(H^+)c(OH^-)=K_w$ 类似，FeS 饱和溶液中存在：$FeS(s)\rightleftharpoons Fe^{2+}(aq)+S^{2-}(aq)$，$c(Fe^{2+})c(S^{2-})=K_{sp}$。常温下 $K_{sp}=8.1\times10^{-17}$。

（1）理论上 FeS 的溶解度？

（2）又知 FeS 饱和溶液中 $c(H^+)$ 与 $c(S^{2-})$ 之间存在以下限量关系：$[c(H^+)]^2c(S^{2-})=1.0\times10^{-22}$，为了使溶液中 $c(Fe^{2+})$ 达到 1mol/L，现将适量 FeS 投入其饱和溶液中，应调节溶液中的 $c(H^+)$ 为多少？

4－8　水体中重金属铅的污染问题备受关注。水溶液中铅的存在形态主要有 Pb^{2+}、$Pb(OH)^+$、$Pb(OH)_2$、$Pb(OH)_3^-$、$Pb(OH)_4^{2-}$，各形态的浓度分数 α 随溶液 pH 值的变化关系如下图所示。

（1）$Pb(NO_3)_2$ 溶液中，$\dfrac{c(NO_3^-)}{c(Pb^{2+})}$________2（填“>”“=”或“<”）；往该溶液中滴入氯化铵溶液后，$\dfrac{c(NO_3^-)}{c(Pb^{2+})}$增加，可能的原因是________________。

（2）往 $Pb(NO_3)_2$ 溶液中滴入稀 NaOH 溶液，pH = 8 时溶液中存在的阳离子（Na^+ 除外）有________，pH = 9 时主要反应的离子方程式为________________。

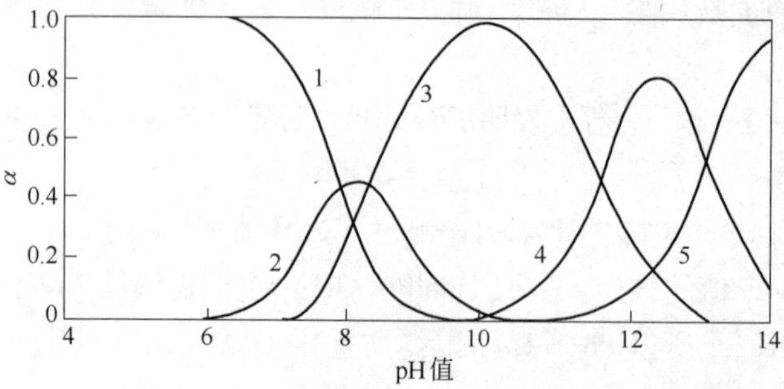

水体中重金属铅各形态的浓度分数 α 随 pH 值的变化关系

1—Pb^{2+}；2—$Pb(OH)^{+}$；3—$Pb(OH)_2$；4—$Pb(OH)_3^{-}$；5—$Pb(OH)_4^{2-}$

(3) 某课题组制备了一种新型脱铅剂，能有效去除水中的痕量铅，实验结果见下表：

离　子	Pb^{2+}	Ca^{2+}	Fe^{3+}	Mn^{2+}	Cl^-
处理前浓度/$mg \cdot L^{-1}$	0.100	29.8	0.120	0.087	51.9
处理后浓度/$mg \cdot L^{-1}$	0.004	22.6	0.040	0.053	49.8

上表中除 Pb^{2+} 外，该脱铅剂对其他离子的去除效果最好的是________。

(4) 如果该脱铅剂（用 EH 表示）脱铅过程中主要发生的反应为：$2EH(s) + Pb_2 + E_2Pb(s) + 2H^+$，则脱铅的最合适 pH 范围为（　　）。

A. 4 ~ 5　　B. 6 ~ 7　　C. 9 ~ 10　　D. 11 ~ 12

4-9　某溶液中含氯离子和碘离子各 0.10mol/L，通过计算说明能否用 $AgNO_3$ 将 Cl^- 和 I^- 定量分离。

参考文献

[1] 陈绍炎. 水化学 [M]. 北京：水利电力出版社，1989.
[2] 同济大学. 给水工程 [M]. 北京：中国建筑工业出版社，1980.
[3] 王凯雄. 水化学 [M]. 北京：化学工业出版社，2001.
[4] 戴树桂. 环境化学 [M]. 北京：高等教育出版社，1999.
[5] 陈静生. 水环境化学 [M]. 北京：高等教育出版社，1981.
[6] [瑞士] W. 斯塔姆，[美] J. J. 摩尔根. 水化学 [M]. 汤鸿霄，等译. 北京：科学出版社，1987.
[7] 印献辰. 天然水化学 [M]. 北京：中国环境科学出版社，1994.
[8] 王九思. 水处理化学 [M]. 北京：化学工业出版社，2003.

5 氧化还原平衡

在天然水以及水和废水处理过程中，氧化还原反应起着重要的作用。天然水体中很多元素的循环过程很大程度上是由氧化还原反应完成的。天然水和水处理过程中，碳、氮、硫、铁和锰的化合物的存在形式很大程度上受氧化还原反应的影响。氧化还原反应在很多水和废水的分析中也会遇到，如水的加氯处理、除铁锰、生物化学处理；天然水体的自净过程；生化需氧量、化学需氧量以及溶解氧的测定，都是以氧化还原反应为基础的。藉酶（微生物）催化的氧化还原作用构成了如活性污泥、生物过滤、厌氧消化等废水处理过程的基础。这种微生物所进行的氧化还原反应，对天然水体中营养物质、金属和其他化学物质的转移过程起了非常重要的作用。

自然界水体中的氧化还原过程很复杂，水体中常有多种氧化还原反应同时存在。水环境中的氧化还原过程也有与实验室中不同的特点：（1）它们进行得相当缓慢，很少达到平衡状态，即使达到平衡，往往也只是在局部区域内；（2）生物及微生物过程的参与时常是必然的或必要的，否则就有许多过程不可能实现；（3）在一个水质系中，不同位置可能有不同的氧化还原状态，如湖水表层是氧化性的，底层和沉积物中可能是还原性的。故使用化学平衡原理得出的结果与真实情况有所差异，但仍然具有一定的指导意义。

氧化还原反应进行的方向及达平衡状态时各组分的关系可应用化学平衡的计算方法确定，也可利用画图的方法简明直观地表示氧化还原反应平衡体系中各组分的关系。在自然环境条件下很难达到理想状态下的平衡状态，对于自然界中的水体一般只能估测水体反应可能达到的极限值，也可采用动力学手段计算反应速率得到几种主要变量的半定量关系。

本章主要讨论电子活度、氧化还原电位等理论基础，以及氧化还原平衡的计算及画图计算平衡的几种方法。在熟悉氧化还原化学基础理论知识后，将重点介绍氮化学、铁化学、金属的腐蚀、氯化学和高级氧化方法。

5.1 氧化还原基础

氧化还原反应分氧化半反应和还原半反应。在氧化半反应过程中，作为还原剂的物质失去电子，变成氧化态。在还原半反应过程中，作为氧化剂的物质得到电子，变成还原态。

5.1.1 电子活度

可采用与研究酸碱平衡相似的方式，即采用电子活度 a_e 和 $pE(-\lg a_e)$ 来描述以及处理氧化还原平衡的计算问题。在一个稳定的水体中，电子活度可以在 20 个数量级范围内变化，故用 pE 表示 a_e 很方便。基于反应 $2H^+(aq)+2e^- = H_2(g)$，Stumrn 和 Morgan 提出了 pE 的热力学定义，pE 的表达式：$pE=-\lg a_e$。

pE 是平衡状态下（假想）的电子活度，它衡量溶液接受或给出电子的相对趋势，在还原性很强的溶液中，其趋势是给出电子。从 pE 概念可知，pE 越小，电子浓度越高，体系给出电子的倾向就越强。反之，pE 越大，电子浓度越低，体系接受电子的倾向就越强。

5.1.2 氧化还原电位

ORP 是英文 oxidation - reduction potential 的缩写，它表示溶液的氧化还原电位。ORP 值是水溶液氧化还原能力的测量指标，其单位是伏特（V）。什么是氧化还原电位呢？在水中，每一种物质都有其独自的氧化还原特性，它虽然不能独立反映水质的好坏，但是能够综合其他水质指标来反映水族系统中的生态环境。可以简单地理解为：在微观上，每一种不同的物质都有一定的氧化还原能力，不同物质的氧化还原性能够相互影响，最终构成了一定的宏观氧化还原性。所谓的氧化还原电位就是用来反映水溶液中所有物质反映出来的宏观氧化还原性。氧化还原电位越高，氧化性越强，电位越低，氧化性越弱。电位为正，表示溶液显示出一定的氧化性；为负，则说明溶液显示出还原性。

在自然界的水体中，存在着多种变价的离子和溶解氧，当一些工业污水排入水中，水中含有大量的离子和有机物质，由于离子间性质不同，在水体中发生氧化还原反应并趋于平衡，因此在自然界的水体中不是单一的氧化还原系统，而是一个氧化还原的混合系统。测量电极所反映的也是一个混合电位，它具有很大的试验性误差。另外，溶液的 pH 值也对 ORP 值有影响。因此，在实际测量过程中强调溶液的绝对电位是没有意义的。我们可以说溶液的 ORP 值在某一数值点附近表示了溶液的一种还原或氧化状态，或表示了溶液的某种性质（如卫生程度等），但这个数值会有较大的不同，你无法对它做出定量的确定，这和 pH 值测试中的准确度是两个概念。另外，影响 ORP 值的温度系数也是一个变量，无法修正。因此，现在的 ORP 计一般都没有温度补偿功能。

5.1.3 pE 与氧化还原电位的转换

氧化还原反应的一个半反应式：氧化剂 + $n\text{e}^-$ ⇌ 还原产物。

根据规定知：$\text{H}^+(\text{aq}) + \text{e}^- \rightleftharpoons 1/2\text{H}_2(\text{g})$；$E^\ominus = 0$。

由能斯特（Nernst）方程可得：

一般状态下
$$E = E^\ominus - \frac{2.303RT}{nF}\lg\frac{[\text{还原产物}]}{[\text{氧化剂}]}$$

平衡状态下
$$E^\ominus = \frac{2.303RT}{nF}\lg K$$

根据第 2 章中化学平衡的平衡常数公式可知：

$$K = \frac{[\text{还原产物}]}{[\text{氧化剂}][\text{e}]^n}$$

根据 pE 的定义式：

$$\text{p}E = -\lg[\text{e}^-] = \frac{1}{n}\left(\lg K - \lg\frac{[\text{还原产物}]}{[\text{氧化剂}]}\right) = \frac{EF}{2.303RT} = \frac{1}{0.059V}E$$

因此，由能斯特（Nernst）方程可得 pE 的一般表达式：

$$\text{p}E = \text{p}E^\ominus + \frac{1}{n}\lg\left(\frac{[\text{反应物}]}{[\text{生成物}]}\right)$$

在温度为 25℃时，对于有 n 个电子迁移的氧化还原反应而言其平衡常数为：

$$\lg K=\frac{nE^{\ominus}F}{2.303RT}=\frac{nE^{\ominus}}{0.059V}$$

此时 $E^{\ominus}$ 是整个反应的 $E^{\ominus}$ 值，故整个反应的平衡常数为：

$$\lg K=n(pE^{\ominus})$$

对于有 n 个电子迁移的氧化还原反应而言，其自由能变化

$$\Delta G=-nFE=-2.303nRT(pE)$$

当该反应组分都处于标态下（气体：$p=101.325$kPa；液体：$a=1$；固体：$a=1$；离子：$a=1$）：

$$\Delta G^{\ominus}=-nFE^{\ominus}=-2.303nRT(pE^{\ominus})$$

当这个反应的全部组分都以1个单位活度存在时，该反应的自由能变化 ΔG 可定义为零。水中氧化还原反应的 ΔG 也是在溶液中全部离子的生成自由能的基础上定义的。此时，若 $E^{\ominus}$ 值为负，则 $G^{\ominus}$ 为正，反应不能自发进行；若 $E^{\ominus}$ 为正，则 $G^{\ominus}$ 为负，反应自发进行。

【例题5-1】在酸性溶液中含有 1×10^{-5}mol/L 的 Fe^{3+} 和 1×10^{-2}mol/L 的 Fe^{2+}，求该平衡体系的 pE 值（溶液温度为25℃，离子强度影响可忽略）。

解：该平衡体系中的反应式如下：

$$Fe^{3+}+e^{-}\rightleftharpoons Fe^{2+}\qquad \lg K=13.2$$

又

$$K=-\frac{[Fe^{2+}]}{[Fe^{3+}][e^{-}]}$$

故

$$pE=pE^{\ominus}+\lg\frac{[Fe^{3+}]}{[Fe^{2+}]}=13.2+\lg\frac{10^{-5}}{10^{-2}}=10.2$$

故由上述的过程可以知道，pE 是氧化还原电位的另一种表示方式。故在表示氧化还原反应的程度时，既可使用氧化还原电位也可使用 pE。

自然界中氧化还原电位上限为+820mV，存在于富氧而无氧利用系统的环境中；下限是-400mV，存在于充满氢（H_2）的环境中。表5-1列出了与水化学有关的半反应的电极电位 $E^{\ominus}$(25℃)。

表5-1 与水化学有关的半反应的电极电位 $E^{\ominus}$（25℃） （V）

半反应	$E^{\ominus}$	半反应	$E^{\ominus}$
F_2(气) $+2H^{+}+2e^{-}=2HF$	3.06	$HClO+H^{+}+2e^{-}=Cl^{-}+H_2O$	1.49
$O_3+2H^{+}+2e^{-}=O_2+H_2O$	2.07	$ClO_3^{-}+6H^{+}+5e^{-}=1/2Cl_2+3H_2O$	1.47
$S_2O_8^{2-}+2e^{-}=2SO_4^{2-}$	2.01	$PbO_2(s)+4H^{+}+2e^{-}=Pb^{2+}+2H_2O$	1.455
$H_2O_2+2H^{+}+2e^{-}=2H_2O$	1.77	$HIO+H^{+}+e^{-}=1/2I_2+H_2O$	1.45
$MnO_4^{-}+4H^{+}+3e^{-}=MnO_2(g)+2H_2O$	1.695	$ClO_3^{-}+6H^{+}+6e^{-}=Cl^{-}+3H_2O$	1.45
$PbO_2(g)+SO_4^{2-}+4H^{+}+2e^{-}=PbSO_4(g)+2H_2O$	1.685	$BrO_3^{-}+6H^{+}+6e^{-}=Br^{-}+3H_2O$	1.44
$HClO_2+2H^{+}+2e^{-}=HClO+H_2O$	1.64	Au(Ⅲ)$+2e^{-}=$Au(Ⅰ)	1.41
$HClO+H^{+}+e^{-}=1/2Cl_2+H_2O$	1.63	$Cl_2(g)+2e^{-}=2Cl$	1.3595
$Ce^{4+}+e^{-}=Ce^{3+}$	1.61	$ClO_4^{-}+8H^{+}+7e^{-}=1/2Cl_2+4H_2O$	1.34
$H_5IO_6+H^{+}+2e^{-}=IO_3^{-}+3H_2O$	1.60	$Cr_2O_7^{2-}+14H^{+}+6e^{-}=2Cr^{3+}+7H_2O$	1.33

续表 5 - 1

半 反 应	$E^{\ominus}$	半 反 应	$E^{\ominus}$
$HBrO + H^{+} + e^{-} = 1/2Br_2 + H_2O$	1.59	$MnO_2(s) + 4H^{+} + 2e^{-} = Mn^{2+} + 2H_2O$	1.23
$BrO_3^{-} + 6H^{+} + 5e^{-} = 1/2Br_2 + 3H_2O$	1.52	$O_2(g) + 4H^{+} + 4e^{-} = 2H_2O$	1.229
$MnO_4^{-} + 8H^{+} + 5e^{-} = Mn^{2+} + 4H_2O$	1.51	$IO_3^{-} + 6H^{+} + 5e^{-} = 1/2I_2 + 3H_2O$	1.20
Au(Ⅲ) $+ 3e^{-} = Au$	1.50	$ClO_4^{-} + 2H^{+} + 2e^{-} = ClO_3^{-} + H_2O$	1.19
$Fe^{3+} + e^{-} = Fe^{2+}$	0.771	$2SO_2$(水) $+ 2H^{+} + 4e^{-} = S_2O_3^{2-} + H_2O$	0.40
$BrO^{-} + H_2O + 2e^{-} = Br^{-} + 2OH^{-}$	0.76	$Fe(CN)_6^{3-} + e^{-} = Fe(CN)_6^{4-}$	0.36
$O_2(g) + 2H^{+} + 2e^{-} = H_2O_2$	0.682	$Cu^{2+} + 2e^{-} = Cu$	0.337
$AsO_2^{-} + 2H_2O + 3e^{-} = As + 4OH^{-}$	0.68	$VO^{2+} + 2H^{+} + e^{-} = V^{3+} + H_2O$	0.337
$2HgCl_2 + 2e^{-} = Hg_2Cl_2(s) + 2Cl^{-}$	0.63	$BiO^{+} + 2H^{+} + 3e^{-} = Bi + H_2O$	0.32
$Hg_2SO_4(s) + 2e^{-} = 2Hg + SO_4^{2-}$	0.6151	$Hg_2Cl_2(s) + 2e^{-} = 2Hg + 2Cl^{-}$	0.2676
$MnO_4^{-} + 2H_2O + 3e^{-} = MnO_2 + 4OH^{-}$	0.588	$HAsO_2 + 3H^{+} + 3e^{-} = As + 2H_2O$	0.248
$MnO_4^{-} + e = MnO_4^{2-}$	0.564	$AgCl(s) + e^{-} = Ag + Cl^{-}$	0.2223
$H_3AsO_4 + 2H^{+} + 2e^{-} = HAsO_2 + 2H_2O$	0.559	$SbO^{+} + 2H^{+} + 3e^{-} = Sb + H_2O$	0.212
$I_3^{-} + 2e^{-} = 3I^{-}$	0.545	$SO_4^{2-} + 4H^{+} + 2e^{-} = SO_2$(水) $+ 2H_2O$	0.17
$I_2(s) + 2e^{-} = 2I^{-}$	0.5345	$Cu^{2+} + e^{-} = Cu^{-}$	0.519
Mo(Ⅵ) $+ e^{-} =$ Mo(Ⅴ)	0.53	$Sn^{4+} + 2e^{-} = Sn^{2+}$	0.154
$Cu^{+} + e^{-} = Cu$	0.52	$S + 2H^{+} + 2e^{-} = H_2S(g)$	0.141
$4SO_2$(水) $+ 4H^{+} + 6e^{-} = S_4O_6^{2-} + 2H_2O$	0.51	$Hg_2Br_2 + 2e^{-} = 2Hg + 2Br^{-}$	0.1395
$HgCl_4^{2-} + 2e^{-} = Hg + 4Cl^{-}$	0.48	$TiO^{2+} + 2H^{+} + e^{-} = Ti^{3+} + H_2O$	0.1
$As + 3H^{+} + 3e^{-} = AsH_3$	-0.38	$Ag_2S(s) + 2e^{-} = 2Ag + S^{2-}$	-0.69
$Se + 2H^{+} + 2e^{-} = H_2Se$	-0.40	$Zn^{2+} + 2e^{-} = Zn$	-0.763
$Cd^{2+} + 2e^{-} = Cd$	-0.403	$2H_2O + 2e^{-} = H_2 + 2OH^{-}$	-8.28
$Fe^{2+} + 2e^{-} = Fe$	-0.440	$Cr^{2+} + 2e^{-} = Cr$	-0.91
$S + 2e^{-} = S^{2-}$	-0.48	$Se + 2e^{-} = Se^{2-}$	-0.92
$2CO_2 + 2H^{+} + 2e^{-} = H_2C_2O_4$	-0.49	$Sn(OH)_6^{2-} + 2e^{-} = HSnO_2^{-} + H_2O + 3OH^{-}$	-0.93
$H_3PO_3 + 2H^{+} + 2e^{-} = H_3PO_2 + H_2O$	-0.50	$CNO^{-} + H_2O + 2e^{-} = CN^{-} + 2OH^{-}$	-0.97
$Sb + 3H^{+} + 3e^{-} = SbH_3$	-0.51	$Mn^{2+} + 2e^{-} = Mn$	-1.182
$HPbO_2^{-} + H_2O + 2e^{-} = Pb + 3OH^{-}$	-0.54	$ZnO_2^{2-} + 2H_2O + 2e^{-} = Zn + 4OH^{-}$	-1.216
$Ga^{3+} + 3e^{-} = Ga$	-0.56	$Al^{3+} + 3e^{-} = Al$	-1.66
$TeO_3^{2-} + 3H_2O + 4e^{-} = Te + 6OH^{-}$	-0.57	$H_2AlO_3^{-} + H_2O + 3e^{-} = Al + 4OH^{-}$	-2.35
$2SO_3^{2-} + 3H_2O + 4e^{-} = S_2O_3^{2-} + 6OH^{-}$	-0.58	$Mg^{2+} + 2e^{-} = Mg$	-2.37
$SO_3^{2-} + 3H_2O + 4e^{-} = S + 6OH^{-}$	-0.66	$Na^{+} + e^{-} = Na$	-2.71
$AsO_4^{3-} + 2H_2O + 2e^{-} = AsO_2^{-} + 4OH^{-}$	-0.67	$Ca^{2+} + 2e^{-} = Ca$	-2.87

5.1.4　克式量电位

Nernst 方程里用的 E 和 $E^{\ominus}$ 值是以个别物种的活度来定义的。在许多不形成配合物的极稀溶液里，浓度可以用来代替活度，不需要计算在总浓度中可能被配合的物种部分的百分数。然而在很多溶液中,离子的互相作用,配合物的形成以及酸碱反应都必须计算进去。这种情况常用克式量电位 E' 和 $E^{\ominus}{'}$ 来表示。因而,它仅适用于一组给定条件的溶液。

对于氧化还原反应的一个半反应式:

$$\text{氧化剂} + ne^- \rightleftharpoons \text{还原产物}$$

能斯特公式为:

$$E = E^{\ominus} - \frac{2.303RT}{nF}\lg\frac{[\text{还原产物}]}{[\text{氧化剂}]}$$

克式量电位的能斯特公式为:

$$E' = E^{\ominus}{'} - \frac{2.303RT}{nF}\lg\frac{[\text{还原产物的分析浓度}]}{[\text{氧化剂的分析浓度}]}$$

由此可见,在一定的条件下,$E^{\ominus}$ 值是固定的,不会随溶液组成的变化而改变;$E^{\ominus}{'}$ 则是随溶液组成的变化而改变的。

【例题 5-2】 现有浓度为 0.01mol/L 的 $K_2Cr_2O_7$ 和浓度为 1mol/L 的 H_2SO_4 混合溶液 100mL,向其加入 20mL 浓度为 0.1mol/L 的 Fe^{2+}(硫酸亚铁铵),计算 Fe^{2+}、Fe^{3+} 及 Cr^{3+} 的分析浓度。已知 $Fe^{3+} + e^- \rightleftharpoons Fe^{2+}$;$E^{\ominus}{'} = +0.68V$ 及 $Cr_2O_7^{2-} + 14H^+ + 6e^- \rightleftharpoons 2Cr^{3+} + 7H_2O$;$E^{\ominus}{'} = +1.33V$。

解:分析题意,可得下列关系式:

Cr 的分析浓度 $$c_{Cr} = c_{Cr^{3+}} + 2c_{Cr_2O_7^{2-}}$$

即 $$c_{Cr} = c_{Cr^{3+}} + 2 \times c_{Cr_2O_7^{3+}} = \frac{2 \times 0.01\text{mol/L} \times 0.1\text{L}}{0.1\text{L} + 0.02\text{L}} = 0.0167\text{mol/L}$$

Fe 的分析浓度 $$c_{Fe} = c_{Fe^{2+}} + c_{Fe^{3+}}$$

即 $$c_{Fe} = c_{Fe^{3+}} + c_{Fe^{2+}} = \frac{0.1\text{mol/L} \times 0.02\text{L}}{0.1\text{L} + 0.02\text{L}} = 0.0167\text{mol/L}$$

对于反应 $Fe^{3+} + e^- \rightleftharpoons Fe^{2+}$;$E^{\ominus}{'} = +0.68V$

$$E_{Fe}{'} = E_{Fe}^{\ominus}{'} - \frac{2.303RT}{nF}\lg\frac{c_{Fe^{2+}}}{c_{Fe^{3+}}}$$

对于反应 $Cr_2O_7^{2-} + 14H^+ + 6e^- \rightleftharpoons 2Cr^{3+} + 7H_2O$;$E^{\ominus}{'} = +1.33V$

$$E_{Cr}{'} = E_{Cr}^{\ominus}{'} - \frac{2.303RT}{nF}\lg\frac{(c_{Cr^{3+}})^2}{c_{Cr_2O_7^{2-}}[H^+]^{14}}$$

又可根据电子平衡得 $$c_{Fe^{3+}} = 3c_{Cr^{3+}}$$

因为 $Cr_2O_7^{2-}$ 是一种很强的氧化剂,故可以假定所加入的 Fe^{2+} 完全反应,故可得:

$$c_{Cr}^{3+} = 1/3c_{Fe} = 5.57 \times 10^{-3}\text{mol/L}$$

将 $c_{Cr}^{3+} = 5.57 \times 10^{-3}$mol/L 代入可知:

$$2c_{Cr_2O_7^{2-}} = 0.0167 - 5.57 \times 10^{-3}$$

故 $$c_{Cr_2O_7^{2-}} = 5.56 \times 10^{-3}\text{mol/L}$$

$$E_{Cr}{'} = E_{Cr}^{\ominus}{'} - \frac{2.303RT}{nF}\lg\frac{(c_{Cr^{3+}})^2}{c_{Cr_2O_7^{2-}}[H^+]^{14}} = 1.33 - \frac{2.303RT}{nF}\lg\frac{(5.57 \times 10^{-3})^2}{2^{14} \times (5.56 \times 10^{-3})} = 1.39V$$

当反应达平衡时,反应 $Fe^{3+} + e^- \rightleftharpoons Fe^{2+}$ 和反应 $Cr_2O_7^{2-} + 14H^+ + 6e^- \rightleftharpoons 2Cr^{3+} + 7H_2O$ 的 $E^{\ominus}{'} = +1.39V$。

故可得
$$1.39=0.68-0.059\lg\frac{c_{Fe^{2+}}}{c_{Fe^{3+}}}$$

$\frac{c_{Fe^{2+}}}{c_{Fe^{3+}}}=10^{-12.2}$，当 $c_{Fe^{3+}}=0.0167mol/L$ 时，$c_{Fe^{2+}}=1.05\times10^{-14}mol/L$。

将结果代入质量平衡式子里可以看到反应完全的假设成立。

5.2 氧化还原平衡中的 pc－p*E* 图及 p*E*－pH 图

5.2.1 pc－p*E* 图

氧化还原平衡体系中各有关组分平衡量与 p*E* 的关系可用双对数（pc－p*E*）图表示。作图时首先应有若干已知条件，如氧化还原平衡常数、体系中参与反应的物质（氧化型和还原型）总量、温度和离子强度等；再依据物料衡算和平衡常数等关系，推导以 p*E* 为变量的还原型组分和氧化型组分的浓度函数式；然后以组分浓度的负对数值（pc）为纵坐标，以 p*E* 为横坐标作图，即得可描述氧化还原平衡体系的 pc－p*E* 图。

水本身既有氧化性也具有还原性，可用两个半反应表示：

$$2H^++2e^-\longrightarrow H_2(g)\quad \lg K=0 \tag{5-1}$$

$$O_2(g)+4H^++4e^-\longrightarrow 2H_2O\quad \lg K=83.1 \tag{5-2}$$

式（5－1）和式（5－2）中的平衡常数表达式分别为：

$$K=\frac{pH_2/1.01\times10^5}{[H^+]^2[e^-]^2} \tag{5-3}$$

$$K=\frac{1}{[pO_2/(1.01\times10^{-5})]\ [H^+]^4\ [e^-]^4} \tag{5-4}$$

对数式分别为：

$$\lg\frac{pH_2}{1.01\times10^5}=0-2pH-2pE \tag{5-5}$$

$$\lg\frac{pO_2}{1.01\times10^5}=-83.1+4pH+4pE \tag{5-6}$$

以气体分压 $pH_2/(1.01\times10^5)$、$pO_2/(1.01\times10^{-5})$ 的对数为纵坐标，p*E* 为横坐标，把各 pH 值分别代入式（5－5）和式（5－6），并对其绘图，若取 pH 为 5、8、10 时，可得到图 5－1。图 5－1 中的直线分别表示不同 pH 值下 pH_2、pO_2 及 p*E* 的关系。

【例题 5－3】 25℃时，pH＝2 的水溶液中 Fe^{3+} 和 Fe^{2+} 的 $c_{T,Fe}=10^{-4}mol/L$，求 pc－p*E* 图（忽略离子浓度的影响）。

解： $Fe^{3+}+e^-=Fe^{2+}$；$E_0=+0.77V$，$pE_0=13.0$，忽略离子强度有：

$$pE=pE^{\ominus}+\lg\frac{[Fe^{3+}]}{[Fe^{2+}]}=13+\lg\frac{[Fe^{3+}]}{[Fe^{2+}]}$$

$$c_{T,Fe}=[Fe^{2+}]+[Fe^{3+}]=10^{-4}mol/L;pc_{T,Fe}=4(\text{图 5－2 中线①})$$

p*E* 式经变换后得：$pE-pE^{\ominus}=\lg[Fe^{3+}]-\lg[Fe^{2+}]$

当 $pE\gg pE^{\ominus}$ 时，则 $\lg[Fe^{3+}]\gg\lg[Fe^{2+}]$

故 $\lg[Fe^{3+}]=-4$，即 $p[Fe^{3+}]=4$（图 5－2 中线②）

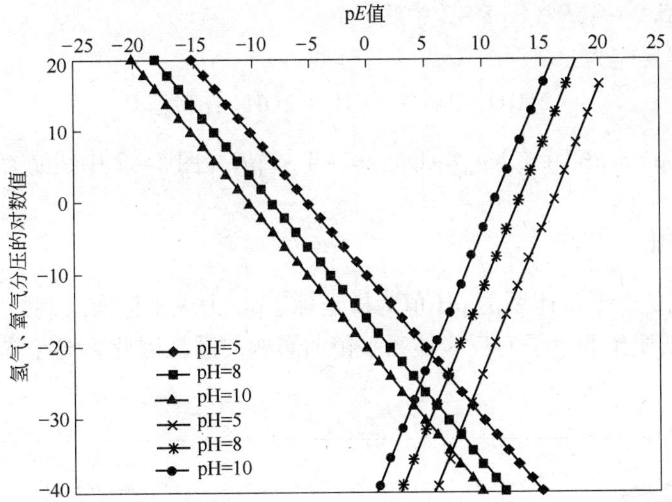

图 5 - 1 不同 pH 值下 pH_2、pO_2 及 pE 的关系

且 $pE - 13 = \lg[Fe^{3+}] + 4$

即 $p[Fe^{3+}] = 17 - pE$（图 5 - 2 中线⑤）

当 $pE = pE^{\ominus}$ 时，$\lg[Fe^{3+}] = \lg[Fe^{2+}]$

$-\lg[Fe^{3+}] = -\lg[Fe^{2+}] = -\lg(1/2 \times 10^{-4}) = 4.3$（图 5 - 2 中 $[Fe^{3+}]$ 和 $[Fe^{2+}]$ 线的交点）

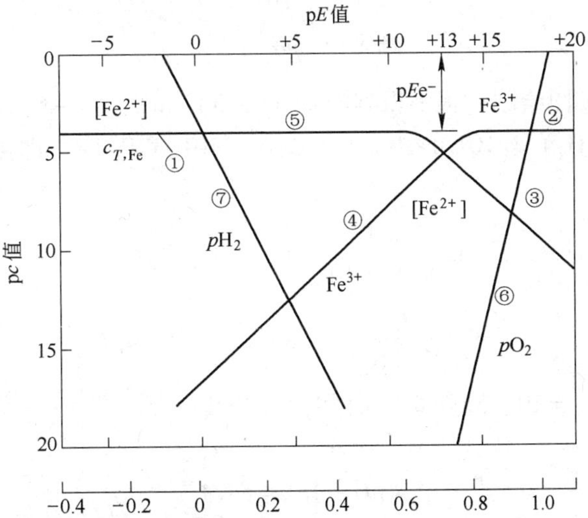

图 5 - 2 pc - pE 图

线⑥和线⑦是水的稳定限制线，当 pE 高于线⑥时，H_2O 倾向于被氧化，产生 O_2；当 pE 低于线⑦时，H_2O 倾向于被还原，产生 H_2。

O_2/H_2O 的半反应为：

$$O_2(g) + 4H^+ + 4e^- \longrightarrow 2H_2O;\ pE^{\ominus} = 20.8$$

$$pE = pE^{\ominus} + \frac{1}{4}\lg(p_{O_2}[H^+]^4) = 18.8 + \frac{1}{4}\lg p_{O_2}$$

得 $-\lg p_{O_2}=75.2-4pE$（图 5 - 2 中线⑥）

H_2O/H_2 的半反应为：

$$2H_2O+2e^- \longrightarrow H_2+2OH^-;pE^\ominus=0$$

$$pE=pE^\ominus+\frac{1}{2}\lg p_{H_2}-\lg p_{H_2}=-4-2pE\text{（图 5 - 2 中线⑦）}$$

5.2.2 pE - pH 图

pE - pH 图就是以平衡体系的 pH 值为横坐标、pE 为纵坐标所绘制的图，如图 5 - 3 所示。这种图能反映质子和电子对反应体系平衡的影响关系，因此，对于描述氧化还原体系平衡很适用。

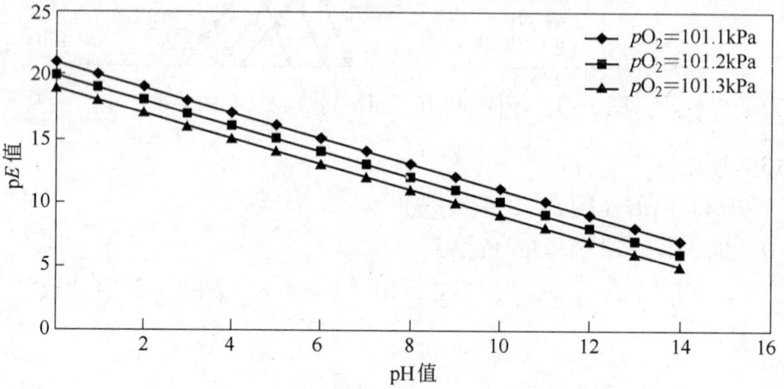

图 5 - 3 pE - pH 图

根据上面 pc - pE 图绘制过程中得到的式（5 - 5）和式（5 - 6）可知，当氢气或氧气的分压取值 pO_2（或 pH_2）= 101.1kPa、101.2kPa、101.3kPa 时，即可得到 pE 和 pH 的关系式。

$$\lg\frac{pH_2}{1.01\times10^5}=0-2pH-2pE$$

$$\lg\frac{pO_2}{1.01\times10^5}=-83.1+4pH+4pE$$

令 pO_2（或 pH_2）= 101.3kPa 时，分别代入以上两式，可得：

$$-2pH-2pE=0$$

$$4pH+4pE=84.1$$

【例题 5 - 4】已知氯水溶液含氯组分有：$Cl_2(aq)$、Cl^-、OCl^- 和 HOCl。这些含氯组分（以 Cl_2 计量）总浓度为 2.5×10^{-2}mol/L（设离子强度 $I\approx0$，25℃），求有关的氧化还原反应及其平衡常数：

解：

$$HOCl+H^++e^- \rightleftharpoons \frac{1}{2}Cl_2(aq)+H_2O \quad \lg K_1=26.9$$

$$\frac{1}{2}Cl_2(aq)+e^- \rightleftharpoons Cl^- \quad \lg K_2=23.6$$

$$HOCl \rightleftharpoons H^+ + OCl^- \quad \lg K_3 = -7.3$$

平衡常数表达式为：

$$K_1 = \frac{[Cl_2(aq)]^{1/2}}{[HOCl][H^+][e^-]}$$

取对数得：

$$pE = 28.9 + \lg[HOCl] - \frac{1}{2}\lg[Cl_2(aq)] - pH$$

将 [HOCl] $=2.5\times10^{-5}$mol/L、$[Cl_2(aq)] = 1.25\times10^{-4}$mol/L 代入上式得：

$pE = 20.4 - pH$（图 5 - 4 中的直线①）

绘制 pE - pH 图，如图 5 - 4 所示。直线①的位置表明，在线上两种组分等量存在，在线上方是 HOCl 组分（$>2.5\times10^{-3}$mol/L）占优势，在线下方为 $Cl_2(aq)$组分（$>1.25\times10^{-2}$mol/L）占优势。

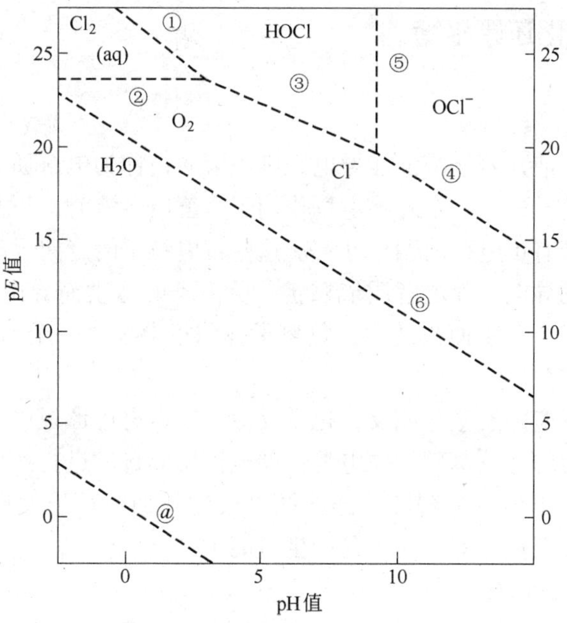

图 5 - 4 氯气溶解于水的 pE - pH 图

将 $K_2 = \frac{[Cl^-]}{[Cl_2(aq)]^{1/2}[e^-]}$取对数得：

$$pE = 23.6 + \frac{1}{2}\lg[Cl_2(aq)] - \lg[Cl^-]$$

将$[Cl_2(aq)] = 1.25\times10^{-2}$mol/L、$[Cl^-] = 2.5\times10^{-2}$mol/L 代入上式：

$pE = 24.25$（图 5 - 4 中的线②）

在线②上方，体系中组分以 Cl_2（aq）为主，在其下方以 Cl^-为主。

$$HOCl + H^+ + 2e^- \rightleftharpoons Cl^- + H_2O \quad \lg K = 50.5$$

$K = \frac{[Cl^-]}{[HOCl][H^+][e^-]^2}$ 取对数后，并令$[HOCl] = [Cl^-]$得：

$pE = 25.25 - 0.5pH$（图 5 - 4 中的线③）

在线③上方以 HOCl 为主，在其下方以 Cl^- 为主。

$$2H^+ + 2e + OCl^- \rightleftharpoons Cl^- + H_2O \quad \lg K = 57.8$$

$$K = \frac{[Cl^-]}{[H^+]^2[OCl^-][e^-]^2}$$

令 $[Cl^-] = [OCl^-]$ 代入上式，取对数得：

$$pE = 28.9 - pH \text{（图 5-4 中的线④）}$$

在④线上方时以 $[OCl^-]$ 为主，④线下方以 Cl^- 为主。

$K_3 = \frac{[H^+][OCl^-]}{[HOCl]}$ 取对数后，令 $[OCl^-] = [HOCl]$ 代入得：

$$pH = 7.3 \text{（图 5-4 中线⑤）}$$

在其右侧 OCl^- 占优势。图 5-4 中的虚线@表示被还原分解为氢气的基准线，线⑥表示被氧化分解为氧气的基准线。

5.3 水处理中的氧化还原平衡

5.3.1 电化学腐蚀

溶质溶于水成为溶液，若该溶液能导电，则该溶质被称为电解质。导电这一特性是由于溶液中含有正、负离子，当一个外加电场作用于电解质溶液时，正离子向带有负电荷的阴极迁移，负离子向带有正电荷的阳极迁移。这些带电粒子的定向运动形成电流（金属导体依靠自由电子的运动导电，而电解质依靠正、负离子的运动而导电）。简单来说，正离子在阳极得到一个或多个电子而被还原，负离子在阳极上失去一个或多个电子而被氧化，从而形成氧化还原反应。

电流可引起化学反应的发生；相反，化学反应的发生也可形成电流。前者是电解的理论基础，后者是原电池的理论基础。原电池：即电极反应自发进行产生电能，并可将电能转化为有用功的电化学电池。电解池：连接两电极的外加电压迫使电解质产生非自发反应，意味着该电极反应消耗电能，而不是产生电能。

5.3.1.1 标准电极电位

原电池能够产生电流的事实，说明在原电池的两极之间有电势差存在，也说明了每一个电极都有一个电位。在试验中，能精确测量原电池反应的电动势。电化学的处理方法是：计算不同类型待定电极的电极电位与标准氢电极的电极电位的相对大小，作为待定电极反应的电极电位。根据规定知，标准氢电极在标准状态下电极电位为零：

$$H^+(aq) + e^- \rightleftharpoons 1/2H_2(g) \quad \varphi^\ominus = 0V$$

标准电极电位见表 5-2。

表 5-2 标准电极电位 （V）

电 极	电极反应	$E^\ominus$
$N_3^- \mid N_2, Pt$	$\frac{3}{2}N_2 + e^- = N_3^-$	-3.2
$Li^+ \mid Li$	$Li^+ + e^- = Li$	-3.045
$Rb^+ \mid Rb$	$Rb^+ + e^- = Rb$	-2.925

续表 5-2

电　极	电极反应	$E^{\ominus}$
$Cs^+ \mid Cs$	$Cs^+ + e^- = Cs$	-2.923
$K^+ \mid K$	$K^+ + e^- = K$	-2.925
$Ra^{2+} \mid Ra$	$Ra^{2+} + 2e^- = Ra$	-2.916
$Ba^{2+} \mid Ba$	$Ba^{2+} + 2e^- = Ba$	-2.906
$Ca^{2+} \mid Ca$	$Ca^{2+} + 2e^- = Ca$	-2.866
$Na^+ \mid Na$	$Na^+ + e^- = Na$	-2.714
$La^{3+} \mid La$	$La^{3+} + 3e^- = La$	-2.522
$Mg^{2+} \mid Mg$	$Mg^{2+} + 2e^- = Mg$	-2.363
$Be^{2+} \mid Be$	$Be^{2+} + 2e^- = Be$	-1.847
$HfO_2, H^+ \mid Hf$	$HfO_2 + 4H^+ + 4e^- = Hf + 2H_2O$	-1.7
$Al^{3+} \mid Al$	$Al^{3+} + 3e^- = Al$	-1.662
$Ti^{2+} \mid Ti$	$Ti^{2+} + 2e^- = Ti$	-1.628
$Zr^{4+} \mid Zr$	$Zr^{4+} + 4e^- = Zr$	-1.529
$V^{2+} \mid V$	$V^{2+} + 2e^- = V$	-1.186
$Mn^{2+} \mid Mn$	$Mn^{2+} + 2e^- = Mn$	-1.180
$WO_4^{2-} \mid W$	$WO_4^{2-} + 4H_2O + 6e^- = W + 8OH^-$	-1.05
$Se^{2-} \mid Se$	$Se + 2e^- = Se^{2-}$	-0.92
$Zn^{2+} \mid Zn$	$Zn^{2+} + 2e^- = Zn$	-0.7628
$Cr^{3+} \mid Cr$	$Cr^{3+} + 3e^- = Cr$	-0.744
$SbO_2^- \mid Sb$	$SbO_2^- + 2H_2O + 3e^- = Sb + 4OH^-$	-0.67
$Ga^{3+} \mid Ga$	$Ga^{3+} + 3e^- = Ga$	-0.529
$S^{2-} \mid S$	$S + 2e^- = S^{2-}$	-0.51
$Fe^{2+} \mid Fe$	$Fe^{2+} + 2e^- = Fe$	-0.4402
$Cr^{3+}, Cr^{2+} \mid Pt$	$Cr^{3+} + e^- = Cr^{2+}$	-0.408
$Cd^{2+} \mid Cd$	$Cd^{2+} + 2e^- = Cd$	-0.4029
$Ti^{3+}, Ti^{2+} \mid Pt$	$Ti^{3+} + e^- = Ti^{2+}$	-0.369
$Tl^+ \mid Tl$	$Tl^+ + e^- = Tl$	-0.3363
$Co^{2+} \mid Co$	$Co^{2+} + 2e^- = Co$	-0.277
$Ni^{2+} \mid Ni$	$Ni^{2+} + 2e^- = Ni$	-0.250
$Mo^{3+} \mid Mo$	$Mo^{3+} + 3e^- = Mo$	-0.20
$Sn^{2+} \mid Sn$	$Sn^{2+} + 2e^- = Sn$	-0.136
$Pb^{2+} \mid Pb$	$Pb^{2+} + 2e^- = Pb$	-0.126
$Ti^{4+}, Ti^{3+} \mid Pt$	$Ti^{4+} + e^- = Ti^{3+}$	-0.04
$H^+ \mid H_2, Pt$	$H^+ + e^- = 1/2H_2$	±0.000
$Ge^{2+} \mid Ge$	$Ge^{2+} + 2e^- = Ge$	+0.01
$Sn^{4+}, Sn^{2+} \mid Pt$	$Sn^{4+} + 2e^- = Sn^{2+}$	+0.15

续表 5－2

电 极	电极反应	$E^{\ominus}$
Cu^{2+}，Cu^{+} | Pt	$Cu^{2+}+e^{-}=Cu^{+}$	+0.153
Cu^{2+} | Cu	$Cu^{2+}+2e^{-}=Cu$	+0.337
$Fe(CN)_6^{4-}$，$Fe(CN)_6^{3-}$ | Pt	$Fe(CN)_6^{3-}+e^{-}=Fe(CN)_6^{4-}$	+0.36
OH^{-} | O_2，Pt	$1/2O_2+H_2O+2e^{-}=2OH^{-}$	+0.401
Cu^{+} | Cu	$Cu^{+}+e^{-}=Cu$	+0.521
I^{-} | I_2，Pt	$I_2+2e^{-}=2I^{-}$	+0.5355
Te^{4+} | Te	$Te^{4+}+4e^{-}=Te$	+0.56
MnO_4^{-}，MnO_4^{2-} | Pt	$MnO_4^{-}+e^{-}=MnO_4^{2-}$	+0.564
Rh^{2+} | Rh	$Rh^{2+}+2e^{-}=Rh$	+0.60
Fe^{3+}，Fe^{2+} | Pt	$Fe^{3+}+e^{-}=Fe^{2+}$	+0.771
Hg_2^{2+} | Hg	$Hg_2^{2+}+2e^{-}=2Hg$	+0.788
Ag^{+} | Ag	$Ag^{+}+e^{-}=Ag$	+0.7991
Hg^{2+} | Hg	$Hg^{2+}+2e^{-}=Hg$	+0.854
Hg^{2+}，Hg^{+} | Pt	$Hg^{2+}+e^{-}=Hg^{+}$	+0.91
Pd^{2+} | Pd	$Pd^{2+}+2e^{-}=Pd$	+0.987
Br^{-} | Br_2，Pt	$Br_2+2e^{-}=2Br^{-}$	+1.0652
Pt^{2+} | Pt	$Pt^{2+}+2e^{-}=Pt$	+1.2
Mn^{2+}，H^{+} | MNO_2，Pt	$MnO_2+4H^{+}+2e^{-}=Mn^{2+}+2H_2O$	+1.23
Tl^{3+}，Tl^{+} | Pt	$Tl^{3+}+2e^{-}=Tl^{+}$	+1.25
Cr^{3+}，$Cr_2O_7^{2-}$，H^{+} | Pt	$Cr_2O_7^{2-}+14H^{+}+6e^{-}=2Cr^{3+}+7H_2O$	+1.33
Cl^{-} | Cl_2，Pt	$Cl_2+2e^{-}=2Cl^{-}$	+1.3595
Pb^{2+}，H^{+} | PbO_2，Pt	$PbO_2+4H^{+}+2e^{-}=Pb^{2+}+2H_2O$	+1.455
Au^{3+} | Au	$Au^{3+}+3e^{-}=Au$	+1.498
MnO_4^{-}，H^{+} | MnO_2，Pt	$MnO_4^{-}+4H^{+}+3e^{-}=MnO_2+2H_2O$	+1.695
Ce^{4+}，Ce^{3+} | Pt	$Ce^{4+}+e^{-}=Ce^{3+}$	+1.61
SO_4^{2-}，H^{+} | $PbSO_4$，PbO_2，Pb	$PbO_2+SO_4+4H^{+}+4e^{-}=PbSO_4+2H_2O$	+1.682
Au^{+} | Au	$Au^{+}+e^{-}=Au$	+1.691
H^{-} | H_2，Pt	$H_2+2e^{-}=2H^{-}$	+2.2
F^{-} | F_2，Pt	$F_2+2e^{-}=2F^{-}$	+2.87

从表 5－2 可知：

（1）标准氢电极电位为 0.00V。

（2）表中反应均处于标准状态下。如大气压 $p=101.325\text{kPa}$；液体、固体、离子的电子活度 $a=1$。

（3）多数电极电位代数值为负数的物质不可能以还原态存在。

由能斯特（Nernst）方程可得：

一般状态下 $$E = E^{\ominus} - \frac{2.303RT}{nF}\lg\frac{[\text{还原产物}]}{[\text{氧化剂}]}$$

平衡状态下 $$E^{\ominus} = \frac{2.303RT}{nF}\lg K$$

根据第2章中化学平衡的平衡常数公式可知：

$$K = \frac{[\text{还原产物}]}{[\text{氧化剂}][e^-]^n}$$

根据pE的定义式：

$$pE = -\lg[e^-] = \frac{1}{n}\left(\lg K - \lg\frac{[\text{还原产物}]}{[\text{氧化剂}]}\right) = \frac{EF}{2.303RT} = \frac{1}{0.059V}E$$

因此，由能斯特（Nernst）方程可得pE的一般表达式：

$$pE = pE^{\ominus} + \frac{1}{n}\lg\left(\frac{[\text{反应物}]}{[\text{生成物}]}\right)$$

在温度为25℃时，对于有n个电子迁移的氧化还原反应而言其平衡常数为：

$$\lg K = \frac{nE^{\ominus}F}{2.303RT} = \frac{nE^{\ominus}}{0.059V}$$

此时$E^{\ominus}$是整个反应的$E^{\ominus}$值，故整个反应的平衡常数为：$\lg K = n(pE^{\ominus})$。

对于有n个电子迁移的氧化还原反应而言，其自由能变$\Delta G = -nFE = -2.303nRT(pE)$。

当该反应组分都处于标态下（气体：$p = 101.325\text{kPa}$；液体：$a = 1$；固体：$a = 1$；离子：$a = 1$）：

$$\Delta G^{\ominus} = -nFE^{\ominus} = -2.303nRT(pE^{\ominus})$$

金属离子、非金属或化合物的电极电位大小可判断物质能否从电子给予体接受电子。电位越高（以V表示），接受电子的亲和性越大，对于任何电化学电池来说，标准电极电位可用来计算电池电动势$E^{\ominus}$，该$E^{\ominus}$值就可用来确定所有电池反应在标准状态下的自发性。

当这个反应的全部组分都以1个单位活度存在时，该反应的自由能变化ΔG可定义为零。水中氧化还原反应的ΔG也是在溶液中全部离子的生成自由能的基础上定义的。此时，若$E^{\ominus}$值为负，则$G^{\ominus}$为正，反应不能自发进行；若$E^{\ominus}$为正，则$G^{\ominus}$为负，反应自发进行。

5.3.1.2 电化学电池

腐蚀的发生需要形成电化学电池，包括阳极、阴极、外电路和内电路。外电路可以是阳极和阴极的连接，内电路可以是与阳极和阴极接触的电解质溶液。

现就金属M的腐蚀为例对电化学腐蚀进行说明。当金属M表面形成电化学电池时，腐蚀便会发生。受腐蚀的金属M表面是阳极，发生氧化反应，则有如下阳极反应：

$$M \longrightarrow M^{n+} + ne^- \tag{5-7}$$

常见的阴极反应有：

$$2H^+ + 2e^- \longrightarrow H_2(g) \tag{5-8}$$

$$O_2 + 4H^+ + 4e^- \longrightarrow 2H_2O \tag{5-9}$$

$$O_2 + 2H_2O + 4e^- \longrightarrow 2OH^- + H_2O_2 \tag{5-10}$$

自然界中最常见的铁的腐蚀示意图如图 5-5 所示。

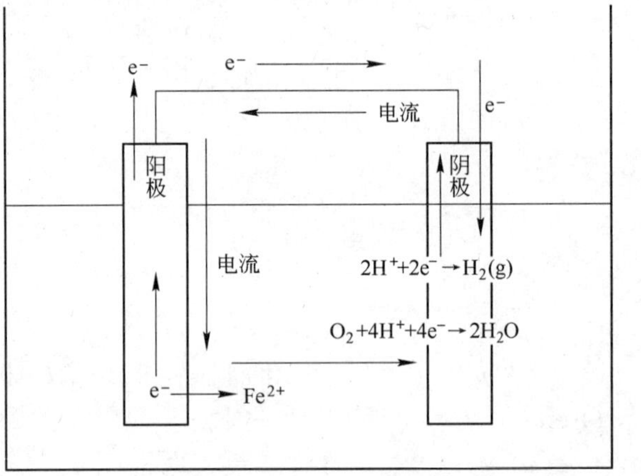

图 5-5　铁的腐蚀示意图

由图 5-5 可知，阳极反应如下：

$$Fe \longrightarrow Fe^{2+} + 2e^- \quad Fe^{2+} + 2OH^- \longrightarrow Fe(OH)_2(s) \tag{5-11}$$

出现这种情况时阴极反应会消耗 H^+，导致溶液中 OH^- 浓度升高，OH^- 向阳极迁移。故阳极反应如式（5-11）所示。

在自然界水体中有氧的存在，则阳极也可能存在如下反应：

$$4Fe^{2+} + 4H^+ + O_2(aq) \longrightarrow 4Fe^{3+} + 2H_2O \quad Fe^{3+} + 3OH^- \longrightarrow Fe(OH)_3(s) \tag{5-12}$$

当 $Fe(OH)_3$（s）脱水时就会形成我们常看的红棕色铁锈 Fe_2O_3。其反应式如下：

$$Fe(OH)_3(s) \longrightarrow Fe_2O_3 + 3H_2O \tag{5-13}$$

在自然水体中，当 OH^- 浓度升高时，会影响 CO_2 的溶解，导致水中 CO_3^{2-} 升高，此时有可能产生 $CaCO_3$ 沉淀。当 $CaCO_3$ 与 $Fe(OH)_2$ 一起沉淀时会形成腐蚀瘤，且腐蚀瘤常出现在阳极周围，与此同时阳极随着 Fe 的腐蚀也会出现腐蚀坑。铁管中腐蚀坑与腐蚀瘤的形成机理如图 5-6 所示。

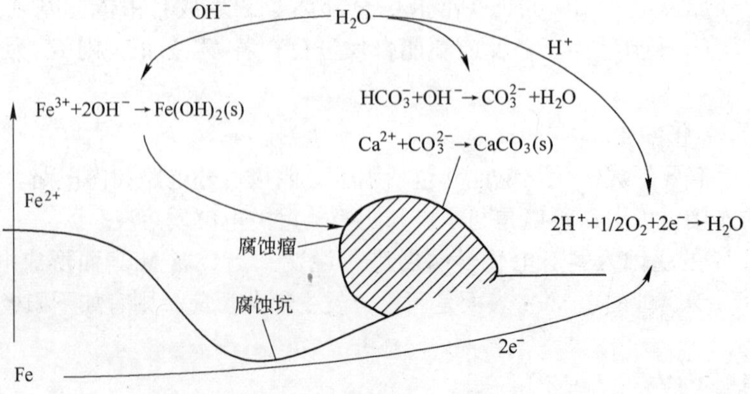

图 5-6　铁管中腐蚀坑、腐蚀瘤形成机理

腐蚀电池也可以在同一块金属上，通过小的、局部的、相邻的阳极和阴极之间的相互作用而产生，被称为局部作用电池，也称为浓差电池。浓差电池由于金属块表面的离子浓

度不均匀所形成的，根据能斯特方程可知，同种物质浓度不同时也会产生电位差。金属成分上的微小变化、环境的局部差异、晶粒构造的取向及应力大小的差别和表面的缺陷都可能导致金属上的小面积具有不同的电位。

【例题 5-5】 一 U 形的铁条两端浸入浓度分别为 10^{-4}mol/L 和 10^{-3}mol/L 的 Fe^{2+} 溶液中，试说明腐蚀会发生在铁条哪端？（忽略离子强度的影响）

解： 可对铁条两端编号，浸没在 Fe^{2+} 浓度高的溶液的那端为 A 端，另外一端为 B 端。

分析题意，B 端接触的 Fe^{2+} 溶液浓度较低，故 B 端比 A 端更有可能发生腐蚀，产生 Fe^{2+} 以减小两端差异。

由题意可知，25℃时能斯特方程为：

$$E = E^{\ominus} + \frac{0.059}{2}\lg\frac{[Fe_A^{2+}]}{[Fe_B^{2+}]} = 0 + \frac{0.059}{2}\lg\frac{10^{-3}}{10^{-4}} = 0.03$$

$$\Delta G = -nFE = -nF \times 0.03 < 0$$

故此反应按假设的方向进行，即 B 端发生腐蚀。

当金属表面不同部位的溶解氧浓度不同也会形成浓差腐蚀电池。这种由于溶解氧浓度不同引起的腐蚀常称为“充氧差腐蚀”。在自然界中，在水中行驶的船体底部就经常出现“充氧差腐蚀”的现象。由于海里的贝类动物会附着在船体上，贝类的生理活动消耗其附着地的溶解氧，导致该地方的溶解氧浓度低于直接接触海水的船体的溶解氧浓度。此时，溶解氧浓度高的部位倾向于发生阴极反应：$O_2 + 4H^+ + 4e^- \rightarrow 2H_2O$，消耗溶解氧以弥补溶解氧浓度差。故溶解氧高的部位为阴极，溶解氧浓度低的部位为阳极。故腐蚀会发生在溶解氧浓度低的地方。这也是金属交界面等接合部位比其他部位容易生锈的原因。

5.3.2 折点加氯

氯作为氧化剂和杀菌剂广泛应用于水与废水处理。在饮水处理中用作杀菌剂，在含氰、硫化物、氨等工业废水和生活污水处理中作为氧化剂，在工业用水设施如冷却塔中用来控制生物污垢，在活性污泥处理中用来杀灭丝状微生物以防止污泥膨胀。氯也广泛用于游泳池的消毒。然而，氯也会与水中的腐殖质等物质反应，生成的副产物可能威胁人体健康，正日益受到人们的关注。氯在水中可以各种形式存在，包括 Cl_2、HOCl、OCl^-、NH_2Cl、$NHCl_2$ 等。常用于水处理的是钢瓶液氯，处理时控制压力，向水中注入氯气。也常用次氯酸钠和次氯酸钙，次氯酸钙俗称漂白粉。此外，有机含氯化合物，如三氯异三聚氰酸可用作游泳池消毒剂，因为它在阳光下稳定，在水中可水解产生游离氯。三氯异三聚氰酸的分子结构式如图 5-7 所示。

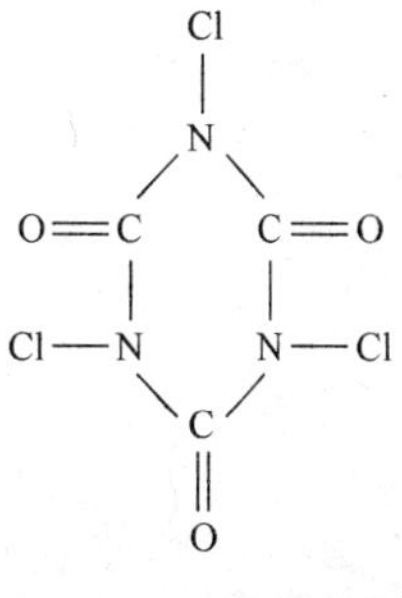

图 5-7 三氯异三聚氰酸的分子结构式

在室温和大气压力下，Cl_2 是浅绿色气体，在室温下可被压缩成黄绿色液体。Cl_2 与水可形成水合物，在 9.4℃以下形成“氯冰”$Cl_2 \cdot 8H_2O$。

氯气在水中的溶解平衡如下：

$$Cl_2(g) \rightleftharpoons Cl_2(aq) \quad K_H = 6.2 \times 10^{-2}$$

$$Cl_2(aq) + H_2O \rightleftharpoons HOCl + H^+ + Cl^- \quad K_h = 4 \times 10^{-4}$$

$$HOCl \rightleftharpoons H^+ + OCl^- \quad pK_a = 7.5$$

图5－8表示当Cl^-浓度一定时，Cl_2、HOCl和OCl^-所占分数分别随pH值变化的α～pH图。

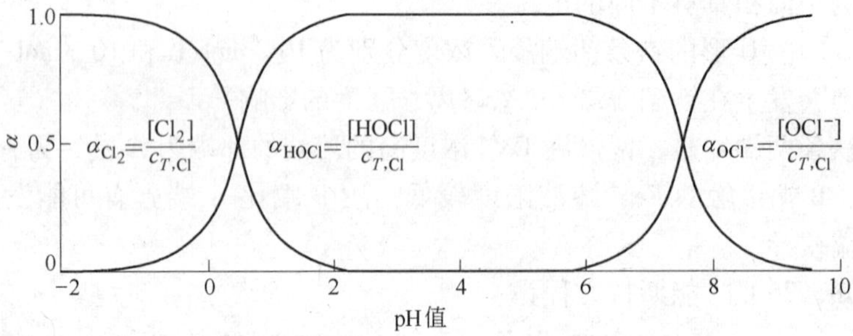

图5－8　α～pH图（$[Cl^-]=10^{-3}$mol/L，$T=25$℃）

由图5－8可以看出，在自然界的水体中，氯主要以HOCl和OCl^-的形式存在，当$pH<7.5$时，HOCl是占优势物质；当$pH>7.5$时，OCl^-是占优势物质。之所以研究这个是因为HOCl的杀菌能力比OCl^-的杀菌能力强，通过控制杀菌环境的pH值以提高杀菌效率具有重要的实际应用价值。使用不同形式的氯杀菌时，会对水质产生不同的影响。用Cl_2杀菌时水的碱度会降低；用NaOCl时水的碱度会升高；用$Ca(OCl)_2$时，碱度和硬度都会升高，且可能生成$CaCO_3$沉淀引起结垢问题，因此游泳池中不宜采用$Ca(OCl)_2$消毒。

在水处理中，常需在水中保持一定的余氯量：需氯量＝加氯量－余氯量。

需氯量是各种反应所消耗的部分，如在阳光照射下分解的氯，与各种无机、有机物反应消耗的氯。

当原水不含氨氮时，加氯量和余氯的关系如图5－9中虚线L_1所示，为一条直线，此时水中的余氯为游离性余氯，简称游离氯。当原水含有氨氮时，加氯量－余氯量曲线如图5－9中实线L_2所示，是一条折线。

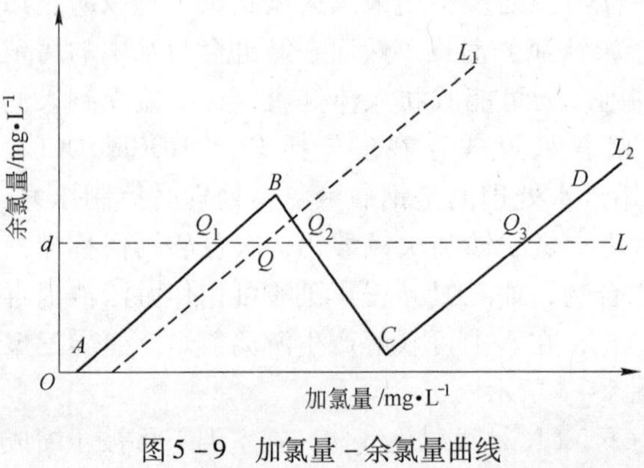

图5－9　加氯量－余氯量曲线

当原水有胺氮时，废水中含有氨和各种有机氮化物，大多数污水处理厂排水中含有相当量的氮。如果在二级处理中完成了硝化阶段，则氮通常以氨或硝酸盐的形式存在。投氯后次氯酸极易与废水中的氨进行反应，在反应中依次形成三种氯胺：

$$NH_3 + HOCl \longrightarrow NH_2Cl(\text{一氯胺}) + H_2O$$

$$NH_2Cl + HOCl \longrightarrow NHCl_2(\text{二氯胺}) + H_2O$$
$$NH_2Cl + HOCl \longrightarrow NCl_3(\text{三氯胺}) + H_2O$$

上述反应与pH值、温度和接触时间有关，也与氨和氯的初始比值有关，大多数情况下，以一氯胺和二氯胺两种形式为主。其中的氯称为有效化合氯。在含氨水中投入氯的研究中发现，当投氯量达到氯与氨的摩尔比值为1∶1时，化合余氯即增加，当摩尔比达到1.5∶1时，（质量比7.6∶1），余氯下降到最低点，此即“折点”。在折点处，基本上全部氧化性的氯都被还原，全部氨都被氧化，进一步加氯就都产生自由余氯。

由图5-9可知，在*AB*段氯和氨发生如下反应：$NH_3 + Cl_2 \rightleftharpoons NH_2Cl + HCl$。水中的余氯主要为氯胺形式的化合性余氯，简称化合氯。此时随着加氯量的增加，化合氯成比例增加，水中胺氮逐渐减少，当加氯量达到*B*点时，水中的胺氮降至零，化合性余氯升至最高。在曲线的*BC*段，继续增加加氯量，会发生如下反应：$4NH_2Cl + 3Cl_2 + H_2O \rightleftharpoons N_2 + N_2O + 10HCl$，水中的氯胺被氧化后逐渐减少，当氯胺被完全氧化时，余氯降至曲线最低点*C*。随后随着加氯量的增加，水中余氯转为游离氯，并如曲线中*CD*段所示，随加氯量的增加成比例增加。由此可见水中含有胺氮时，加氯量-余氯曲线是一条折线，此时对应的加氯法称为折线加氯法。如图5-9所示，折线加氯时，曲线中的*AB*和*BC*段的余氯为氯胺形式的化合余氯，*CD*段为游离余氯。

因原水的pH值通常为7左右，此时的化合余氯成分以一氯胺为主，为简化起见，下面的分析计算均将化合余氯视为一氯胺。实践中由于化合氯成分中含有少量的二氯胺和三氯胺，造成实际加氯量等数据与下面计算值略有所出入，但实践证明其出入很小，不会影响下面的分析结果。同时为便于分析，假设水中杂质的耗氯量为a(mg/L)，即曲线*OA*段的耗氯量为a(mg/L)、水中余氯控制值为d(mg/L)。

（1）水中无胺氮，采用游离加氯法，加氯点为Q时：

$$\begin{array}{llll} H_2O + & Cl_2 & \rightleftharpoons & HOCl + HCl \\ 70 & 52.5 & & \\ x & d & & \end{array}$$

$$x = 70d/52.5 \approx 1.33d(\text{mg/L}) \tag{5-14}$$

$$y_Q = a + x \approx a + 1.33d(\text{mg/L}) \tag{5-15}$$

即此时所需加氯量y_Q为$a + 1.33d$(mg/L)。

（2）水中含有$b$mg/L的胺氮，采用折点加氯法时：

1）当加氯点被控制在*AB*段的Q_1点时：

$$\begin{array}{lll} NH_3 + Cl_2 & \rightleftharpoons & NH_2Cl + HCl \\ 17 \quad 70 & & 51.5 \\ z \quad x_1 & & d \end{array}$$

$$x_1 = 70d/51.5 \approx 1.36d(\text{mg/L}) \tag{5-16}$$

$$y_{Q_1} = a + x_1 \approx a + 1.36d(\text{mg/L}) \tag{5-17}$$

$$z = 17d/51.5 \approx 0.33d(\text{mg/L}) \tag{5-18}$$

即此时所需加氯量y_{Q_1}为$a + 1.36d$(mg/L)。

由式（5-18）可知，为保证加氯点能被控制在*AB*段的Q_1点，水中胺氮的含量必须满足条件：

$$b \geqslant 0.33d(\text{mg/L}) \qquad (5-19)$$

2）当加氯点被控制在 BC 段的 Q_2 点时，AB 段氨与氯气反应，水中氨全部被消耗掉。

$$\begin{array}{ccc} NH_3 + Cl_2 & \rightleftharpoons & NH_2Cl + HCl \\ 17 \quad 71 & & 51.5 \\ b \quad x_2 & & z_1 \end{array}$$

$$x_2 = 71b/17 \approx 4.12b(\text{mg/L}) \qquad (5-20)$$

$$z_1 = 51.5d/17 \approx 3.03b(\text{mg/L}) \qquad (5-21)$$

即在 AB 段的耗氯量为 $x_2 \approx 4.12b(\text{mg/L})$，产生的氯胺为：$z_1 \approx 3.03b(\text{mg/L})$。在 BC 段有 $z_1 - b(\text{mg/L})$ 的氯胺被氧化：

$$\begin{array}{ccc} 4NH_2Cl + 3Cl_2 + H_2O & \rightleftharpoons & N_2 + N_2O + 10HCl \\ 206 \quad 213 & & \\ (z_1 - d) \quad x_3 & & \end{array}$$

$$x_3 = 213(z_1 - d)/206 \approx 1.034(3.03b - d)(\text{mg/L}) \qquad (5-22)$$

$$y_{Q_2} = a + x_2 + x_3 \approx a + 4.12b + 1.034(3.03b - d)(\text{mg/L}) \qquad (5-23)$$

即加氯点被控制在 BC 段的 Q_2 点时，加氯量为：

$$y_{Q_2} \approx a + 4.12b + 1.034(3.03b - d)(\text{mg/L}) \qquad (5-24)$$

3）当加氯点被控制在 CD 段的 Q_3 点时：

在 AB 段的耗氯量为：$x_2 = 70b/17 \approx 4.12b(\text{mg/L})$

在 BC 段的耗氯量为：$x_4 = 213z_1/206 \approx 1.034 \times 3.03b \approx 3.13b(\text{mg/L})$

在 CD 段的耗氯量为：$x = 70d/52.5 \approx 1.33d(\text{mg/L})$

加氯点被控制在 CD 段的 Q_3 点的总耗氯量为：

$$y_{Q_3} = a + x_2 + x_4 + x \approx a + 4.12b + 3.13b + 1.33d \approx a + 7.25b + 1.33d(\text{mg/L}) \qquad (5-25)$$

比较式（5－15）、式（5－17）、式（5－24）和式（5－25）可知，加氯量的大小与水中的杂质含量、胺氮含量、余氯的控制目标值和所选择的加氯点有关。当水中杂质含量一定，余氯的控制目标值相同时：$y_{Q_3} > y_{Q_2} > y_{Q_1} > y_Q$，即水中无胺氮时的加氯量比有胺氮时的加氯量低，也就是说胺氮会引起加氯量的上升，上升的幅度主要取决于加氯点的位置。

（3）折点加氯时，加氯点的选择。当水中有胺氮时必定进入折点加氯，此时由余氯－加氯量曲线可知，对应同一个余氯值，可能存在三个不同的加氯点，这三个加氯点对应加氯量有很大差别。例如，由式（5－17）、式（5－24）和式（5－25）可知，加氯点分别在余氯－加氯量曲线的 AB、BC、CD 段的 Q_1、Q_2、Q_3 点时，加氯量分别为：

$$y_{Q_1} \approx a + 1.36d(\text{mg/L})$$

$$y_{Q_2} \approx a + 4.12b + 1.034(3.03b - d)(\text{mg/L})$$

$$y_{Q_3} \approx a + 7.25b + 1.33d(\text{mg/L})$$

当 $d = 1.0\text{mg/L}$，$b = 0.4\text{mg/L}$ 时：

$$y_{Q_1} \approx a + 1.36(\text{mg/L})$$

$$y_{Q_2} \approx a + 1.87(\text{mg/L})$$

$$y_{Q_3} \approx a + 4.23(\text{mg/L})$$

可见在曲线 CD 段 Q_3 点进行游离加氯消毒的加氯量，远远高出在 AB 和 BC 段 Q_1、Q_2 点进行化合加氯消毒的加氯量。在我们的制水实践中，Q_3 点的游离加氯量通常可达到 Q_1 点化合加氯量的2~3倍，因此从降低加氯量的角度出发，折点加氯时的加氯点宜定在加氯量-余氯曲线的 AB 段，此时的余氯是化合氯。

需要指出的是，折点加氯时采取上述化合氯消毒的加氯法是有条件的：

1）胺氮的含量必须满足条件：$b \geqslant 0.33d$(mg/L)。由式（5-18）可知，为保证加氯点能被控制在 AB 段的 Q_1 点，水中胺氮的含量必须满足条件：$b \geqslant 0.33d$（mg/L）。例如，当余氯控制值 $d = 1.0$mg/L 时，水中胺氮的含量必须满足条件：$b \geqslant 0.33$mg/L，否则余氯将无法达到控制值1.0mg/L。

2）要保证化合余氯能够达到消毒的效果，即水的各项细菌指标不超标。为此须保证化合余氯的消毒时间在两小时以上。

（4）折点加氯的应用。近年来由于水质的污染日益严重，源水中总是或多或少含有一定的胺氮，因此在对自来水加氯消毒时，我们总是自觉或不自觉地使用了折点加氯法，只是因为平常很多时候由于胺氮的含量太小，为达到余氯的控制值，只能采用游离加氯，加氯点在加氯量-余氯曲线 CD 段。此时采用目视法检测余氯，游离氯快速的显色反应掩盖了化合氯较慢的显色反应，以至于检测者没有注意到化合氯存在。

当突降暴雨或进入冬季枯水季节时，水中的胺氮急剧增加，此时若继续加游离氯，加氯量会迅速增加，增加的幅度可能达到平时的一倍以上，这样在加氯量激增的情况下，可能导致两种结果：1）出厂水的游离氯达标，但总余氯量大大超标，管网末梢的余氯过高，用户会闻到刺鼻的氯气味；2）已有的加氯机满负荷运行也无法使水质达到预定的余氯指标。因此此时唯一的办法就是改变加氯点，采用化合余氯消毒法，将加氯点控制在加氯量-余氯曲线的 AB 段。综上所述，当因某种原因（如暴雨或枯水季节）导致水中的胺氮急剧增加，并满足式（5-19）的条件时，应考虑改变加氯点，采用化合余氯消毒法，将加氯点控制在加氯量-余氯曲线的 AB 段。在实际工作中，一般当源水胺氮的含量大于0.35mg/L或加氯量增加到平常的一倍或以上时，就可以试着改变加氯点，采用化合余氯消毒法了。

在前面已经提到，折点加氯时，Q_3 点的游离加氯量可达到 Q_1 点化合加氯量的2~3倍，因此在改变加氯点，采用化合余氯消毒法取代游离余氯消毒法时，应先将加氯量减少一半，甚至更多（可根据以往的经验确定），然后按下列步骤对加氯点的位置进行确认和进一步调整：

1）检测到一个稳定的化合性余氯值 d_1，并做好记录。

2）进一步适当减少加氯量，待余氯值稳定后检测到另一个化合性余氯值 d_2，并比较上述两次的检测结果。

3）若 $d_1 > d_2$，则加氯点在曲线的 AB 段，此时只要微调加氯量，将余氯控制在预定值即可。如果此时无论怎样调节加氯量都无法使化合余氯值达到预定值，则是水中胺氮含量过低所至，此时不宜采用化合余氯消毒。

4）若 $d_1 < d_2$，加氯点在曲线的 BC 段，则需进一步减少加氯量，直到 $d_1 > d_2$，使加氯点落在曲线的 AB 段，再按步骤2）将余氯控制在预定值。

在上述游离氯转换为化合氯的加氯过程中，应注意三点：

1）转换过程中可能出现既检测不到游离氯又检测不到化合氯的现象，使人误认为加氯量太小产生脱氯。其实此时加氯点正好落在曲线的底部的折点 *C* 附近，应大胆地进一步减小加氯量，使加氯点前移到曲线的 *AB* 或 *BC* 段后，就可以产生并检测到所需要的化合余氯。

2）在曲线的 *AB* 或 *BC* 段加化合氯消毒时，只要水中胺氮足够高，一般检测不到游离氯。

3）如采用自动加氯，应先将加氯设备切换到手动状态后，再进行上述转换。等到转换完成且加氯稳定后，余氯分析仪一般检测不到化合余氯，此时只需调整余氯分析仪的量程（一般是余氯分析仪内线路板上的波段开关），就可以检测到化合余氯值，进一步将其校准后，便可投入自动加氯。切换到化合加氯消毒以后，随着源水中胺氮的减少，制水人员会发现检测水中余氯时，逐渐地检测到游离性余氯的存在，并且游离性余氯值越来越大，化合余氯值越来越小，甚至无法将化合氯控制到目标值，这时应该考虑重新调整加氯点至曲线 *CD* 段，改加游离氯消毒。在此过程中水中胺氮的含量是一个重要的参考指标，一旦胺氮的含量不能满足式（5－19）的条件时（实践中通常是胺氮的含量低于 0.35mg/L 时），就应考虑切换到加游离氯消毒。由于化合氯比游离氯的消毒能力低，消毒所需时间长，在实际应用中，为达到理想的消毒效果，通常要把化合余氯指标定得比游离氯指标高些，例如某公司的游离余氯指标为 0.5～0.8mg/L，化合余氯指标为 0.8～1.2mg/L。同时化合余氯消毒效果还受水温的影响，水温低消毒效果就减弱，因此在冬季应将化合余氯控制得高些。

前面已经提到化合氯比游离氯的消毒能力低些，在采用化合氯消毒时可能造成细菌指标超标，因此在采用化合氯消毒时需加强对出厂水和管网水细菌指标的检测。

5.3.3 氮化学

在自然界中，氮的循环大体流程如图 5－10 所示。

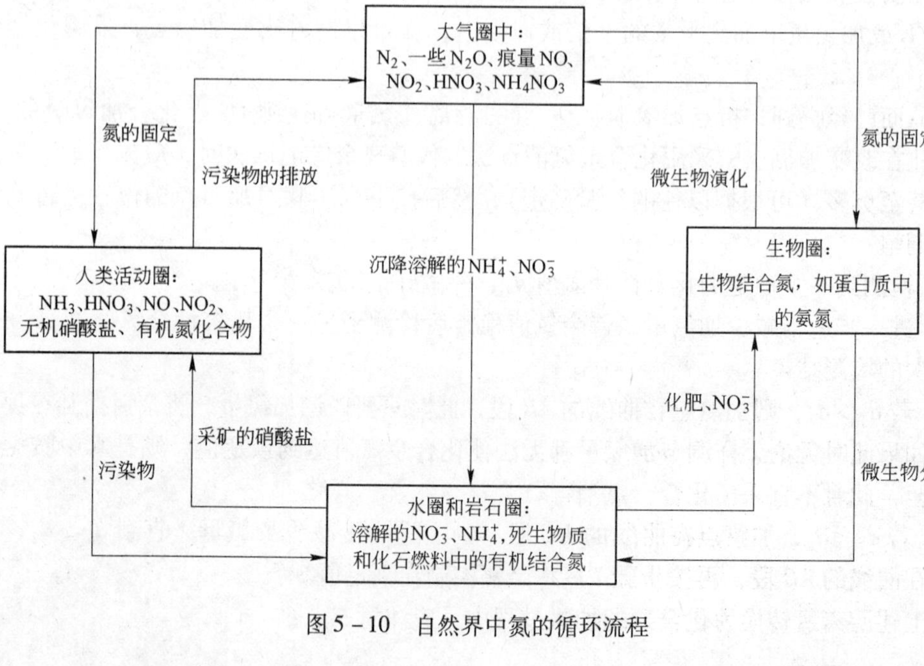

图 5－10 自然界中氮的循环流程

硝化作用、反硝化作用、硝酸盐的还原作用和固氮作用均涉及微生物催化的氧化还原反应。只有脱氨作用和胺化作用不是氧化还原反应。在最近的几十年中，人类活动严重影响地球的生物化学循环。当人们都关注人类活动对碳循环的影响时，氮循环的变化日趋严重。不断增长的氮通量主要以三种方式进入生物圈：工业化肥、燃烧过程、人口和家畜数量的增长。氮是初级生产的关键元素，世界范围的农业生产、森林和海水中的浮游生物都受到无机氮（硝酸盐或氨）有效性的制约。在自然氮固定较低的地区，初级生产链几乎全靠外部供给。现代化肥工业的成功在于它能固定大气中的氮气并将其转化为可被初级生产者利用的形式。

陆地和水生态系统的另一氮的主要来源是化石燃料的燃烧，一些有机氮能通过有机物的燃烧以气态释放出来，但主要还是空气中的氮气转化成其他气体成分，这些气体成分以多种方式影响环境。通过燃烧过程产生的氮氧化物如急剧增加，会导致其沉降增加。现在氮氧化物排放可以与化肥的利用相提并论。相应地，由于农业活动，包括家畜养殖，大气以 NH_4^+ 和 NH_3 形式输出的氮也在增加。

氮在水中的形式主要有 N_2、NO_3^-、NH_4^+。在一定条件下可产生中间产物 NO_2^-，NO_2^- 由于它的毒性而备受关注。水中无机含氮物种以 NO_3^- 为主。水中硝酸盐的含量过高，具有毒性，特别会引起儿童血液中变性血红蛋白的增加，而且具有潜在的危害性，表现在当人和动物体液由于溶氧不足时，pE 明显下降，会将所含有的硝酸盐还原成亚硝酸盐或进一步形成亚硝胺，亚硝酸盐能毒害血液和引起肾脏障碍。亚硝胺是致癌物质。硝酸盐的这一潜在危害性，对于食物多次发酵体液 pE 较低的反刍动物就更加突出。目前，我国规定总氮的地面水的标准为 10 ~ 25mg/L，饮用水标准为 20mg/L。

5.4 氧化还原平衡的计算

下面举例说明氧化还原平衡的计算。

【例题 5 − 6】 某金属电镀废水中含 100mg/LCN^-，现欲使 CN^- 浓度降低到 0.1mg/L，如果采用氯气氧化法，试计算当 pH = 8 时，氰化物能够与多少氰气反应生成氰酸盐？氧化还原反应的电势为多少？假定反应温度 $T = 25℃$，氯化物初始浓度为零。

解：（1）反应达平衡时，溶液中 CNO^- 的浓度：

$$CNO^- = \frac{0.1\text{g/L}}{26\text{g/mg}} - \frac{0.0001\text{g/L}}{26\text{g/mol}} = 3.8 \times 10^{-3}\text{mol/L}$$

（2）反应达平衡时，溶液中 Cl^- 的浓度：

反应方程式：$CN^- + OCl^- \rightarrow CNO^- + Cl^-$。

由方程式可知：1mol/LCN^- 可氧化生成 1mol/LCNO^-，同时生成 1mol/L 的 Cl^-，故 $[Cl^-] = 1 \times 3.8 \times 10^{-3}$mol/L。

（3）由标准吉布斯函数变 $\Delta G^\ominus$ 计算反应平衡常数：

$$\Delta G^\ominus = [-97.5 + (-131.30)] - [172.3 + (-36.8)] = -93.3\text{kJ/mol}$$

$$\Delta G_T^\ominus = -2.303RT\lg K = -5.7\lg K$$

又 $\lg K = 16.4$，则 $K = 2.5 \times 10^{16}$。

平衡常数 K 的值很大，说明反应进行得很完全。

（4）CN^- 生成 CNO^- 反应的平衡常数表达式为：

$$K=\frac{[CNO^-][Cl^-]}{[CN^-][OCl^-]}$$

（5）平衡时 c_T（[HOCl] + [OCl]）的表达式为：

$$[OCl^-]=\frac{[CNO^-][Cl^-]}{[CN^-][K]}$$

以 $c_{T\alpha}$ 表示［OCl^-］，故

$$c_{T\alpha_1}=\frac{[CNO^-][Cl^-]}{[CN^-]K}$$

$$c_T=\frac{[CNO^-][Cl^-]}{[CN^-]K_1}$$

（6）pH = 8 时，反应达到平衡，则 c_T 为：

$$c_T=\frac{3.8\times10^{-3}\times3.8\times10^{-3}}{3.8\times10^{-6}\times2.5\times10^{16}\left(1+\frac{10^{-8}}{3\times10^{-8}}\right)}=2.03\times10^{-16}\text{mol/L}$$

（7）平衡时的［HOCl］和［OCl^-］：

HOCl 的电离平衡常数表达式为：

$$K=\frac{[OCl^-][H^+]}{[HOCl]}$$

pH = 8 时，$\frac{[OCl^-]}{[HOCl]}=3$；故

$$[OCl^-]=3[HOCl]$$

$$c_T=3[HOCl]+[HOCl]=4[HOCl]$$

而［HOCl］ $=5\times10^{-17}$；则［OCl^-］ $=1.53\times10^{-16}$。

（8）氯离子总浓度：

$$[Cl^-]_{总}=[Cl^-]_e+[HOCl]_e+[OCl^-]_e$$

$$[Cl^-]=3.8\times10^{-3}+5\times10^{-17}+1.53\times10^{-16}=3.8\times10^{-13}\text{mol/L}$$

或

$$[Cl^-]=3.8\times10^{-3}\times2\times35.45\times10^{-3}=269\text{mg/L}$$

【例题 5-7】 计算 pH = 7.5 时，含 1mg/L 总氨是否超过标准规定的有毒物的含量。温度为 25℃，$NH_4^+ \rightleftharpoons NH_3+H^+$；$pK_a=9.26$。

解：（1）NH_4^+ 的电离常数表达式为：

$$\frac{[NH_3][H^+]}{[NH_4^+]}=10^{-9.26}$$

（2）计算［NH_3］$_总$ 和［H^+］：

$$[NH_3]_{总}=1.5\text{mg/L}\times\frac{1\text{mol}}{17000\text{mg}}=8.82\times10^{-5}\text{mol/L}=10^{-4.05}\text{mol/L}$$

$$[H^+]=10^{-pH}=10^{-7.5}\text{mol/L}$$

（3）已知 $[NH_3]+[NH_4^+]=[NH_3]_{总}$

$$\frac{[NH_3][10^{-7.5}]}{10^{-4.054}-[NH_3]}=10^{-9.26}$$

$$10^{-7.5}[NH_3]=10^{-13.299}-10^{-9.26}[NH_3]$$

$$[NH_3] = 10^{-5.799} mol/L$$

（4）以 mg/L 为单位表示 $[NH_3]$：

$$[NH_3] = 10^{-5.799} mol/L \times \frac{1700mgNH_3}{17} = 0.027mg/L$$

（5）未离解的 NH_3 的浓度规定标准为 0.02mg/L，所以题目中 $[NH_3]$ 超标。

＊＊＊＊＊＊＊＊＊＊＊＊＊＊＊＊＊＊＊＊＊＊＊＊＊＊＊＊＊＊＊＊＊＊＊＊＊＊＊

习　题

5－1　现有下列物质：$KMnO_4$、$K_2Cr_2O_7$、$CuCl_2$、$FeCl_2$、I_2、Br_2、Cl_2、F_2，在一定条件下它们都能作为氧化剂，试根据电极电势表，把这些物质按氧化本领的大小排列成顺序，并写出它们在酸性介质中的还原产物。

5－2　25.00mLKI 试液，加入稀 HCl 溶液和 10.00mL 0.05mol/LKIO_3 溶液，析出的 I_2 经煮沸挥发释出。冷却后，加入过量的 KI 与剩余的 KIO_3 反应，析出的 I_2 用0.1000mol/L $Na_2S_2O_3$ 标准溶液滴定，耗去 20.00mL。试计算试液中 KI 的浓度。【0.03333mol/L】

5－3　称取制造油漆的填料红丹（Pb_3O_4）0.25g，用 HCl 溶解，然后移到 100mL 的容量瓶中，取 20.00mL，调节溶液至弱酸性，加入 0.5mol/L 的 $K_2CrO_4$25.00mL，使 Pb^{2+} 沉淀为 $PbCrO_4$，将沉淀过滤、洗涤后，然后将其溶于 HCl 酸，并加入过量的 KI。析出的 I_2 以淀粉为指示剂，用 0.10mol/L $Na_2S_2O_3$ 标准溶液滴定，用去 $Na_2S_2O_3$ 溶液 6.00mL。计算试样中 Pb_3O_4 的含量（$M_{Pb_3O_4} = 685.6$）。【91.4%】

5－4　从精炼段取回铜氨液样品后，从中吸取 1mL，加入 30mL 稀 H_2SO_4 酸化，又加过量 KI，稍停，析出的 I_2 再用 0.1000mol/L $Na_2S_2O_3$ 标准溶液滴定，用去 $Na_2S_2O_3$ 标准溶液 3.4mL，求铜氨液中二价铜（Cu^{2+}）的浓度（用 mol/L 表示）。【0.34mol/L】

5－5　在测定某水样的 COD_{Cr}时，50mL 水样中 25mL0.25mol/L($1/6K_2Cr_2O_7$) 的重铬酸钾和其他试剂，加热回流 2h 后，以硫酸亚铁铵溶液滴定，消耗 19.06mL。以 50mL 蒸馏水为空白，经过同样的测定步骤，消耗滴定液 20.7mL。已知硫酸亚铁铵溶液的浓度经标定后为 0.311mol/L。求该水样的 COD_{Cr}值。【82mg/L】

5－6　将下列电池反应用电池符号表示，并求出 298K 时的 E 和 Δr_G 值。说明反应能否从左至右自发进行。

（1）$\frac{1}{2}Cu(s) + \frac{1}{2}Cl_2(1.013 \times 10^5 Pa) \rightleftharpoons \frac{1}{2}Cu^{2+}(1mol/dm^3) + Cl^-(1mol/dm^3)$

（2）$Cu(s) + 2H^+(0.01mol/dm^3) \rightleftharpoons Cu^{2+}(0.1mol/dm^3) + H_2(0.9 \times 1.013 \times 10^5 Pa)$

5－7　已知电对 $Ag^+ + e^- \rightleftharpoons Ag$，$\varphi^\ominus = +0.799V$，$Ag_2C_2O_4$ 的溶度积为 3.5×10^{-11}。求算电对 $Ag_2C_2O_4 + 2e^- \rightleftharpoons 2Ag + C_2O_4^{2-}$ 的标准电极电势。【0.4898V】

5－8　已知电对 $H_3AsO_3 + H_2O \rightleftharpoons H_3AsO_4 + 2H^+ + 2e^-$，$\varphi^\ominus = +0.559V$；电对 $3I^- \rightleftharpoons I_3^- + 2e^-$，$\varphi^\ominus = 0.535V$。算出下列反应的平衡常数：

$H_3AsO_3 + I_3^- + H_2O \rightleftharpoons H_3AsO_4 + 3I^- + 2H^+$

如果溶液的 pH = 7，反应朝什么方向进行？

如果溶液的 $[H^+]=6mol/dm^3$，反应朝什么方向进行？

5-9 将一个压强为 1.013×10^5Pa 的氢电极和一个含有90%氩气，压强 1.013×10^5Pa 的氢电极浸入盐酸中，求此电池的电动势 E。

5-10 含有铜和镍的酸性水溶液，其浓度分别为 $[Cu^{2+}]=0.015mol/dm^3$，$[Ni^{2+}]=0.23mol/dm^3$，$[H^+]=0.72mol/dm^3$，最先放电析出的是哪种物质，最难析出的是哪种物质？

5-11 试计算下列反应的标准摩尔自由能变化 $\Delta rG_m^\ominus$

（1）$MnO_2+4H^++2Br^-\longrightarrow Mn^{2+}+2H_2O+Br_2$

（2）$Br_2+HNO_2+H_2O\longrightarrow 2Br^-+NO_3^-+3H^+$

（3）$I_2+Sn^{2+}\longrightarrow 2I^-+Sn^{4+}$

（4）$NO_3^-+3H^++2Fe^{2+}\longrightarrow 2Fe^{3+}+HNO_2+H_2O$

（5）$Cl_2+2Br^-\longrightarrow Br_2+2Cl^-$

5-12 已知下列在碱性介质中的标准电极电势：

$$CrO_4^{2-}(aq)+4H_2O(l)+3e^-\longrightarrow Cr(OH)_3(s)+5OH^-(aq)\quad \varphi^\ominus=-0.11V$$

$$[Cu(NH_3)]^+(aq)+e^-\longrightarrow Cu(s)+2NH_3(aq)\quad \varphi^\ominus=-0.10V$$

试计算用 H_2 还原 CrO_4^{2-} 和 $[Cu(NH_3)]^+$ 时的 $\varphi^\ominus$，$\Delta rG_m^\ominus$ 和 $K^\ominus$。并说明这两个系列的 $\varphi^\ominus$ 虽然近似，但 $\Delta rG_m^\ominus$ 和 K 却相差很大的原因？

5-13 在298K时反应 $Fe^{3+}+Ag\rightleftharpoons Fe^{2+}+Ag^+$ 的平衡常数为0.531。已知 $\varphi^\ominus_{Fe^{3+}/Fe^{2+}}=+0.770V$，计算 $\varphi^\ominus_{Ag^+/Ag}$。

5-14 在含有 $CdSO_4$ 溶液的电解池的两个极上加外电压，并测得相应的电流。所得数据如下：

E/V	0.5	1.0	1.8	2.0	2.2	2.4	2.6	3.0
I/A	0.002	0.0004	0.007	0.008	0.028	0.069	0.110	0.192

试在坐标纸上作图，并求出分解电压。

5-15 在一铜电解试验中，所给电流强度为5000A，电流效率为94.5%，问经过3h后，能得电解铜多少千克？

参考文献

[1] 陈绍炎．水化学［M］．北京：水利电力出版社，1989.
[2] 同济大学．给水工程［M］．北京：中国建筑工业出版社，1980.
[3] 王凯雄．水化学［M］．北京：化学工业出版社，2001.
[4] 戴树桂．环境化学［M］．北京：高等教育出版社，1999.
[5] 陈静生．水环境化学［M］．北京：高等教育出版社，1981.
[6]［瑞士］W. 斯塔姆，［美］J. J. 摩尔根．水化学［M］．汤鸿霄，等译．北京：科学出版社，1987.
[7] 印献辰．天然水化学［M］．北京：中国环境科学出版社，1994.

6 固－液界面化学

自然界水体中的固体大多都是呈细小分散状态存在的，故对固－液界面的研究很有必要。自然界水体中的分散相大多由无机胶体组成，如黏土、金属（氢）氧化物、金属碳酸盐、来自于腐殖质的有机胶体物质及微生物。

表 6－1　自然界中常见的发生在界面上的过程

界　面	过　程	实　例
固－气界面	气溶胶的形成	灰霾天气的出现
固－液界面	风化	土壤的形成
	沉淀(结晶)	钟乳石、岩石等的形成
	吸附	H^+、OH^- 等在黏土表面的吸附
液－液界面	吸收	食物链中脂溶性物质的生物蓄积

由表 6－1 可知,表面化学在自然界水体中很常见,本章主要讨论水体中的固－液界面化学。

6.1　表面张力与表面自由能

相同的界面并不是简单的几何面,而是从一相到另一相的过渡层,约几个分子厚,所以也称界面层或界面相,与界面层相邻的两相称为体相。界面层的性质与相邻两个体相的性质不同,但与相邻两体相的性质有关。

表面分子受到指向液相内部的拉力。表面层分子受到指向液相内部的吸引力,它有向液相内部迁移的趋势,所以液相表面积有自动缩小的倾向。从能量上来看,要将液相内部的分子移到表面,需要对其做功。这就说明,要使体系的表面积增加必然要增加它的能量,所以体系就比较不稳定。为了使体系处于稳定状态,其表面积总是要取可能的最小值,所以对一定体积的液滴来说,在不受外力的影响下,它的形状总是以取球形最稳定。

当我们要扩大液体表面时,会感到有一种收缩力存在。如用 U 形铂丝浸于液面下,然后垂直地从液面向上拉,当铂丝从液体中拉出并高于原来液面时,液体的表面积就增加了。这时,液体表面有一种反抗拉力 F 而使液体表面收缩的力。物理学上定义,沿着液体表面,垂直作用于单位长度上的紧缩力称为表面张力,也以 σ 表示。σ 既是表面能又是体现在作用线的单位长度上液体表面的收缩力,所以又称为表面张力,它的单位是 N/m。

表面能或表面张力的大小取决于相界面分子之间的作用力,也就是取决于两个体相的性质。它随着体相的组成、温度等的不同而异。表 6－2 列出 20℃时几种常见液体体系的表面张力。

表 6-2 20℃时几种常见液体的表面张力 (mN/m)

液 体	σ	液 体	σ
水	72.75	乙醇	22.3
苯	28.88	正丁烷	27.5
醋酸	27.6	正己烷	18.4
丙酮	23.7	正辛烷	21.8
四氯化碳	26.8	汞	485

表面张力和表面自由能在解释水的性质、各种毛细现象、润湿作用、表面活性剂的功能、膜水处理等界面作用中具有重要作用。

6.1.1 温度和压力对液体表面张力的影响

液体的表面张力随温度升高面下降，当温度逐渐升高至临界温度时，液-汽界面逐渐消失，表面张力趋近零。

表面张力与温度的关系，目前还没有满意的方程来描述，只有一些经验方程。非缔合性液体的表面张力与温度的关系基本上是线性的，可以用下式表示：

$$\sigma_T = \sigma_0[1 - K(T - T_0)]$$

式中 σ_T——温度为 T 时的表面张力，mN/m；

σ_0——温度为 T_0 时的表面张力，mN/m；

K——表面张力的温度系数，对于非极性液体 K 约为 2.2×10^{-7} J/K。

考察压力对表面张力的影响较困难，因为体系的压力主要通过液体的蒸气压和空气（或惰性气体）的压力来控制。在一定温度下液体的蒸气几乎不变，因此只能改变空气或惰性气体的压力。但是空气或惰性气体都会溶于液体，并为液面所吸附；而且随着压力的不同，溶解度和吸附量都会改变。这样，所测的表面张力的变化包括了溶解、吸附、压力等因素的综合影响，因此难以定量地讨论压力对液体表面张力的影响。

6.1.2 湿润作用

若在某固体表面上点一滴水，水滴的形状将随不同固体面变化，有时会平铺成层，有时会接近球形，如图 6-1 所示。

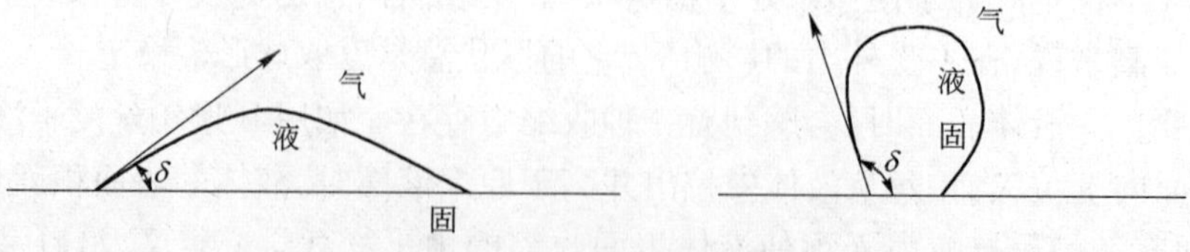

图 6-1 润湿作用示意图

在固体与液体交界点引液面的切线，此线与固-液界面之间的夹角为 δ，此角可称为润湿角。当润湿角为锐角时，水滴在固体表面上有平坦形状，此固体称为可被水润湿的。当润湿角为钝角时，则水滴与固体表面接触较少，形状接近球形，此固体即称为不可被水润湿。

某种固体被水润湿的程度即润湿角的大小，实际上决定于固、液、气三相之间界面张力的相对值。固体和水都存在于空气中，润湿角的顶点实际是固体、水、空气三相的交界点。若以1表示水、2表示空气、3表示固体，则三相之间各界面张力可分别表示为σ_{23}、σ_{31}、σ_{12}。σ_{12}为水的表面张力，其方向为液面切线方向，σ_{23}为固体的表面张力，虽可知其确实存在，但无直接测定方法，则为固-液界面张力，此三力都可认为是作用在1cm长度湿周上的作用力。当湿润角δ值一定时，三种张力达到平衡而有以下关系：

$$\sigma_{23}=\sigma_{12}\cos\theta+\sigma_{31}$$

$$\cos\theta=\frac{\sigma_{23}-\sigma_{31}}{\sigma_{12}}$$

当润湿角$\delta<90°$时，$\cos\delta>0$，由上式可知，此时固体与气体界面张力大于固体与液体的界面张力。两相之间的亲和力越大时，它们的界面张力越小。因此，在此情况下，此种固体对水的亲和力大于它对气的亲和力，即称为具有亲水性。亲水性的固体也就是可以被水润湿的，界面张力σ_{31}越小，$\cos\delta$就越大，而δ值就越小，固体亲水性就越强。

当$\delta>90°$时，$\cos\delta<0$，故$\sigma_{23}<\sigma_{31}$，即固体对空气的亲和力大于它对水的亲和力，这时的固体具有憎水性，憎水的固体就是不可被水润湿的。固体的憎水性越强，σ_{31}越大，而σ_{23}越小，$\cos\delta=-1$而$\delta=180°$时，固体表面为完全不能被水润湿的。

6.2 固体表面吸附

固体表面的分子、原子或离子，同液体表面一样，所处的力场也是不对称、不饱和的。不论是在空气中或是在溶液中的固体，其表面上各个质点从固体内部受到的作用力要比从外部气体或液体方面受到的作用力大得多。因此，固体表面也存在剩余的表面自由能，同样具有自动降低这种能量的趋势。不过固体表面又不同于液体表面，一般情况下其各个质点是固定而不可移动的，表面的形状不能任意地自由变化，也不能随意地收缩和展开而改变其大小。所以，固体表面自动降低自由能的趋势往往表现为对气体或溶液中某种物质的吸附。固体表面也就是固体和气体或者固体和溶液组成的二相体系中的相间界面，在此相间界面上常会出现气体组分或溶质组分浓度升高的现象，这就是固体表面的吸附作用。

6.2.1 吸附量与吸附等温线

在工程中用来进行吸附分离操作的固体材料称为吸附剂，而被吸附的物质称为吸附物。吸附剂大多是具有广阔表面积的颗粒状材料，吸附作用发生在固体表面上，因此，吸附量的表示方法应为单位表面积上吸附物的数量。但是，固体吸附剂的表面往往是高低不平或带有大量孔隙的，很难准确测定其面积，所以可用吸附量表示吸附剂的吸附能力。吸附量的定义为：在一定条件下吸附达到平衡后，单位质量吸附剂所吸附的吸附物的量。

其表达式：

$$G=\frac{x}{m}$$

式中 G——吸附量；

x——总吸附量；

m——吸附剂质量。

吸附量主要决定于吸附剂和被吸附物的特性、吸附时的温度、气相中的压力或溶液中浓度等因素。固体对气体的吸附规律研究较有成果，并有理论上的归纳，而固体在溶液中的吸附问题更加复杂，研究得还不够充分。但是在实践中发现，固体对气体吸附的一些规律和计算公式，可以近似地适用于固体在溶液中的吸附，用来解决实际问题而不致有很大的误差。水处理化学中涉及的大多是水溶液中的固体吸附，有关理论和计算公式有许多都是属于这类性质。

吸附等温线是指一定温度条件下，吸附量与吸附物平衡浓度的关系曲线，相应的数学方程式称为吸附等温式。在稀溶液中最常见的有以下两种类型。

（1）弗罗因德利希吸附等温式：

$$G = Kc_{eq}^{n}$$

式中 G——吸附量，mg/g；

c_{eq}——吸附物平衡浓度，mg/L；

K，n——常数，n 介于 0 与 1 之间。

对上述式子取对数得：

$$\lg G = \lg K + n\lg c_{eq}$$

（2）朗格缪尔等温式：

$$G = \frac{G^0 bc_{eq}}{1 + bc_{eq}}$$

式中 G——吸附量，mg/g；

c_{eq}——吸附物平衡浓度，mg/L；

G^0——饱和吸附量，mg/g；

b——常数，$1/b$ 为吸附量达到 $G^0/2$ 时溶液的平衡浓度。

对上述式子取倒数得：

$$\frac{1}{G} = \frac{1}{G^0} + \frac{1}{G^0 bc_{eq}}$$

分别以 $\lg c_{eq}$、$\frac{1}{c_{eq}}$为横坐标，$\lg G$、$\frac{1}{G}$为纵坐标作图。得到两种吸附等温线，如图 6－2 所示。

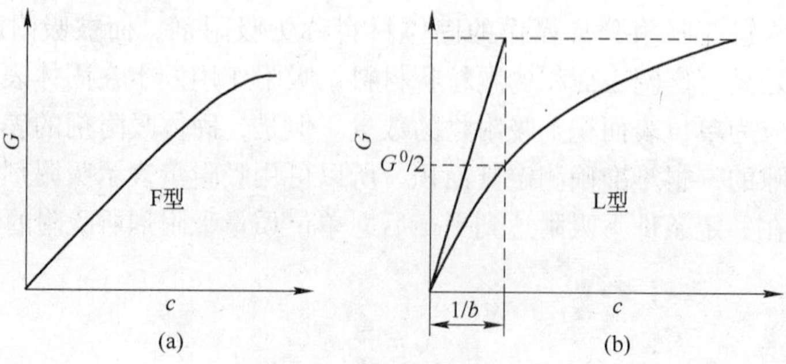

图 6－2 两种吸附等温线

（a）弗罗因德利希吸附等温线；（b）朗格缪尔等温线

6.2.2 吸附速率与吸附活化能

吸附速率和吸附活化能是与动力学有关的物理化学参数。吸附速率可以通过实验测定 c_0-c_t 对时间的关系后求得。其中 c_0 为吸附物起始浓度，c_t 为 t 时的瞬间吸附物浓度，c_0-c_t 为经过 t 时刻转到吸附剂上的吸附物浓度。吸附活化能可用下法求得，反应速率常数随温度变化的关系（阿伦尼乌斯公式）为：

$$\lg K=-\frac{E_a}{2.303RT}+\lg A$$

式中 K——反应速率常数，s^{-1}；

E_a——反应活化能，kJ/mol；

T——热力学温度，K；

R——气体常数，取值为 8.314J/(K·mol)；

$\lg A$——积分常数。

在其他条件相同的情况下，活化能越大的吸附过程，其速率也就越小。在不高的温度范围，吸附速率随温度升高增加比较明显；而在高的温度范围，吸附速率随温度升高增加就比较不明显。

由于天然水的状况是在瞬息变化着的，而解吸速率又往往显著地慢于吸附速率。所以，水中微粒的吸附过程从根本上讲，是不处在热力学平衡状态，因而决定吸附效率的主要因素大多不是吸附平衡时的吸附量，而是吸附速率。后者与吸附活化能有密切关系，因此了解吸附过程的速率与活化能是十分必要的。

6.2.3 生物吸附行为

生物吸附这一概念一般用来描述微生物（细菌、真菌）或藻类从溶液环境中富集回收重金属离子的性质。Shumate 和 Strandberg 把生物吸附定义为重金属在细胞表面的吸附，即细胞外多聚物、细胞壁上的官能团与金属离子的结合，它的特点是可逆、快速、不依赖于能量代谢，所以又称为被动吸附。David 和 Bohumil 定义生物吸附是一个利用廉价的非活性生物量配合有毒重金属，特别是工业废水中重金属离子的过程。金属离子被细胞表面物质捕获继而与细胞表面位点结合的过程称为生物吸附，此过程不依赖于生物代谢，因此又称为被动吸附。

生物吸附材料可分为活体材料和死体材料两类。两种材料的作用机理是不同的，吸附包括快速的表面吸附交换和主动结合两种。前者在死体材料和活体生物体均可发生，而后者只发生在活体材料，是活体细胞新陈代谢的一部分。活体生物材料用于有毒金属离子吸附时因为受吸附机理和重金属毒性作用而限制了其应用。因为重金属离子不会对非活体生物材料产生毒性作用，所以常用非活体生物材料来吸附处理水体中的重金属离子。当水体中的 COD 含量不高且重金属离子的含量在合理范围之内时，可以选择采用活体微生物降解有机物和吸附重金属，当重金属含量较高时则不适合用活体吸附材料来处理重金属废水。对生物吸附材料的改性方法主要分为两种：一种是简单的物理加工；另一种是化学改性。物理加工的方法比较简单，包括干燥和粉碎两种，要注意的是干燥温度一般要低于 105℃。化学改性的方法有很多种，其主要目的是增强吸附剂的吸附性能和改善其力学性能与化学稳定性。化学改性的主要方法有：（1）用 HCHO、$C_3H_6N_6$ 等进行改性；（2）用 CH_3COOH 等进行改性；（3）同带有乙烯基酮类的物质反应；（4）用无机酸和无机盐浸泡改性。

生物吸附机理的研究一直是国内外学者探究的一个重要领域，虽然做了大量的研究工作，但由于细胞本身结构组成的复杂性，目前吸附机理还没有形成完整详细的理论体系。这主要是由于生物吸附剂的广泛性、多样性以及含重金属废水的化学成分复杂所造成的。生物吸附重金属离子主要包括静电吸引、配合、离子交换、微沉淀、氧化还原反应等过程，机理较为复杂，吸附机理的研究仍是当前研究的热点之一。

变价金属离子会在具有还原能力的生物体上被吸附，这有可能发生氧化还原反应，如小球藻对 Au(Ⅲ) 离子具有很强的吸附能力。光谱实验证实，在吸附金的细胞上有元素金的存在，在用适当的洗脱液脱附后，发现只有 Au(Ⅰ) 离子从细胞上脱附，这就表明在吸附过程中，Au(Ⅲ) 首先被还原为 Au(Ⅰ)，最后又被还原为单质金。通常，易于水解而形成聚合水解产物的金属离子在细胞表面容易形成无机沉淀物。通过研究钨在细胞上的吸附，钨沉积在细胞的表面，同时形成了 0.2μm 左右的针状纤维层，这种沉积层可以采用化学方法脱附，从而使细胞吸附剂重复使用。

因为生物吸附剂具有高效、经济、社会效益与环境效益俱佳等优点，使其应用开发研究在近年来受到了世界各国的普遍重视。在国外，Greene 使用藻类吸附剂去除水中的金；Tsezos 和 Maranon 使用真菌来吸附水中的铀；Mark Spinti 等用泥炭藓固定在多孔的聚合砜基质中成功地用于去除含酸性矿井水中的 Cd^{2+}、Zn^{2+}、Mg^{2+} 等金属离子，用聚合砜固定泥炭藓制成的球状小粒具有机械强度大、不膨胀、化学性能稳定、容易再生、不收缩的优点。目前，北美洲至少有 3 家开发生物吸附剂产品的公司。它们分别是：（1）加拿大蒙特利尔市 B. V. SORBEX 有限公司，从事开发经营微生物菌体生物吸附剂；（2）拉斯维加斯生物回收系统有限公司，从事硅胶或聚丙烯酰胺凝胶固定淡水藻菌体，开发生物吸附剂；（3）美国犹他州盐湖城高级矿产技术有限公司，从事开发以芽孢杆菌为基础的广谱生物吸附剂。在国内，陈林等从活性污泥中分离出多株高效净化重金属的功能菌，在最佳吸附温度 30℃时对 Cr^{6+} 的吸附率达到 80% 以上。朱一民等对啤酒酵母菌吸附 Cd^{2+}、Hg^{2+}、Pd^{2+} 的性能进行了深入研究，结果表明啤酒酵母菌对 Cd^{2+}、Hg^{2+}、Pd^{2+} 的吸附率分别为 93%、96%、94.9%。海藻生物吸附剂被较多地研究开发应用于工业废水、电镀废水、受污染地下水、矿石加工废水中 Pd^{2+}、Pb^{2+}、Ag^{+}、Cr^{6+}、Hg^{2+}、Cu^{2+} 等重金属离子的去除。

6.3 膜化学

6.3.1 界面膜

有界面存在就有界面自由能。吸附能使界面自由能降低，故物质易在界面上吸附，形成一层成分与流体相内部不同的部分，其中溶质的浓度远大于相内部，这一由于物质富集而形成的界面层即所谓的界面膜。具有不对称的、"亲水－亲油"两亲分子结构的物质特别容易在油－水界面或水表面上吸附，形成界面膜。极性有机物，如醇、羧酸、胺、醋，特别是有直碳氢链的，以及各种表面活性剂，皆容易在水表面上（或油－水界面上）铺展或吸附，形成表面膜（或界面膜）。

一般非水溶性的极性有机物（及表面活性剂）是通过自身（多半是液体）或在挥发

性液体（如石油醚、甲醇、丙酮、苯、乙酸甲酯等）中的溶液在水面上展开成为界面膜。如果铺展物质的量很小或水面面积很大，则形成的表面膜是单分子层的，就称为不溶性单分子膜，简称不溶膜。

水溶性的极性有机物和表面活性剂（如低碳醇、胺、酸和十二烷基硫酸钠等）的水溶液表面通过溶质的吸附而形成的单分子膜为可溶性单分子膜，简称可溶膜。

6.3.2 膜分离

膜分离技术是一项新兴的分离技术，自从20世纪60年代开始大规模工业化应用以来，发展十分迅速，其品种日益丰富，应用领域不断扩展，被认为是20世纪末到21世纪初最有发展前途的高新技术之一。由于在膜分离过程中，物质不发生相变（个别膜过程除外），分离效果好，操作简单，可在常温下避免热破坏，使得膜分离技术在化工、电子、纺织、轻工、冶金、石油和医药等领域得到广泛的应用，发挥着节能、环保和清洁等作用，在国民经济中占有重要的战略地位。膜技术已越来越受到人们的重视，与之相关的科学研究工作也日益活跃。

常见的液体分离膜技术（其分离对象为溶液，特别是水溶液）有反渗透（RO）、超滤（UF）、微滤（MF）、纳滤（NF）、电渗析（ED）以及渗透汽化（PV），见表6－3。

表6－3 常见的液体分离膜技术

膜的种类	膜的功能	分离推动力	透过物质	被截留物质
微滤	多孔膜、溶液的微滤、脱微粒子	压力差	水、溶剂和溶解物	悬浮物、细菌类、微粒子、大分子有机物
超滤	脱除溶液中的胶体、各类大分子	压力差	溶剂、离子和小分子	蛋白质、各类酶、细菌、病毒、胶体、微粒子
反渗透和纳滤	脱除溶液中的盐类及低分子物质	压力差	水和溶剂	无机盐、糖类、氨基酸、有机物等
渗析	脱除溶液中的盐类及低分子物质	浓度差	离子、低分子物、酸、碱	无机盐、糖类、氨基酸、有机物等
电渗析	脱除溶液中的离子	电位差	离子	无机、有机离子
渗透蒸发或渗透汽化	溶液中的低分子及溶剂间的分离	压力差、浓度差	蒸汽	液体、无机盐、乙醇溶液

6.3.2.1 膜分离技术原理

膜分离技术通过克服膜的渗透压实现两种或多种物质间的分离。如果将浓度不同的两种溶液用只能透过溶剂而不能透过溶质的半透膜隔开，假定膜两侧静压力相等，则溶剂在自身化学位差的作用下将自发地从稀溶液侧透过膜扩散到浓溶液侧，这种现象称为渗透。渗透现象的发生是因为膜两侧存在化学位差，溶液中溶质浓度越高，溶液的化学位越低，这将导致溶剂自发地从高化学位侧透过膜扩散到低化学位侧，直到系统达到动态平衡，即渗透平衡，此时的压力称为渗透压。渗透压的大小取决于溶液的种类、浓度和温度，而与膜本身无关。如果我们在浓溶液侧加压，使膜两侧的静压差大于两溶液间的渗透压差时，溶剂将从浓溶液侧透过膜流向稀溶液侧，这就是所谓的反渗透现象。

如果小离子和溶剂分子都能通过半透膜，则膜两边的浓度相同。如果有大分子电解质存在，在平衡时，电解质在，则它的大离子不能通过半透膜，当这一体系达到渗透平衡后，小离子在膜两边的浓度就不相等了，这种现象称为膜平衡。这一现象是 F. G. Donnan 发现的，故又称唐南平衡。例如在 NaCl 溶液中用只允许小离子通过的膜隔开，在一侧加入大分子电解质，如蛋白质的钠盐 NaR，由于 Na^+ 浓度升高，Na^+ 要向另一侧渗透，而 R^- 不能通过膜，为了保持电荷平衡 Cl^- 也跟着向另一侧渗透，Cl^- 是逆浓度梯度渗透的，故也将 Donnan 效应称为泵效应。

6.3.2.2 优先吸附-毛细孔流动理论

当液体溶有不同种类物质时，其表面张力将发生不同的变化。例如，水中溶入表面活性剂，可使其表面张力显著减小，这时溶液表面溶质浓度较体相中大，称为溶液表面的正吸附；当水中溶入某些无机盐类，可使表面张力增大，这时溶液表面溶质浓度较体相中小，称为溶液表面的负吸附。以盐水淡化为例，盐水的溶质是盐，溶剂是水，溶液表面对盐是负吸附，相对而言，对水是优先吸附，当水溶液与高分子多孔膜接触时，在膜与水溶液界面上形成一层被膜吸附的纯水层，它在外压的作用下，通过膜表面的毛细孔，使水得到纯化。

****

习　题

6-1　什么是吸附等温线？它的物理意义和实用意义是什么？

6-2　试从传质原理定性地说明影响吸附速度的因素。

6-3　什么是浓差极化？浓差极化使超滤和微滤的渗透通量下降应采取哪些相应措施？

6-4　膜污染会致使膜透过通量减少。试述透过通量降低原因。

参 考 文 献

[1] 陈绍炎. 水化学 [M]. 北京：水利电力出版社，1989.

[2] 同济大学. 给水工程 [M]. 北京：中国建筑工业出版社，1980.

[3] 王凯雄. 水化学 [M]. 北京：化学工业出版社，2001.

[4] 戴树桂. 环境化学 [M]. 北京：高等教育出版社，1999.

[5] 陈静生. 水环境化学 [M]. 北京：高等教育出版社，1981.

[6] [瑞士] W. 斯塔姆，[美] J. J. 摩尔根. 水化学 [M]. 汤鸿霄，等译. 北京：科学出版社，1987.

[7] 印献辰. 天然水化学 [M]. 北京：中国环境科学出版社. 1994.

[8] 邵刚. 膜法水处理技术 [M]. 北京：冶金工业出版社，2000.

[9] 许振良. 膜法水处理技术 [M]. 北京：化学工业出版社，2001.

[10] 邱廷省，唐海峰. 生物吸附法处理重金属废水的研究现状及发展 [J]. 南方冶金学院学报，2003，24 (4).

[11] 陈云嫩. 废麦糟生物吸附剂深度净化水体中砷镉的研究 [D]. 长沙：中南大学，2009.

[12] 李长波，赵国峥，苗磊，等. 生物吸附剂处理含重金属废水研究进展 [J]. 化学与生物工程，2006.

7 水处理过程化学在实际工程中的应用

7.1 化学混凝

7.1.1 混凝机理

混凝是通过投加化学药剂来破坏胶体和悬浮物在水中形成的稳定体系，使其聚集为具有明显沉降性能的絮凝体，然后用重力沉降法予以分离。可以说混凝法是水处理中的一个很重要的方法，常用于工业废水的预处理、中间处理或是最终处理，还有污水处理厂的三级处理以及污泥的处理，还可以与其他处理方法搭配用于给排水工程中等。

混凝过程包括凝聚和絮凝两个步骤。凝聚是指使胶体脱稳并聚集成微絮粒的过程；絮凝是指微絮粒通过吸附、卷带和桥连而成长为更大的絮体的过程。凝聚和絮凝统称为混凝。要了解混凝的机理先要了解胶体的结构和稳定性。

7.1.1.1 胶体的结构及稳定性

水处理工艺中主要去除的对象是悬浮物和胶体，重点去除对象是胶体。水中的胶体颗粒可分为憎水胶体和亲水胶体两大类。憎水胶体指与液体介质没有亲和性的胶体，当有电解质存在时不稳定，如水中黏土以及投加的无机混凝剂所形成的胶体等无机物质。亲水胶体对水有亲和力，如蛋白质、细菌、部分藻类及胶质等有机物质就属于亲水胶体。水处理中的典型憎水胶体黏土颗粒表面也可能吸附一层水分子，但比起亲水胶体所吸附的水分则微不足道。

胶体颗粒在水中长时间保持分散状态的性质称为胶体的稳定性。对于憎水的胶体，其稳定性可以通过它的双电层结构来说明；亲水胶体虽然也具有一种双电层结构，但它的稳定主要由它所吸附的大量水分子所构成的水化膜来说明。

A 胶体的表面电性及双电层结构

胶体颗粒带有电性，其巨大的比表面便产生了巨大的吸附能力，吸附了大量的离子就形成了所谓的双电层结构。天然水中胶体杂质通常带负电荷，由于胶核表面吸附了水中与其电荷符号相反的离子（反离子）且电荷相等，故整个胶体（胶团）在水中表现为电中性。其双电层结构如图 7－1 所示（以黏土为例）。

双电层一般包括内层和外层两部分。内层为吸附层，即紧靠胶核表面被吸附较紧密的一层反离子，厚度为 δ；外层为离子扩散层，即吸附层外围的反离子层，厚度为 d。吸附层与扩散层之间的分界面称为滑动面。

胶核表面电位为总电位，以 Φ_0 表示，滑动表面与溶液之间的电位为动电位，以 ζ 表示。胶体在运动过程中表现出来的是 ζ 电位，而不是 Φ_0 电位。各种杂质的 ζ 电位是不相同的，ζ 电位可用电泳法来测定。

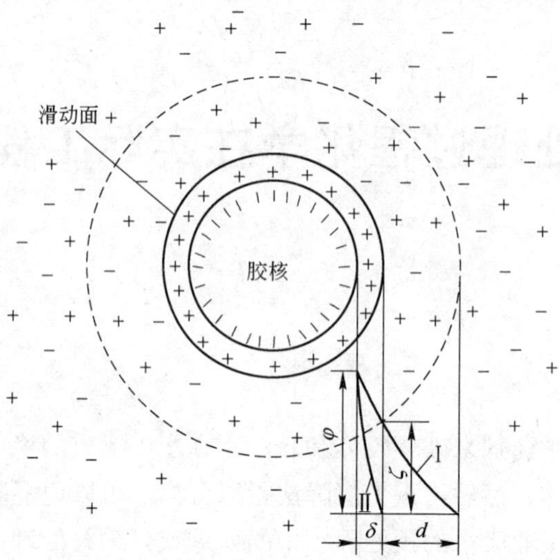

图7－1 胶体双电层结构

B 胶体稳定性

胶体稳定性指胶体粒子能够在水中长期保持分散悬浮状态的特性。经过总结可知，胶体颗粒在水中处于稳定状态的主要原因是：颗粒的布朗运动、胶体颗粒间的静电斥力、胶体颗粒表面的水化作用。

a 布朗运动

布朗运动指胶体颗粒在水中做无规则的高速运动并趋于均匀分散状态。布朗运动的平均位移为：

$$\bar{x}=\sqrt{\frac{RT}{N}\times\frac{\Delta t}{3\pi\mu r}} \tag{7-1}$$

式中 R——气体常数；

T——水的热力学温度；

N——阿伏伽德罗常数；

Δt——观察间隔时间；

μ——水的黏度；

r——颗粒半径。

由上式可知，布朗运动的平均位移与颗粒半径成反比。颗粒半径越小，布朗运动的摆动幅度越大；反之，颗粒半径越大，摆动幅度越小。当粒径大于5μm时，布朗运动基本上已经消失。

所以胶体的粒径很小，布朗运动剧烈，布朗运动抵抗重力作用影响而使胶体长期悬浮于水中。而大颗粒悬浮泥沙粒径较大，布朗运动微弱，在重力作用下会很快下沉，为动力学不稳定。

b 静电斥力

对憎水性胶体而言，两胶粒之间相互排斥不能聚集主要是由 ζ 电位引起的。ζ 电位越高，两胶粒之间静电斥力越大，凝聚越困难。在研究静电斥力的影响时，通常从两胶粒之间相互作用力及其与两胶粒之间的距离关系来进行讨论。苏联的德加根（Derjaguin）、兰道（Landon）和荷兰的伏维（Verwey）、奥伏贝克（Overbeek）各自从胶粒之间相互作用能的角度出发阐明胶粒相互作用理论，简称 DLVO 理论。

DLVO 理论的理论要点如下：

（1）当两个胶粒相互接近以至双电层发生重叠时，便产生了静电斥力（图 7－2）。静电斥力与两胶粒表面间距 x 有关，用排斥势能 E_R 表示，当 $x<r$ 时，则有：

$$E_R=\frac{\varepsilon r\varphi^2}{2}\ln(1+e^{-kx}) \tag{7-2}$$

式中 φ——胶核表面总电位；

ε——水的介电常数；

r——胶粒半径；

k——决定于反离子浓度、离子价及水温的系数。

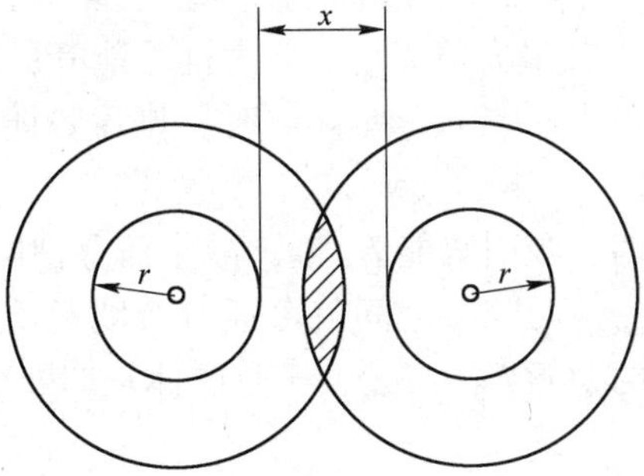

图 7－2 双电层重叠

由式（7－2）可知，当 $x=0$ 时，E_R 有极大值，$E_R=0.35\varepsilon r\varphi^2$。随着 x 增大，E_R 按指数函数急剧减小（图 7－3）。另外，当反离子浓度和离子价增大时，k 值增大，从而排斥势能 E_R 减小，说明在水中投加高价电解质可有效减小 E_R。

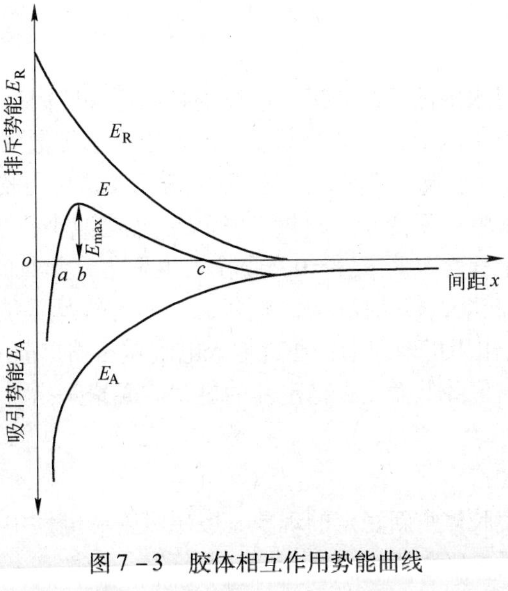

图 7－3 胶体相互作用势能曲线

（2）相互接近的两胶粒之间还存在范德华引力，范德华引力也与颗粒表面间距 x 有关，用吸引势能 E_A 表示：

$$E_A = -\frac{A}{6}\left(\frac{2r^2}{l^2-4r^2}+\frac{2r^2}{l^2}+\ln\frac{l^2-4r^2}{l^2}\right) \tag{7-3}$$

式中　l——两胶粒中心间距，$l=x+2r$；

A——哈玛克常数（Hamaker），决定于颗粒和介质特性，$A=1\times10^{-14}\sim1\times10^{-12}$ erg（1erg $=10^{-7}$J）。

当 x 很小时，E_A 可近似计算为：

$$E_A = -\frac{Ar}{12x} \tag{7-4}$$

由式（7－3）和式（7－4）可知，吸引势能与间距 x 成反比关系（$E_A \propto 1/12$ 以及 $E_A \propto 1/x$），且 E_A-x 曲线前段为一直线（图 7－3）。

（3）将排斥势能 E_R 与吸引势能 E_A 相加可得到总势能 E（图 7－3 中 $E\sim x$ 曲线）。在 $E\sim x$ 曲线上，当 $x=ob$ 时，存在最大值 E_{max}，即为排斥能峰；当 $x<oa$ 或 $x>oc$ 时，吸引势能占优势，两胶粒可相互吸引；当 $oa<x<ob$ 时，排斥势能占优势，且存在排斥能峰，两胶粒相互排斥。

（4）因此，只有 $x<oa$ 时，吸引势能 E_A 随 x 减小而急剧增大，两胶粒才会发生凝聚。如果布朗运动的动能 $E_B>E_{max}$，两胶粒之间就可通过布朗运动克服排斥能峰而碰撞凝聚。但是天然水中胶体布朗运动的动能 $E_B \ll E_{max}$，于是胶体长期处于分散稳定状态。

C　水化作用

对典型的亲水性胶体（有机质胶体）来讲，由于对水的吸附作用，其表面水化膜较厚，水化作用才是其聚集稳定性的主要原因。亲水性胶体的水化作用来源于：胶体表面未饱和价键或极性基团对极性水分子较强烈吸附的结果，使得胶粒周围包裹了一层较厚的水化膜从而阻碍两胶粒相互聚集。据有关测定，亲水性胶体表面所结合的水量通常大于憎水性胶体所结合水量的 30 倍以上，故亲水性胶体稳定性主要决定于水化膜而非 ζ 电位。

7.1.1.2　混凝机理

A　压缩双电层

离子的扩散作用使得水中的反离子进入胶体的扩散层和吸附层，从而使保持胶体电中性所需的扩散层中的正离子减少，扩散层厚度变薄，压缩了扩散层，于是 ζ 电位降低，排斥势能 E_R 也随之降低（由于吸引势能 E_A 与胶粒电荷无关，仅与胶体种类、尺寸、密度有关，对于一定水质，这些特性不变），故排斥能峰 E_{max} 也会减小，甚至消失（图 7－4）。

当 ζ 电位下降至一定程度，使 $E_{max}=0$，胶粒发生聚集，此时的动电位称为临界电位，用 ζ_K 表示；当 ζ 电位降低至 $\zeta=0$ 时称为等电状态，此时排斥势能 E_R 消失，则排斥能峰 E_{max} 也消失。压缩双电层作用机理即指：通过加入电解质压缩扩散层而导致胶粒脱稳凝聚。

脱稳是指胶粒因 ζ 电位降低而失去稳定性的过程。凝聚是指脱稳胶体相互聚结形成微小絮凝体的过程。

B　吸附－电性中和

混凝剂投量过多而使胶体重新稳定的现象一般用吸附－电性中和作用机理来解释。由于高分子物质对胶体粒子的吸附驱动力有氢键、共价键、极性基、静电斥力和范德华引力

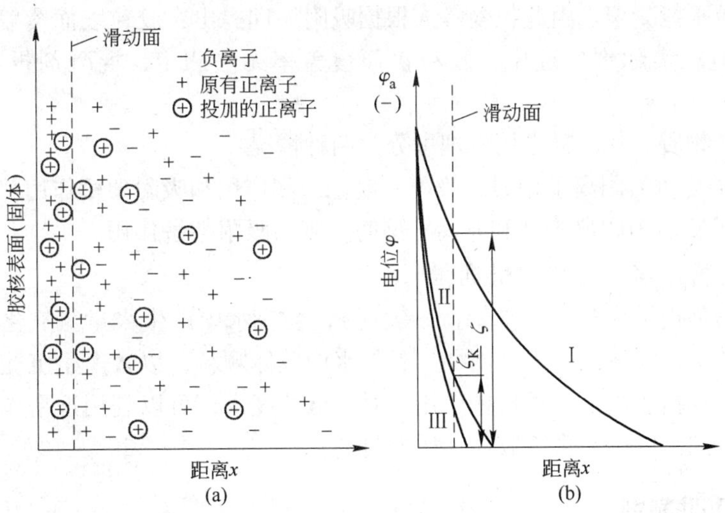

图7-4 在电解质作用下胶团双电层的变化
(a) 双电层结构；(b) 压缩机理

等。若混凝剂投加量适中，带有正电荷的高分子物质或高聚合离子吸附了带负电荷的胶体离子以后，就产生电性中和作用，从而导致胶粒ζ电位的降低，并达到临界电位ζ_K。若混凝剂投量过多，会使水中原来带负电荷的胶体变号为带正电荷的胶体，这是因为胶核表面吸附了过多正离子的结果，从而使胶体又重新稳定。

C 吸附架桥作用机理

吸附架桥作用机理解释了表面不带电的高分子絮凝剂为非离子型，但有的高分子絮凝剂表面带负电荷，仍然能对带负电荷的胶体杂质起混凝作用这一现象。由于高分子物质为线性分子、网状结构，其表面积较大、吸附能力强。拉曼（Lamer）等认为：当高分子链的一端吸附了某一胶粒以后，另一端又吸附另一胶粒，形成“胶粒-高分子-胶粒”的粗大絮凝体。高分子物质在胶体之间起吸附架桥作用。图7-5所示为高分子物质或高聚合物对胶粒的吸附架桥作用。在图中可以看出，若高分子絮凝剂投量过多，会产生胶体保护。胶体保护是指：当胶粒表面被高分子物质全部覆盖后，大量胶粒接近时，由于“胶粒-胶粒”之间所吸附的高分子受到压缩变形而具有排斥势能，或者由于带电高分子的相

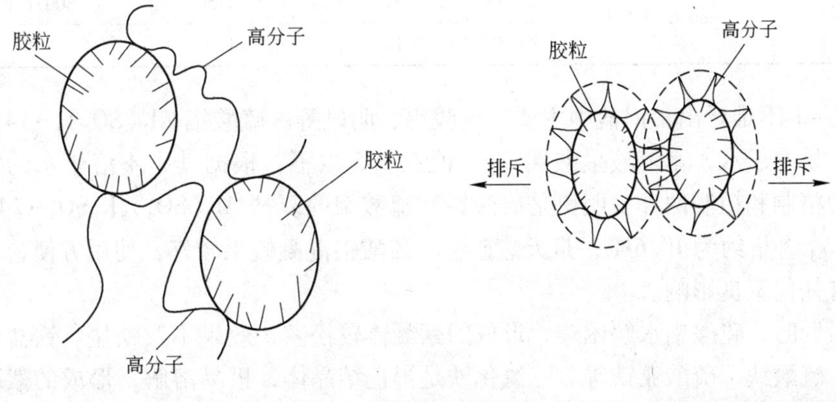

图7-5 吸附架桥和胶体保护

互排斥，使胶粒不能凝聚。因此拉曼等人根据吸附原理提出：胶粒表面覆盖率为1/2时凝聚效果最好。但在实际水处理中，胶粒表面覆盖率无法测定，混凝剂投量通常由实验决定。

对于高分子物质，其混凝作用机理可分为两种情况：

（1）高分子物质为阳离子型时，吸附－电性中和作用和吸附架桥作用都有；

（2）高分子物质为阴离子型和非离子型时，则为吸附架桥作用。

D 沉淀物的网捕、卷扫作用机理

无机盐混凝剂投量很多时（如铝盐、铁盐），会在水中产生大量氢氧化物沉淀，形成一张絮凝网状结构，在下沉过程中网捕、卷扫水中胶体颗粒，以致产生沉淀分离。可以说沉淀物的网捕、卷扫作用是一种机械作用。对于低浊度水，可以利用这个作用机理，在水中投加大量混凝剂，以达到去除胶体杂质的目的。

7.1.2 混凝剂和助凝剂

一般来讲，水处理中的混凝剂应该符合混凝效果良好、对人体健康无害、使用方便、货源充足、价格低廉这几个基本要求。在应用中混凝剂的种类较多，主要有分为无机盐类混凝剂和高分子混凝剂，下面分别对这两种混凝剂进行介绍。

（1）无机盐类混凝剂。常用的无机盐类混凝剂有铝盐和铁盐。常用无机盐类混凝剂见表7－1。

表7－1 常用无机盐类混凝剂

名称	相对分子质量	状态和组分含量	堆积密度/$g \cdot cm^{-3}$	溶解度（g/1000g水）/℃
硫酸铝 $Al_2(SO_4)_3 \cdot 14H_2O$	594.4	粉末17% Al_2O_3	609～721	365.3（10℃）
		粒状17% Al_2O_3	609～721	365.3（10℃）
		块状（最低）	961～1010	71（20℃）
明矾		液体8.3% Al_2O_3	993～1074	78.8（30℃）
氯化铁 $FeCl_3$	162.2	无水的：96%～97% $FeCl_3$	1041～1122	74.4（0℃）
		七结晶水：60% $FeCl_3$		
		液体：37%～47% $FeCl_3$		536（100℃）
硫酸铁 $Fe_2(SO_4)_3$	399.9	二水合物：20.5% Fe	1122～1154	300（20℃）
		三水合物：18.5% Fe	1122～1154	

由表7－1不难看出，铝盐中主要有硫酸铝、明矾等。硫酸铝 $Al_2(SO_4)_3 \cdot 14H_2O$ 为白色结晶体，易溶于水，水溶液呈酸性，pH值在2.5以下，根据其中不溶于水的物质的含量，可分为精制和粗制两种。明矾是硫酸铝和硫酸钾的复盐 $Al_2(SO_4)_3K_2SO_4 \cdot 24H_2O$，其中 $Al_2(SO_4)_3$ 含量约为10.6%，是天然矿物。硫酸铝混凝效果较好，使用方便，对处理后的水质没有任何不良影响。

但水温低时，硫酸铝水解困难，形成的絮凝体较松散，效果不及铁盐。铁盐中主要有三氯化铁、硫酸铁、硫酸亚铁等。三氯化铁是褐色结晶体，极易溶解，形成的絮凝体较紧密，易沉淀，吸水易潮湿，难保管。

当铝盐或铁盐加入到水中时，它将形成 $Al(H_2O)_6^{3+}$ 和 $Fe(H_2O)_6^{3+}$ 复杂的水合金属离子，通过一系列的水解反应，形成一系列可溶的物质，其中有单核物如 $Al(OH)^{2+}$ 和 $Al(OH)_2^+$ 和多核物（几个铝离子）如 $Al_8(OH)_{20}^{4+}$。虽然这些产物中有的仅带有 1~2 个正电荷，但却非常有效果，多数情况下吸附在负电胶体表面。铝离子和铁离子的水解如图 7-6 所示。

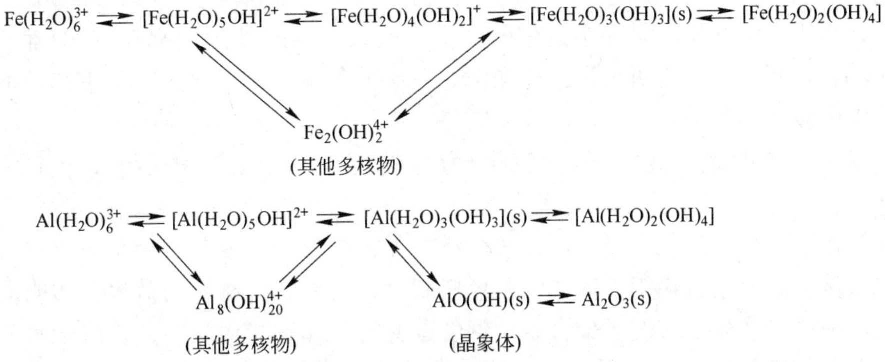

图 7-6 铁离子和铝离子的水解

图 7-6 中每种物质的平衡均是与 pH 值密切相关的。若把铝盐或铁盐加到水中，其浓度小于金属氢氧化物的浓度时，会继续水解且吸附到颗粒表面的，通过中和电荷使其脱稳；当浓度超过氢氧化物溶解度时，水解产物会形成金属氢氧化物沉淀。上述的情况说明吸附电中和网捕沉淀会促成凝聚。所以 pH 值、混凝剂用量和胶体浓度间的关系决定了凝聚的机理，使胶体能够脱稳。若 pH 值低于金属氢氧化物等电点时，带正电的水解物通过吸附中和使负价胶体脱稳。显然，水解产物和氢氧化物沉淀是受 pH 值控制的，为了获得最佳的絮凝条件必须控制 pH 值，但是铝和铁的水合离子是呈酸性，因此这个过程会变得比较复杂。以明矾为例，投加明矾产生的氢离子将与水中原有的碱性物质发生如下反应：

$$Al_2(SO)_3 \cdot 14H_2O + 3Ca(HCO_3)_2 \longrightarrow 2Al(OH)_3 + 3CaSO_4 + 14H_2O + 6CO_2 \qquad (7-5)$$

从式（7-5）中看出，1mg/L 的明矾将消耗大约 0.5mg/L（如 $CaCO_3$）的碱且产生 0.44mg/L 的二氧化碳。当原有的碱性物质不够与铝盐反应增加 pH 值，则必须往水中投加生石灰和苏打：

$$Al_2(SO)_3 \cdot 14H_2O + 3Ca(OH)_2 \longrightarrow 2Al(OH)_3 + 3CaSO_4 + 14H_2O \qquad (7-6)$$

$$Al_2(SO)_3 \cdot 14H_2O + 3Na_2CO_3 + 3H_2O \longrightarrow 2Al(OH)_3 + 3Na_2SO_4 + 3CO_2 + 14H_2O \qquad (7-7)$$

【例题 7-1】 某一原水用 25mg/L 明矾处理，计算：

（1）处理 $4500m^3/d$ 水所需明矾的量。

（2）与所加明矾反应所需天然碱的用量。

解：（1）处理 $4500m^3/d$ 水所需明矾的量为：

$$4500 \times 10^{-3} \times \frac{25}{10^{-6}} = 112.5kg/d$$

（2）明矾和天然碱之间的反应：

$$Al_2(SO)_3 \cdot 14H_2O + 3Ca(HCO_3)_2 \longrightarrow 2Al(OH)_3 + 3CaSO_4 + 14H_2O + 6CO_2$$

式中 1mol 的明矾和 3mol 的 $Ca(HCO_3)_2$ 反应，反应过程中质量之间的关系如下：

1mg/L 的明矾将和 $\frac{3\times162}{594.4}=0.818mg/LCa(HCO_3)_2$ 反应，将 $Ca(HCO_3)_2$ 用 mg/L $CaCO_3$表示：

$$CaCO_3(mg/L)=0.818\times\frac{M_{CaCO_3}}{M_{Ca(HCO_3)_2}}=0.818\times\frac{100}{162}=0.505mg/L$$

与明矾反应所需天然碱的量 = 25mg/L(明矾) ×0.5 天然碱/明矾 = 12.5mg/L。

由于计算出来的结果仅是一个近似值，实际上大多数水处理厂都是按 pH 值为 6.0 ~ 7.5 和用量在 5 ~ 50mg/L 的明矾来进行操作。在这种条件下，是通过吸附中和及网捕沉淀结合去除水中胶体颗粒的。

(2) 高分子混凝剂。高分子混凝剂分为有机高分子混凝剂和无机高分子混凝剂两大类。

聚合氯化铝和聚合氯化铁是使用比较广泛的无机高分子混凝剂。聚合氯化铝（PAC），又称碱式氯化铝或羟基氯化铝，固体为黄色树脂状、易潮解，溶液为黄褐色透明液体，所以在水处理中多以液体形式的。聚合氯化铝的混凝机理和硫酸铝相同，易溶于水并发生水解，常伴有电化学、凝聚、吸附、沉淀等现象，对水中的胶体起电性中和及吸附架桥作用。人工合成的聚合氧化铝则是在人工控制的条件下预先制成最优形态的聚合物，投入水中后可发挥优良的混凝作用。PAC 适应水质范围较宽，适用的 pH 值范围较广，对污染严重或低浊度、高浊度、高色度的原水可达到较好的混凝效果，对低温水效果也较好，形成的絮凝体速度快，且粒大而重，沉淀性能好，投药比较低，所需的投量为硫酸铝的 1/2 ~ 1/3。

有机高分子混凝剂一般都是线性高分子聚合物，分子是呈链状，并由很多链节组成，单体由共价键结合，链节与水中的胶体微粒有极强的吸附作用，絮凝效果很好。即使是阴离子型高聚物，对负电胶体也有强的吸附作用；但对于未经脱稳的胶体，由于静电斥力有碍于吸附架桥作用，通常作助凝剂使用。阳离子型的吸附作用尤其强烈，且在吸附的同时，对负电胶体有电中和的脱稳作用。按照基团带电情况，人工合成的有机高分子混凝剂常分为阳离子型、阴离子型和非离子型。目前水处理中常用的是聚丙烯酰胺（PAM），为非离子型。聚丙烯酰胺在混凝过程中吸附架桥作用显著，对于高浊水、低浊水和污水处理、污泥脱水都有显著的效果，同时用量较低，但是因其价格昂贵，使用受到一定限制，并且其单体丙烯酰胺有毒性，故生产中应严格控制产品中的单体残留量。一般在高浊度水处理中常用 PAM 作为助凝剂配合铝盐、铁盐使用，可大大降低药耗且效果显著。

(3) 助凝剂。助凝剂指能调节或改善混凝条件的化学药剂，例如当原水的碱度不足时可投加石灰或重碳酸钠等，助凝剂可以参加混凝，也可以不参加混凝。助凝剂也可用以改善絮凝体的结构，利用高分子助凝剂的强烈吸附架桥作用，使细小松散的絮凝体变得粗大而紧密。常用的助凝剂有聚丙烯酰胺、活化硅酸、骨胶、海藻酸钠、石灰、硫酸等。

7.1.3　混凝动力学

7.1.3.1　异向絮凝

异向絮凝主要是由布朗运动造成的碰撞，发生在凝聚阶段，由此颗粒的碰撞速率为：

$$N_p=\frac{8}{3\nu\rho}KTn^2 \tag{7-8}$$

式中 N_p——颗粒受布朗运动所产生的颗粒碰撞速率，$1/(cm^3 \cdot s)$；

ν——水的运动黏度，cm^2/s；

ρ——水的密度，g/cm^3；

K——玻耳兹曼常数，$1.38 \times 10^{-16} g \cdot cm^2/(s^2 \cdot K)$；

T——水的温度，K；

n——颗粒数量浓度，$1/cm^3$。

由上式可知，凝聚的速度是取决于颗粒的碰撞速率的，而碰撞速率可以看出与颗粒浓度和温度有关，当颗粒的粒径大于1μm时，布朗运动随之消失。

7.1.3.2 同向絮凝

A 层流理论

同向絮凝是由水力或搅拌产生，这个理论仍在发展之中，最初的理论基于层流的假定：

碰撞速率：

$$N_0 = \frac{4}{3} n^2 d^3 G$$

式中 d——颗粒粒径，cm；

n——颗粒数量浓度，$1/cm^3$。

$$G = \frac{\Delta U}{\Delta Z} \tag{7-9}$$

式中 G——速度梯度（1/s），相邻两流层的速度增量，可由单位体积水流所耗功率 p 来计算，如下

$$p = \tau G$$

p——单位体积流体所耗功率，W/m^3；

τ——剪切应力，牛顿定律 $\tau = \mu G$。

$$G = \sqrt{\frac{p}{\mu}} \text{（1943 年发明的，甘布公式）} \tag{7-10}$$

当采用机械搅拌时，p 由机械搅拌器提供。当采用水力絮凝池时，p 应为水流本身所消耗的能量，由下式决定：

$$pV = \rho g Q h \text{（由于水流本身能量消耗提供）} \tag{7-11}$$

因水流体积 $V = QT$，所以：

$$G = \sqrt{\frac{gh}{\nu T}} \tag{7-12}$$

式中 ν——运动黏度，m^2/s；

h——水头损失，m；

T——水流在混凝设备中的停留时间，s。

B 局部各向同性紊流理论

近年来，有些专家学者认为甘布公式所求 G 值直接代入层流公式来求得的紊流条件下的同向絮凝速率在理论上依据不足，进而直接从紊流理论出发来探讨颗粒碰撞速率。例如，列维奇（Levich）等人根据科尔摩哥罗夫（Kolmogoroff）的局部各向同性紊流理论来

推导了同向絮凝速率方程。

局部各向同性紊流理论的要点如下：

（1）在各向同性紊流中，存在各种尺度不等的涡旋；

（2）大涡旋将能量输送给小涡旋，小涡旋又将一部分能量输送给更小的涡旋；

（3）小涡旋逐渐增多，水的黏性增强，从而产生能量损耗；

（4）当涡旋的尺度与颗粒直径或碰撞半径相近时，才会使颗粒相互碰撞。

在物理学中有一个现象：大涡旋→减小→小涡旋（惯性区）→减小→更小涡旋（黏性区）→淹灭；在黏性区涡旋尺度 λ 与颗粒粒径 d 相近（即为同一数量级），造成颗粒相互碰撞，混凝效果最好。故在絮凝设备中应多增加小涡旋。

小涡旋的无规则脉动类似于布朗运动，可得碰撞速率为：

$$N_0 = 8\pi dDn^2 \tag{7-13}$$

式中，D 为紊流扩散和布朗扩散系数之和，在紊流中，布朗扩散远小于紊流扩散，D 近似为紊流扩散系数，有：

$$D = \lambda u_\lambda \tag{7-14}$$

u_λ 为脉动流速，由下式表示：

$$u_\lambda = \frac{1}{\sqrt{15}}\sqrt{\frac{\varepsilon}{\nu}}\lambda \tag{7-15}$$

设涡旋尺度 $\lambda = d$，将式（7－14）和式（7－15）代入式（7－13）得到：

$$N_0 = \frac{8\pi}{\sqrt{15}}\sqrt{\frac{\varepsilon}{\nu}}n^2 d^3 \tag{7-16}$$

式中 ε——单位时间、单位体积流体的有效能耗；

ν——水的运动黏度。

该式（7－16）与甘布公式（7－10）相比，如果令 $G = \sqrt{\frac{\varepsilon}{\nu}}$，则两式仅是系数不同。$\sqrt{\frac{p}{\mu}}$和$\sqrt{\frac{\varepsilon}{\nu}}$也非常相似，不同的是 p 为平均流速和脉动流速所耗功率，而 ε 为脉动流速所耗功率。两者实质比较接近，均为控制混凝效果的重要参数。

由于式（7－15）仅适用于黏性区，而实际上水中颗粒尺寸大小不等，且有效功率 ε 很难确定，故式（7－16）虽然有理论依据，但其应用受到局限。因此仍然沿用甘布公式作为同向絮凝的控制指标。栅条絮凝池中的混凝现象即可用局部各向同性紊流理论来解释。

7.1.3.3 混凝动力学应用

混凝剂与水均匀混合形成大颗粒絮凝体的过程，称为混凝。它的效果是由混凝剂的化学作用和相应混凝设备和絮凝设备的流体动力学作用两方面决定的，所以在不同的过程混凝控制指标也不相同，主要指标为 G 和 GT。由于 G 值增大，碰撞速率增大，则颗粒碰撞次数也增加，G 值可作为一种搅拌强度的指标；T 为水流在混凝设备中停留时间，停留时间越大，颗粒碰撞次数越大，时间太长比较不合理。

在凝聚过程中，水流进行剧烈搅拌的目的主要是将混凝剂快速溶解在水中使胶体脱稳。一般 $G=700\sim1000\text{s}^{-1}$，时间 T 通常在 10 ~ 30s，一般小于 2min，此阶段，杂质颗粒微小，同时存在颗粒间异向絮凝。在絮凝过程中，主要靠机械或水力搅拌促使颗粒碰撞凝聚，故以同向絮凝为主。同向絮凝效果不仅与 G 有关，还与时间有关。在絮凝阶段，通常以 G 值和 GT 值作为控制指标平均，$G=20\sim70\text{s}^{-1}$，$GT=10^4\sim10^5$。

7.1.3.4 混凝过程及设备

A 混凝剂的配制和投加设备

混凝剂的配制包含溶解与调制两步。溶解在溶解池中进行，目的是把块状或粒状的药剂溶解成浓溶液。调制在溶液池中进行，作用是把浓溶液配成一定浓度的溶液定量投加，这就是所谓的湿法投加，它也是目前常用的投加方式。因此，这个步骤既需要溶解设备，也需要投加设备。对于溶解池，为了加速药剂的溶解，需要搅拌，常用的搅拌方法有机械搅拌、压缩空气搅拌等。而投加设备必须有计量和定量设备，并在任何时候都能调节投加量。计量设备常用转子流量计和电磁流量计等。

B 混合设备

将药剂迅速均匀地扩散到污水中，使得它们混合充分，以确保混凝剂的水解与聚合，使胶体颗粒脱稳，凝聚，并互相聚集成细小的矾花。常用的混合方式为水泵混合、水力混合及机械混合等。水力混合池形式多样，常见的有隔板混合池、涡流式混合池等。这几种混合方式各有优缺点，利用提升泵混合较常见。

C 反应设备

水与药剂混合后即进入反应池进行反应，反应池的作用是促使混合阶段所形成的细小矾花在一定时间内继续形成大且具有良好沉淀性能的絮凝体，能够在后续的沉淀池内下沉。反应设备有机械搅拌和水力搅拌两类，常用的有隔板反应池和机械搅拌反应池。

D 沉淀池

进行混凝沉淀处理的污水经过上述设备成絮凝体后，进入沉淀池使生成的絮凝体沉淀与水分离，最终达到净化的目的。

7.2 中和法

7.2.1 概述

在工业生产中，酸和碱都是常用的原料。酸具有腐蚀性，能够腐蚀钢管、纺织品等，并且能够烧灼皮肤，甚至改变环境介质的 pH 值。碱的危害程度与酸相比稍小。因此，酸和碱的任意排放都会造成毁坏农作物，破坏生物处理系统的正常运行，污染、破坏管道，甚至是种浪费，引起不必要的损失。所以含酸废水和含碱废水的处理变得尤为重要。酸含量大于 3% ~5%，碱含量大于 1% ~3% 的高浓度废水称为废酸液和废碱液。一般废酸液中的成分有无机酸、有机酸和金属盐类等；废碱液中成分主要为苛性钠、碳酸钠及胺类等。这类废液应先考虑采用特殊的方法回收其中的酸和碱。酸含量小于 3% ~5% 或碱含量小于 1% ~3% 的酸性废水与碱性废水，回收价值比较小，常采用中和处理方法。

中和法，顾名思义，即通过化学法，使酸性废水中氢离子与外加氢氧根离子，或使碱性废水中的氢氧根离子与外加的氢离子之间相互作用，生成可溶解或难溶解的其他盐类，从而消除它们的有害作用，可以调节酸性或碱性废水的 pH 值。常用的中和法有酸、碱废水相互中和法、废渣中和法、药剂中和法、过滤法等。常用的酸性污水中和剂有苏打和苛性钠、石灰和石灰石等。苏打和苛性钠组成均匀，易于储存且易溶于水，但是相对来说价格较高，经济不够合理；虽然石灰的来源广泛，又便宜，但产生杂质较多，难以处理，一般适用于水量较小的水厂；石灰石和白云石，算是比较经济，主要用于滤床的使用。常用的碱性污水中和剂则有硫酸、盐酸和烟道气（含 CO_2、SO_2）。

7.2.2　酸、碱废水相互中和法

在同时存在酸性废水和碱性废水的情况下，可以以废治废，互相中和。两种废水互相中和时，若碱性不足，应补充药剂；若碱量过剩，则应补充酸中和碱。由于废水的水量和浓度均难于保持稳定，因此，应设置均和池及混合反应池（中和池）。如果混合水需要水泵提升，或者有相当长的出水沟管可供利用，也可不设混合反应池。

7.2.2.1　当量定律

在用酸、碱废水相互中和时，应求出其中和能力，而中和时酸、碱废水的当量数是相等的，可用当量公式来计算，公式如下：

$$Q_a c_a = Q_b c_b \tag{7-17}$$

式中　Q_a，Q_b——酸性、碱性废水的流量，L/h；

c_a，c_b——酸性、碱性废水的当量浓度，geq/L。

利用到当量定律，那就必然要提到一个重要的概念即等当点，其定义是：在中和过程中，酸碱双方的当量数恰好相等时的点称为中和反应的等当点。强酸、强碱的中和达到等当点时，由于所生成的强酸或强碱盐不发生水解，因此等当点即中性点，溶液的 pH 值等于 7.0。但中和的一方若为弱酸或弱碱，由于中和过程中所生成的盐，在水中进行水解，因此，尽管达到等当点，但溶液并非中性，而根据生成盐水的水解可能呈现酸性或碱性，pH 值的大小由所生成盐的水解度决定。

7.2.2.2　中和池的选用

当水质水量变化较小或者后续处理对 pH 值要求较宽时，可在管道或集水井内混合；当水质水量变化不大或者后续处理对 pH 值要求较高时，可设连续流中和池；当水质质量变化较大且水量较小时，由于连续流无法保证出水的 pH 值要求，或出水中还含有其他杂质或重金属离子时，多采用间歇式中和池。

【例题 7-2】某工厂有两个车间分别排出酸性废水和碱性废水，因此为了避免污染以及腐蚀管道，采用酸碱废水相互中和法来处理。已知车间甲排出含 HCl 浓度为 0.64% 的酸性废水 16.4m^3/h，车间乙排出含 NaOH 浓度为 1.4% 的碱性废水 8m^3/h，计算其中和结果。

解：（1）将百分比浓度换算成当量浓度：

含 HCl 废水的当量浓度为：$\dfrac{1000 \times 0.64}{36.5} = 0.1753$geq/L

含 NaOH 废水的当量浓度为：$\dfrac{1000 \times 1.42}{40.01} = 0.3549$geq/L

（2）每小时两种废水各流出的总克当量数：

HCl 的总克当量数为：$0.1753 \times 16.3 \times 1000 = 2857.39$

NaOH 的总克当量数为：$0.3549 \times 8.0 \times 1000 = 2839.29$

HCl 的总克当量数略大于 NaOH 的总克当量数，按等当量反应，混合后的废水中尚有 $2857.39 - 2839.29 = 18.1$mol/L 的 HCl。

（3）混合后废水的当量浓度：

混合后的当量浓度为：$\dfrac{18.1}{100 \times (8 + 16.3)} = 0.75 \times 10^{-3}$geq/L

（4）混合后废水的 pH 值。因为 HCl 在水中全部电离，且其当量浓度与体积摩尔浓度相等，所以混合后废水的氢离子的体积摩尔浓度与其当量浓度等值，即 $[H^+] = 0.75 \times 10^{-3}$mol/L，可以直接查得或计算求得 pH 值。

$$pH = -\lg[H^+] = -\lg 0.75 \times 10^{-3} = 3.12$$

由上述计算可知，中和处理后废水的 pH 值偏酸性，可向混合后的废水中投加碱性中和剂加以中和。

7.2.3 药剂中和法

药剂中和法是一种比较普及的中和方法。常用的药剂投加方式有干投法和湿投法两种。干投法是用机械将药剂粉碎至直径小于 0.5mm，然后直接投入水中；湿投法将药剂溶解成液体，用计量设备控制投量，以节省药剂。对于酸性废水来说可用的中和剂为石灰、石灰石、大理石、碳酸铵、苛性钠等，常用的为石灰。在选用碱性药剂时，不仅要考虑它本身的溶解性、反应速度、成本、二次污染、使用方便等因素，而且还要考虑中和产物的性状、数量及处理费用等因素。碱性废水可用的中和剂为盐酸、硫酸等，盐酸的特点是反应物溶解度高，硫酸则是价格低廉，从经济的角度考虑，工业硫酸最为常用。考虑到经济因素和现有条件可以向碱性废水中通入烟道气（含 CO_2 和 SO_2 等）中和处理。

7.2.3.1 酸性废水的药剂中和处理反应

常用的碱性中和剂为石灰，当投加石灰乳时，氢氧化钙对废水中杂质有凝聚作用，所以适用于处理杂质较多且浓度高的酸性废水。下面以石灰乳为例，中和反应的方程式如下：

无机酸和有机酸：

$$2HCl + Ca(OH)_2 = CaCl_2 + 2H_2O$$

$$2HNO_3 + Ca(OH)_2 = Ca(NO_3)_2 + H_2O$$

$$H_2SO_4 + Ca(OH)_2 = CaSO_4 + 2H_2O$$

$$CH_2COOH + Ca(OH)_2 = Ca(CH_2COO)_2 + 2H_2O$$

金属盐类：

$$ZnCl_2 + Ca(OH)_2 = CaCl_2 + Zn(OH)_2$$

$$FeCl_2 + Ca(OH)_2 = CaCl_2 + Fe(OH)_2$$

$$CuCl_2 + Ca(OH)_2 = CaCl_2 + Cu(OH)_2$$

废水处理中最常见的是硫酸废水的中和，但是中和后所生成的硫酸钙的溶解度很小，还可能生成沉淀。值得注意的是，当硫酸浓度很高时，可能导致药剂的表面形成硫酸钙覆盖物，将影响中和反应的进行，因此就要求石灰石做中和剂时的颗粒粒径小于 0.5mm。

7.2.3.2 碱性废水的药剂中和处理反应

碱性废水中和剂有硫酸、盐酸和硝酸等。常用的工业硫酸，其实工业废酸更为经济合理。条件允许的情况下采取向碱性废水中投入烟道气加以中和的方法来处理。

以工业硫酸为中和剂处理含有氢氧化钠的碱性废水，其化学反应为：

$$2NaOH + H_2SO_4 \longrightarrow Na_2SO_4 + 2H_2O$$

在条件允许的情况下，用烟气中和法处理氢氧化钠碱性废水，其化学反应为：

$$2NaOH + SO_2 + H_2O \longrightarrow Na_2SO_3 + 2H_2O$$

$$2NaOH + CO_2 + H_2O \longrightarrow Na_2CO_3 + 2H_2O$$

由上述的化学反应可以看出，烟气中和法中氢氧化钠与烟道气的中和反应，既可以去除含有 CO_2、SO_2 及少量 H_2S 的烟道气，又能以废治废地处理废碱液。常用方法有：将碱性污水作为湿法除尘的喷淋水和使烟道气通入碱性污水鼓泡中心。据某厂经验，出水的 pH 值可由 10 ~ 12 降至中性。

虽然由各个反应式能够得出中和各碱性废水所需不同浓度酸的比耗量（表 7 - 2），但是药剂的投加量不能只按照化学计算得到，那是由于工业废水中含有的成分较为复杂，最好的方法是作中和曲线后再进行估算。

表 7 - 2 中和各碱性废水所需不同浓度酸的比耗量

碱的名称	中和 1g 碱需酸的克数/g							
	H_2SO_4		HCl		HNO_3		CO_2	SO_2
	100%	98%	100%	36%	100%	65%		
NaOH	1.22	1.24	0.91	2.53	1.57	2.42	0.55	0.80
KOH	0.88	0.90	0.65	1.85	1.13	1.74	0.39	0.57
$Ca(OH)_2$	1.32	1.34	0.99	2.74	1.70	2.62	0.59	0.86
NH_3	2.88	2.93	2.12	5.90	3.71	5.70	1.29	1.88

7.2.3.3 中和剂投加量计算

对于中和剂投加量的计算，先可根据水质分析资料，按化学计量关系通过方程式来计算，这计算出的是理论值，见表 7 - 3。考虑到工业废水中含有成分较为复杂，确定中和剂量可按实验绘制的中和曲线确定。

表 7 - 3 中和各种酸所需碱、盐理论比耗量 (g/g)

酸的名称	相对分子质量	NaOH	$Ca(OH)_2$	CaO	$CaCO_3$	$MgCO_3$	Na_2CO_3	$CaMg(CO_3)_2$
		40	74	56	100	84	106	
HNO_3	63	0.635	0.59	0.445	0.795	0.668	0.84	0.732
HCl	36.5	1.10	1.01	0.77	1.37	1.15	1.45	1.29
H_2SO_4	98	0.816	0.755	0.57	1.02	0.86	1.08	0.94
H_2SO_3	82	0.975	0.90	0.68	—	—	1.29	1.122
CO_2	44	1.82	1.63	(1.27)	(2.27)	(1.91)	—	2.09

续表 7-3

酸的名称	相对分子质量	NaOH	$Ca(OH)_2$	CaO	$CaCO_3$	$MgCO_3$	Na_2CO_3	$CaMg(CO_3)_2$
		40	74	56	100	84	106	
$C_2H_4O_2$	60	0.666	0.616	(0.466)	(0.83)	(0.695)	0.88	1.53
$CuSO_4$	159.5	0.251	0.465	0.352	0.628	0.525	0.667	0.576
$FeSO_4$	151.9	0.264	0.485	0.37	0.66	0.553	0.700	0.605
H_2SiF_6		0.556	0.51	0.38	0.69		0.73	0.63
$FeCl_2$		0.63	0.58	0.44	0.79		0.835	0.725
H_3PO_4		1.22	1.13	0.86	1.53		1.62	1.41

注：表中带括号的值表示为负值。

对于酸性废水来讲，中和剂中常含有不参与中和反应的惰性杂质（如黏土、砂土），因此药剂的实际耗量应比理论上的要大一些，因此用 α 表示药剂的纯度（%），α 可根据药剂分析资料确定。

碱性药剂用量 G_a（kg/d）可按下式计算：

$$G_a = \frac{KQ(c_1\alpha_1 + c_2\alpha_2)}{\alpha} \tag{7-18}$$

式中 Q——废水量，m^3/d；

c_1，c_2——废水酸的浓度和酸性盐的浓度，kg/m^3；

α_1，α_2——中和每公斤酸和酸性盐所需的碱性药剂公斤数，即碱性药剂比耗量 kg/kg；

K——考虑到中和反应不均及废液中的影响杂质，实际值要比理论值大，因此用不均匀系数 K 表示。如用石灰法中和硫酸时，取 1.05～1.10（湿投）或 1.4～1.5（干投）；中和硝酸和盐酸时，取 1.05；

α——碱性药剂的纯度，%。

上述中和反应所产生的盐类及中性杂质以及原废水中的悬浮物一般用沉淀法去除。因此将产生沉渣，沉渣量既可用试验确定，也可由下式求得：

$$G = G_a(\Phi + e) + Q(S - c - d) \tag{7-19}$$

式中 G——沉渣量；

G_a——药剂总耗量；

Φ——消耗单位质量药剂所生成的难溶盐及金属氢氧化物量，kg，见表 7-4；

e——单位质量药剂中杂质含量，kg；

c——中和后溶于废水中的盐量，kg/m^3；

S——中和前废水中悬浮物含量，kg/m^3；

d——中和后出水挟走的悬浮物含量，kg/m^3。

其中药剂的纯度 α 应根据药剂分析资料确定，可参考下面的数据：生石灰含 60%～80% 有效 CaO，熟石灰含有 65%～75% 的 $Ca(OH)_2$；电石渣及废石灰含 60%～70% 有效

CaO；石灰石含有90%～95% $CaCO_3$；白云石含45%～50% $CaCO_3$。

表7-4 消耗单位药剂所产生的盐和二氧化碳的量

酸	盐和 CO_2	用下列药剂中和1g酸生成的盐和 CO_2/g				
		$Ca(OH)_2$	NaOH	$CaCO_3$	HCO_3^-	$CaMg(CO_3)$
硫酸	$CaSO_4$	1.39	—	1.39	—	0.695
	Na_2SO_4	—	1.45	—	—	—
	$MgSO_4$	—	—	—	—	0.612
	CO_2	—	—	0.45	0.9	0.45
盐酸	$CaCl_2$	1.53	—	1.53	—	0.775
	NaCl	—	1.61	—	—	—
	$MgCl_2$	—	—	—	—	0.662
	CO_2	—	—	0.61	1.22	0.61
硝酸	$Ca(NO_3)_2$	1.3	—	1.3	—	0.65
	$NaNO_3$	—	1.25	—	—	—
	$Mg(NO_3)_2$	—	—	—	—	0.588
	CO_2	—	—	0.35	0.7	0.35

7.2.4 过滤中和法

过滤中和法仅用于酸性废水的中和处理。酸性废水流过碱性滤料时，可使废水中和，这种中和方式称为过滤中和法。碱性滤料主要有石灰石、大理石、白云石等。前两种的主要成分是 $CaCO_3$，后一种的主要成分是 $CaCO_3 \cdot MgCO_3$，与酸反应如下。

石灰石与硫酸反应：

$$H_2SO_4 + CaCO_3 \longrightarrow CaSO_4\downarrow + H_2O + CO_2\uparrow \tag{7-20}$$

式（7-20）可以计算出中和1g H_2SO_4 需要 $CaCO_3$ 为100/98=1.020g。

白云石与硫酸反应：

$$2H_2SO_4 + CaCO_3 \cdot MgCO_3 \longrightarrow CaSO_4\downarrow + MgSO_4 + H_2O + CO_2\uparrow \tag{7-21}$$

此反应式可以计算出中和1g H_2SO_4 需要 $CaCO_3 \cdot MgCO_3$ 为184/98=1.878g。

中和剂用量计算公式为：

$$G = \frac{QcaK}{1000\alpha} \tag{7-22}$$

式中 Q——酸性废水流量，m^3/h；

c——废水中酸的浓度，mg/L；

a——1g H_2SO_4 需要中和剂的量，g；

K——反应不均匀系数，一般为1.1～1.2；

α——石灰石或白云石的纯度。

因此，当以石灰石做滤料时，若废水中含硫酸而浓度又较高时，滤料将因为表面形成硫酸钙外壳而失去中和作用，由此得出废水的硫酸浓度一般不应超过1～2g/L，若硫酸含量过高，可予以回流出水加以稀释。但是当以白云石为滤料时，由于白云石中含有 $MgCO_3$ 可生成溶解度较大的 $MgSO_4$，不会造成堵塞，而 $CaSO_4$ 的影响也会降低，可以适当地提高进水硫酸的浓度。

采用石灰石作为滤料时，采用升流式膨胀滤池（图 7－7），可以改善硫酸废水的中和过滤过程。升流式膨胀中和滤池，废水从滤池的底部进入，从池顶流出，使滤料处于膨胀状态。当滤料的粒径较细（＜3mm），废水上升速率在 60～80m/L 之间，膨胀率保持在 50% 左右，滤床膨胀，滤料相互碰撞摩擦，不结垢，垢屑随水流出，有助于防止结壳。当废水硫酸浓度小于 2200mg/L 时，经中和处理后，出水的 pH 值可达 4.2～5。若将出水再经脱气池，除去其中的二氧化碳气体后，废水的 pH 值可提高到 6～6.5。过滤中和法的优点在于操作简单、出水 pH 值稳定、沉渣量少；缺点是废水的硫酸浓度不能太高，需要定期倒床，劳动强度高。

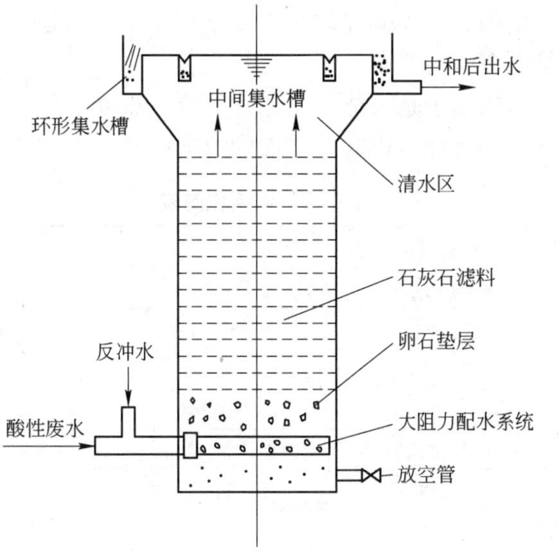

图 7－7 升流式膨胀滤池

7.3 化学沉淀法

7.3.1 基本原理

所谓的化学沉淀即是通过向水中投加某种化学物质，使它与污水中的溶解物质发生化学反应，生成难溶于水的沉淀物，以降低污水中溶解物质含量的方法。一般来讲，化学沉淀法常用于给水处理中去除镁、钙的硬度；废水中的重金属离子及放射性元素的去除，如 Cr^{3+}、Hg^{2+}、Zn^{2+}、Ni^{2+}、Cu^{2+}、Pb^{2+}、Fe^{3+} 等；硫、氟等非金属元素的去除。

7.3.1.1 难溶盐的溶度积

从基础化学的知识中可知，水中的难溶盐服从溶度积原则，即在一定条件下，在含有难溶盐 M_mN_n（固体）的饱和溶液中，各种离子浓度的乘积为一常数，称为溶度积常数。

由
$$M_mN_n = mM^{n+} + nN^{m-}$$

溶度积常数：

$$L_{M_mN_n} = [M^{n+}]^m [N^{m-}]^n \qquad (7-23)$$

式中 $[M^{n+}]$ ——金属阳离子摩尔浓度，mol/L；

$[N^{m-}]$ ——阴离子摩尔浓度，mol/L。

式（7－23）对各种难溶盐都应成立。通常情况下，可根据溶度积原理判断溶液中是否有沉淀产生：

（1）离子积 $[M^{n+}]^m[N^{m-}]^n < L_{M_mN_n}$ 时，溶液未饱和，全溶，无沉淀。

（2）离子积 $[M^{n+}]^m[N^{m-}]^n = L_{M_mN_n}$ 时，溶液正好饱和，无沉淀。

（3）离子积 $[M^{n+}]^m[N^{m-}]^n > L_{M_mN_n}$ 时，形成 M_mN_n 沉淀。

根据以上原理，可用它来去除废水中的金属离子 M^{n+}。为了去除废水中的 M^{n+} 离子，向其中投加具有 N^{m-} 离子的某种化合物，使得 $[M^{n+}]^m[N^{m-}]^n > L_{M_mN_n}$，形成 M_mN_n 沉淀，从而降低废水中的 M^{n+} 离子。从溶度积的公式中不难看出，为了能够完全去除金属离子，可以相应增大 $[N^{m-}]^n$ 的值，其实就是增大沉淀剂的用量，但是沉淀剂的用量要把握一个度，即不超过理论用量的20%～50%。

其实某种无机化合物的离子是否能采用化学沉淀法与废水分离，首先决定于是否能找到适合的沉淀剂。沉淀剂的选择可以参照下面的溶度积简表（表7－5）。

表7－5 溶度积简表

化合物	溶度积	化合物	溶度积
$Al(OH)_3$	11.1×10^{-15}(18℃)	$Fe(OH)_2$	1.64×10^{-14}(18℃)
$AlPO_4$		$Fe(OH)_3$	1.1×10^{-36}(18℃)
AgBr	4.1×10^{-13}(18℃)	FeS	3.7×10^{-19}(18℃)
AgCl	1.56×10^{-10}(25℃)	Hg_2Br_2	1.3×10^{-21}(25℃)
Ag_2CO_3	6.15×10^{-12}(25℃)	Hg_2Cl_2	2×10^{-18}(25℃)
Ag_2CrO_4	1.2×10^{-12}(25℃)	Hg_2I_2	1.2×10^{-28}(25℃)
Ag	1.5×10^{-16}(25℃)	HgS	$4\times10^{-53}-2\times10^{-49}$(18℃)
Ag_2S	1.6×10^{-49}(18℃)	$MgCO_3$	2.6×10^{-5}(12℃)
$BaCO_3$	7×10^{-9}	MgF_2	7.1×10^{-9}(18℃)
$BaCrO_4$	1.6×10^{-10}(18℃)	$Mg(OH)_2$	1.2×10^{-11}(18℃)
$BaSO_4$	0.87×10^{-10}(18℃)	$Mn(OH)_2$	4×10^{-14}(18℃)
$CaCO_3$	0.99×10^{-8}(15℃)	MnS	1.4×10^{-15}(18℃)
$CaSO_4$	2.45×10^{-5}(25℃)	$PbCO_3$	3.3×10^{-14}(18℃)
CdS	3.6×10^{-29}(18℃)	$PbCrO_4$	1.77×10^{-14}(18℃)
CoS	3×10^{-26}(18℃)	PbF_2	3.2×10^{-8}(18℃)
$Cr(OH)_3$		PbI_2	7.47×10^{-9}(15℃)
CuBr	4.15×10^{-8}(18～20℃)	PbS	3.4×10^{-28}(18℃)
CuCl	1.02×10^{-6}(18～20℃)	$PbSO_4$	1.06×10^{-5}(18℃)
CuI	5.06×10^{-12}(18℃)	$Zn(OH)_2$	1.8×10^{-14}(18～20℃)
CuS	8.5×10^{-45}(18℃)	ZnS	1.2×10^{-23}(18℃)
Cu_2S	2×10^{-47}(16～18℃)		

7.3.1.2 溶解度与溶度积常数的关系

难溶盐在溶液中的溶解度用S（或$S_{M_mN_n}$）表示，其含义是沉淀溶解平衡时某物质的体积摩尔浓度，单位为mol/dm³。因此，可以根据溶度积常数计算难溶盐在溶液中的溶解度$S_{M_mN_n}$。

已知

$$[M^{n+}] = mS_{M_mN_n} \quad [N^{m-}] = nS_{M_mN_n}$$

$$L_{M_mN_n} = [mS_{M_mN_n}]^m [nS_{M_mN_n}]^n = m^m n^n \cdot S_{M_mN_n}$$

$$S_{M_mN_n} = \sqrt[m+n]{\frac{L_{M_mN_n}}{m^m n^n}} \tag{7-24}$$

7.3.1.3 分级沉淀

当溶液中有多种离子能与同一种离子生成沉淀时，可通过溶度积原理来判断生成沉淀的顺序称为分级沉淀。

如：溶液中同时存在Ba^{2+}、CrO_4^{2-}、SO_4^{2-}，何种离子首先发生沉淀析出？

$$Ba^{2+} + SO_4^{2-} = BaSO_4\downarrow \quad L_{BaSO_4} = 1.1\times10^{-10}$$

$$Ba^{2+} + CrO_4^{2-} = BaCrO_4\downarrow \quad L_{BaSO_4} = 2.3\times10^{-10}$$

判断分级沉淀的先后，要以离子浓度乘积与溶度积L的关系为指标，看是否满足沉淀的条件。

7.3.2 常用的化学沉淀法

7.3.2.1 氢氧化物沉淀法

在一定的pH值条件下，重金属离子在沉淀剂的作用下生成难溶于水的氢氧化物沉淀而得到分离去除的方法称为氢氧化物沉淀法。

设氢氧化物$M(OH)_n$，发生如下反应：

$$M(OH)_n = M^{n+} + nOH^-$$

则有溶度积常数$L_{M(OH)n} = [M^{n+}][OH^-]^n$（水的离子积为$K_w = [H^+][OH^-] = 10^{-14}$，25℃），得：

$$[M^{n+}] = \frac{L_{M(OH)n}}{\left(\dfrac{K_w}{[H^+]}\right)^n}$$

将上式两边取对数，则得：

$$\lg[M^{n+}] = \lg L_{M(OH)n} - (n\lg K_w - n\lg[H^+])$$

$$\lg[M^{n+}] = 14n - n\mathrm{pH} - \lg L_{M(OH)n} \tag{7-25}$$

式（7-25）可看成一条直线方程，其中直线的斜率为$-n$。那么，对于同一价数的金属氢氧化物，它们的斜率相等，直线平行。对于不同价数得到的金属氢氧化物，价数越高，直线越陡，说明随着pH值的变化，高价的金属离子浓度比低价的金属离子浓度变化差异大。由于工业废水的水质比较复杂，计算结果可能与实际有出入，控制条件必须通过试验来确定。

需要注意的是，有些金属氢氧化物沉淀（如锌、铅、铝等）为两性化合物，它们既具有酸性，又具有碱性，就是既能和酸作用，又能和碱作用，以Zn为例，在pH值为9时

Zn 几乎全部以 $Zn(OH)_2$ 的形式沉淀。如果 pH 值过高的话它们会重新溶解，原因是配合阴离子的增多而使氢氧化锌的溶解度上升，反应如下：

$$Zn(OH)_2\downarrow + 2OH^- \rightleftharpoons Zn(OH)_4^{2-}$$

或是

$$Zn(OH)_2\downarrow \rightleftharpoons H_2ZnO_2$$

$$H_2ZnO_2 + 2OH^- \rightleftharpoons ZnO_2^{2-} + 2H_2O$$

从这个例子不难看出，当采用氢氧化物沉淀法处理废水中的金属离子时，pH 值是操作的重要条件，其过高或过低都可能使处理失败。所以，在采用氢氧化物沉淀法处理含重金属离子废水时，沉淀剂的选择也是一个需要考虑的因素。在氢氧化物沉淀法中，常用的沉淀剂有 NaOH、$CaCO_3$、$Ca(OH)_2$ 及 CaO 等。与石灰相比，采用 NaOH 作为沉淀剂，沉淀效果较好，产生的沉淀渣较少，反应速度较快，但是成本也比较高。一般来讲，从成本上考虑工业上处理含重金属离子废水采用较多的沉淀剂为 $CaCO_3$、$Ca(OH)_2$ 或 CaO。

【例题 7-3】 已知 $[Fe^{3+}]=0.01$mol/L，要使有 $Fe(OH)_3$ 沉淀析出，pH 值应多大（$Fe(OH)_3$ 的 $L_{Fe(OH)_3}=3.8\times10^{-38}$）？

解： 据溶度积原理，要是某一金属离子（M^{n+}）生成氢氧化物沉淀，则需要满足：

$[M^{n+}][OH^-]^n > L_{M(OH)_n}$，即 $[Fe^{3+}][OH^-]^3 > 1.1\times10^{-36}$。

有 pOH < 11.8，即 pH > 2.2。

即要使 0.01mol/L 的 Fe^{3+} 析出 $Fe(OH)_3$ 沉淀，溶液 pH 值应大于 2.2。

7.3.2.2 硫化物沉淀法

硫化物沉淀法的原理是向废水中加入硫化氢、硫化钠或硫化钾等沉淀剂，与待处理物质反应生成难溶硫化物沉淀。很多金属能形成硫化物沉淀，与氢氧化物沉淀法相比，由于大多数的重金属硫化物的溶解度要小于其氢氧化物的溶解度，因此用硫化物沉淀法重金属可以得到较完全的去除，根据溶度积的大小，硫化物沉淀析出的顺序为：$As^{5+} > Hg^{2+} > Ag^+ > As^{3+} > Bi^{3+} > Cu^{2+} > Pb^{2+} > Cd^{2+} > Sn^{2+} > Co^{2+} > Zn^{2+} > Ni^{2+} > Fe^{2+} > Mn^{2+}$。

在金属硫化物的饱和溶液中：

$$MS \rightleftharpoons M^{2+} + S^{2-} \tag{7-26}$$

$$[M^{2+}] = \frac{L_{MS}}{[S^{2-}]} \times \frac{L_{MS}}{[S^{2-}]} \tag{7-27}$$

各种金属硫化物的溶度积 L_{MS} 见表 7-6。

表 7-6 各种金属硫化物的溶度积 L_{MS}

离子	电离反应	pL_{MS}	离子	电离反应	pL_{MS}
Mn^{2+}	$MnS = Mn^{2+} + S^{2-}$	16	Cd^{2+}	$CdS = Cd^{2+} + S^{2-}$	28
Fe^{2+}	$FeS = Fe^{2+} + S^{2-}$	18.8	Cu^{2+}	$CuS = Cu^{2+} + S^{2-}$	36.3
Ni^{2+}	$NiS = Ni^{2+} + S^{2-}$	21	Hg^+	$Hg_2S = Hg^+ + S^{2-}$	45
Zn^{2+}	$ZnS = Zn^{2+} + S^{2-}$	24	Hg^{2+}	$HgS = Hg^{2+} + S^{2-}$	52.6
Pb^{2+}	$PbS = Pb^{2+} + S^{2-}$	27.8	Ag^+	$AgS = Ag^+ + S^{2-}$	49

常用的沉淀剂有硫化氢、硫化钠、硫化钾等。

以硫化氢为例，其在水中分两步离解：

$$H_2S \rightleftharpoons H^+ + HS^-$$

$$HS^- \rightleftharpoons H^+ + S^{2-}$$

由此得到解离常数为：

$$K_1 = \frac{[H^+][HS^-]}{[H_2S]} = 9.1 \times 10^{-8}$$

$$K_2 = \frac{[H^+][S^{2-}]}{[HS^-]} = 1.2 \times 10^{-15}$$

将以上两式相乘，得到：

$$[S^{2-}] = \frac{1.1 \times 10^{-22}[H_2S]}{[H^+]^2}$$

将式 $[M^{2+}] = \frac{L_{MS}}{[S^{2-}]}$，代入得：

$$[M^{2+}] = \frac{L_{MS}[H^+]^2}{1.1 \times 10^{-22}[H_2S]} \tag{7-28}$$

不难看出，金属离子的溶解度和 pH 值有关，随 pH 值的增加而降低。在金属离子水溶液中加入可溶性硫化物或通入硫化氢气体形成难溶的金属硫化氢沉淀，而金属硫化物的溶度积常数大小不等，有一个很广的范围，还可以通过控制溶液的酸度来调节它们的溶解度，在金属离子系统定性分析中，常常根据金属硫化物在不同的水溶液中是否会形成沉淀来实现金属离子的分离。

硫化物沉淀法可以选择性地回收废水中的金属，生产金属硫化物产品，收益基本上可以抵消水处理成本，并且处理后的出水可以循环使用或者达标排放。虽然硫化物沉淀法可能能更好地去除重金属离子又比较经济，但是它反应生成的难溶盐的颗粒粒径很小，分离困难，需要投加混凝剂以便于去除，因此加大处理成本，而且可能会在处理过程中造成二次污染，所以这种方法采用得并不广泛，一般作为氢氧化物沉淀法的补充方法。

7.3.2.3 碳酸盐沉淀法

碳酸盐沉淀法是在碳酸根离子存在的情况下，控制适当的参数就可以使金属或杂质从溶液中沉淀出来。一般金属离子碳酸盐的溶度积很小，对于高浓度的重金属废水，可以通过投加碳酸盐进行回收。常用的沉淀剂有 Na_2CO_3、$NaHCO_3$、NH_4HCO_3、$CaCO_3$ 等。具体用途如下：

（1）含铜废水。对于某些含铜工业的废水用碳酸盐沉淀法进行处理，沉淀下的铜可以进一步回收利用，反应方程式如下：

$$2Cu^{2+} + CO_3^{2-} + 2OH^- \longrightarrow Cu_2(OH)_2CO_3\downarrow \tag{7-29}$$

（2）含铅废水。含铅工业废水可利用碳酸盐沉淀法处理，对于其沉淀下来的废渣，应该送往固体废物处理中心或在本单位进行无害化处理，以保证不对环境造成二次污染，反应方程式如下：

$$Pb^{2+} + CO_3^{2-} \longrightarrow PbCO_3\downarrow \tag{7-30}$$

（3）含锌废水。排出的废水中含锌离子，若不进行处理将污染环境。用碳酸钠与之反应，生成碳酸锌沉淀。沉渣用清水漂洗后，再经真空抽滤筒抽干，可以回收或回用生产，反应方程式如下：

$$ZnSO_4 + CO_3^{2-} \longrightarrow ZnCO_3 \downarrow + SO_4^{2-} \quad (7-31)$$

（4）水质软化。处理钙离子和镁离子。

7.3.2.4 钡盐沉淀法

钡盐沉淀法主要用于处理含六价铬的废水。根据 $BaCrO_4$ 和 $BaCO_3$ 溶度积大小的不同，可用钡盐沉淀法处理六价铬的废水，所采用的沉淀剂有碳酸钡、氯化钡、硝酸钡等。以碳酸钡为例，反应如下：

$$2BaCO_3 + K_2Cr_2O_7 \longrightarrow 2BaCrO_4 + K_2CO_3 + CO_2 \uparrow \quad (7-32)$$

由于钡酸盐属于难溶盐，它的溶度积要大于铬酸钡的。因此，在碳酸钡的饱和溶液中，钡离子的浓度比铬酸钡饱和溶液中的钡离子浓度约大6倍。因此，向含有 $Cr_2O_7^{2-}$ 离子的废水中投加 $BaCO_3$，Ba^{2+} 就会和 $Cr_2O_7^{2-}$ 生成沉淀，使得 Ba^{2+} 和 $Cr_2O_7^{2-}$ 的浓度下降，由于碳酸钡溶液未饱和，碳酸钡就会逐渐溶解，直到 $Cr_2O_7^{2-}$ 离子完全沉淀。一般情况下，为了提高铬的去除效率，应投加过量的碳酸钡，并用石膏去除其中残钡。

7.3.2.5 还原沉淀法

还原沉淀法的原理是在废水中加入 Na_2SO_3、$FeSO_4$、$NaHSO_3$ 或铁粉等，将 Cr^{6+} 还原成 Cr^{3+}。然后再加入 NaOH 或石灰乳调节废水的 pH 值至碱性，使 Cr^{3+} 沉淀，同时沉淀其他重金属离子，从而达到分离的目的。在处理制革行业的含铬废水是，需要把六价的铬还原到三价，然后再用氢氧化物沉淀法去除，称这种方法为还原沉淀法。这种方法因为其经济合理性、去除效率高等特点，已经广泛用于含铬废水的处理中。

7.4 氧化还原法

氧化还原反应即在反应前后元素的化合价具有相应升降变化的化学反应，并伴随着电子的转移。失去电子的过程称为氧化，得到电子的过程称为还原。氧化还原反应是天然水和水处理过程的众多反应之一，有着重要的作用。例如：氮、铁等的化合物的存在形式在很大程度上受氧化还原反应的影响；在水质分析中如 BOD、COD 以及 DO 的测定，也是以氧化还原反应为基础的；在水和废水的处理过程中，许多化学药剂如臭氧、二氧化氯、高锰酸钾等的使用也是通过氧化还原反应过程来改变水中物质的化学性质的。随着废水所造成的环境污染的日益加重，用氧化还原反应这种化学方法处理废水已经成为重要的研究方向，其目的是通过氧化和还原的方法，使得废水中有毒害作用的污染物化合价或者化合物的分子结构发生改变，转化为微或者无毒的化合物。与生物氧化法相比，化学氧化还原法需较高的运行费用。因此目前仅用于饮用水处理、特种工业水处理、有毒工业废水处理和以回用为目的的废水深度处理等场合。下面将介绍几种较为常见的水和废水处理的氧化还原技术及其相关原理。

7.4.1 化学氧化

7.4.1.1 臭氧氧化

臭氧是氧的同素异形体，它的分子由3个氧原子组成。常温常压下，低浓度臭氧为无色气体，15%的臭氧为淡紫色有鱼腥味气体。在标准状态下，臭氧的相对分子质量为48.0，密度为2.144kg/m^3。

臭氧的氧化性很强。在理想的反应条件下，臭氧可把水溶液中大多数单质和化合物氧化到它们的最高氧化态，对水中有机物有强烈的氧化降解作用，还有强烈的消毒杀菌作用，得知臭氧在水中的溶解度符合亨利定律，如下：

$$C = K_{H}p \tag{7-33}$$

式中 C——臭氧在水中的溶解度，mg/L；

p——臭氧化空气中臭氧的分压，kPa；

K_H——亨利常数，mg/(L·kPa)。

由于臭氧化空气中臭氧所占的比例比较小，为0.6%～1.2%，因此，在水温臭氧发生器产生的臭氧化空气很少，在25℃下，其溶解度为3～7mg/L。由于臭氧能够在溶液中反应，也能够在水中分解，在纯水中的分解速度比在空气中的快很多，也随着pH值的提高而加快。

A 臭氧氧化的反应机理

臭氧之所以表现出强氧化性，是因为臭氧分子中的氧原子具有强烈的亲电子或亲质子性，臭氧分解产生的新生态氧原子，和在水中形成具有强氧化作用的羟基自由基·OH，它们的高度活性在水处理中被用于杀菌消毒、破坏有机物结构等，其副产物无毒，基本无二次污染，有着许多别的氧化剂无法比拟的优点，不仅可以消毒杀菌，还可以氧化分解水中污染物。

电子转移反应：

$$O_2^- + O_3 \longrightarrow O_2 + O_3^-$$

$$HO_2^- + O_3 \longrightarrow HO_2^- + O_3^-$$

氧转移反应：

$$OH^- + O_3 \longrightarrow HO_2^- + O_2$$

$$Fe^{2+} + O_3 \longrightarrow FeO^{2+} + O_2$$

$$Br^- + O_3 \longrightarrow BrO^- + O_2$$

加成反应：

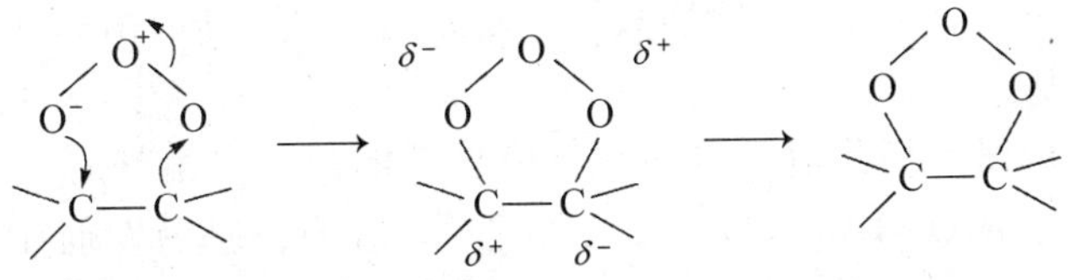

自由基反应：

$$O_3 + OH^- = O_2^- \cdot + HO_2 \cdot$$

$$O_3 + O_2^- \cdot = O_3^- \cdot + O_2$$

$$O_3^- \cdot + H^+ = HO_3 \cdot$$

$$HO_3 \cdot = OH \cdot + O_2$$

$$OH \cdot + O_3 = HO_4 \cdot$$

$$HO_4 \cdot = HO_2 \cdot + O_2$$

B 臭氧与水中有机物的氧化反应机理

若水中存在大量 OH^-、H_2O_2/HO_2^-、Fe^{2+}、紫外线等自由基激发剂或促进剂时，臭氧与水中有机物的氧化反应与臭氧的直接氧化反应机理截然不同，在自由基激发剂及促进剂的作用下，臭氧使反应体系中产生大量的羟基自由基，羟基自由基会发生链式反应产生更多的活性自由基，大量的活性自由基与有机物的反应速度接近于传质扩散速度，也属于传质控制的化学反应。臭氧的羟基自由基的引发、产生和反应机理如下所述。

（1）臭氧自由基引发反应：

$$H_2O_2 \longrightarrow HO_2^- + H^+$$

$$H_2O^- + 2O_3 \longrightarrow 2HO_2 \cdot + O_3^- \cdot$$

$$O_3 \cdot + H^+ \longrightarrow HO_3^+ \cdot$$

$$HO_3 \cdot \longrightarrow OH \cdot + O_2$$

合并上式，可以写为：$H_2O_2 + 2O_3 \longrightarrow 2OH \cdot + 3O_2$

（2）自由基产生反应：

$$O_3 + O_2 \cdot \longrightarrow O_3 \cdot + O_2$$

$$HO_3 \cdot \longrightarrow O_3^- \cdot + H^+$$

$$HO_3 \cdot \longrightarrow OH \cdot + O_2$$

$$OH \cdot + O_3 \longrightarrow HO_4 \cdot$$

$$HO_4 \cdot \longrightarrow O_2^- \cdot + HO_2^+ \cdot$$

（3）自由基与有机物的反应：

$$H_2R + OH \cdot \longrightarrow HR \cdot + H_2O$$

$$HR \cdot + O_2 \longrightarrow HRO_2 \cdot$$

$$HRO_2 \cdot \longrightarrow R + HO_2 \cdot$$

$$HRO_2 \cdot \longrightarrow RO + OH \cdot$$

正是由于自由基激发剂或自由基促进剂的存在，使臭氧反应体系产生了大量的羟基自由基，羟基自由基的链式反应促使臭氧氧化体系对水中有机物有很强的去除能力。在臭氧的氧化作用去除有机物时，羟基自由基生成量的多少直接影响着反应速度和溶液中 COD 的去除率。影响羟基自由基反应的物质大体可划分为三类，即自由基反应激发剂、自由基反应促进剂和自由基抑制剂。

（1）自由基反应激发剂是对臭氧氧化反应体系的羟基自由基的产生有激发作用的物质，主要包括 OH^-、H_2O_2/HO_2^-、Fe^{2+}、紫外线等。在自由基激发剂存在的条件下，臭氧体系中会产生大量的羟基自由基。例如：$O_3 + OH^- \rightarrow O_2^- \cdot + HO_2 \cdot$，1mol$O_3$ 和 1molOH^- 反应产生 1mol 的 $O_2^- \cdot$ 自由基和 1mol 的 $HO_2^- \cdot$ 自由基，从而引发后续的链式反应。

（2）自由基反应促进剂能够充当链式反应自由基的载体，使自由基产生反应向着自由基生成的方向移动，促使反应体系中产生更多的羟基自由基进入到链式反应过程中去，它能促进系统的反应速度和污染物的氧化去除。目前发现的自由基促进剂主要有乙酸、甲酸、伯醇和仲醇类、芳香族化合物、腐殖质等。例如：$H_2R + OH \cdot \rightarrow HR \cdot + H_2O$。

（3）自由基抑制剂主要是指能够俘获羟基自由基，从而抑制自由基链式反应进一步进行的一类物质，主要包括 CO_3^{2-}、HCO_3^-、烷基化基团、磷酸盐、异丙醇 TBA 等，这些物质与羟基自由基反应形成不产生 $HO_2\cdot/O_2^-\cdot$ 的次级自由基 $CO_3\cdot$、$HCO_3\cdot$，最终引起自由基反应链的终止，从而抑制了体系的反应。例如：$OH\cdot + CO_3^{2-} \rightarrow HO^- + CO_3^-\cdot$、$OH\cdot + HCO_3^- \rightarrow HO^- + HCO_3^-\cdot$。

C 臭氧在饮用水处理中的应用

臭氧由于其在水中有较高的氧化还原电位（2.07V，仅次于氟，位居第二），常用来进行杀菌消毒、除臭、除味、脱色，去除铁、锰，氧化分解有机物和絮凝作用等，在饮用水处理中有着广泛的应用。

（1）杀菌消毒。杀菌消毒的机理是臭氧能氧化分解细菌内部葡萄糖所需的酶，使细菌灭活死；可以直接与细菌、病毒作用，破坏它们的细胞器和DNA、RNA，使细菌的新陈代谢受到破坏，导致细菌死亡；透过细胞膜组织，侵入细胞内，作用于外膜的脂蛋白和内部的脂多糖，使细菌发生通透性畸变而溶解死亡。

杀菌消毒的特性即臭氧杀菌受臭氧的浓度、水温、pH 值、水的浊度等因素影响。在实际应用中，臭氧用于自来水消毒所需的投加量一般为1～3mg/L，接触时间不小于5min。臭氧具有选择性，如臭氧对于滤过性病毒及其他致病菌的灭活作用非常有效，但青霉素菌之类的菌种对臭氧就具有一定的抗药性。

（2）除臭、脱色及去铁、锰。地表水体的色度主要由溶解性有机物、悬浮胶体、铁锰和颗粒物引起。溶解性有机物引起的色度较难去除，其致色有机物的特征结构是带双键或芳香环。其脱色的机理是臭氧及其产生的活泼自由基 OH 使染料发色基团中的不饱和键（芳香基或共轭双键）断裂生成小分子量的酸和醛，生成了低相对分子质量的有机物，从而导致水体色度显著降低。同时，臭氧可氧化铁、锰等无机有色离子为难溶物。

D 臭氧在废水处理中的应用

臭氧可用来去除COD、BOD，并破坏有害的化学物，已用于废水生物处理前的预处理，提高废水的可生化性；炼油废水中酚类化合物的去除；电镀含氰废水处理；含染料废水的脱色；洗涤剂的氧化；照片洗印漂洗；氰化铁废液的回收与再利用等。

臭氧能有效地氧化生物难降解的有机物。臭氧与有机物的反应有两种途径：一是臭氧以分子形式与水体中的有机物进行直接反应；二是碱性条件下臭氧在水体中分解后产生氧化性很强的羟基自由基等中间产物，发生间接氧化反应。两者比较，直接反应有选择性，速度慢；间接反应无选择性，HO·电位高（$E_0 = 2.8V$）、反应能力强、速度快，可引发链反应，使许多有机物彻底降解。

E 影响臭氧氧化性能的因素

（1）臭氧化混合气进气量。改变臭氧化混合气的进气量实质上就是改变单位时间内的臭氧投加量。在有机负荷一定的条件下，就是改变反应过程中臭氧和有机物的投加比。在有机物浓度一定、连续地通入臭氧化混合气的半连续半间歇操作中，随单位时间内臭氧通入量的增加，有机物氧化反应速率相应提高。

（2）搅拌速度。提高搅拌速度能使气液混合均匀，减小液膜阻力，增大气液比表面积，强化气液传质效果，有助于气液的接触和反应。但当搅拌强度增大到一定程度后，其对气体的分散效果和对有机物的去除效果的作用将趋于平缓。

（3）pH 值。在水中的分解速度随着 pH 值的提高而加快，在 $pH < 4$ 时，臭氧在水溶

液中的分解可以忽略不计，其反应主要是溶解臭氧分子同被处理水溶液中还原性物质的直接反应；在 pH >4 时，臭氧的分解便不可忽略，在 pH 更高时，则臭氧主要是在 OH 的催化作用下，经一系列链式反应分解成具有高反应活性的自由基而对还原性物质进行非选择性氧化降解。如果 pH 值提高一个单位，臭氧分解大约快 3 倍。pH 值在整个臭氧氧化过程中的变化，主要是在中性或碱性条件下 pH 值会随着氧化过程而呈下降趋势，其原因是有机物氧化成小分子有机酸或醛之类物质。

（4）溶液温度。提高反应溶液温度将使反应的活化能降低，有利于提高化学反应速率。但是，随温度的升高，臭氧的分解将加速，溶解度降低，从而降低了液相中臭氧的浓度，减缓化学反应速度。同时，由于臭氧氧化有机物的反应是一个连续反应，在降解有机物的同时也要对其氧化中间产物进行深度氧化，消耗液相中的臭氧，减缓目标有机物的降解速率。为与工业实际废水相接近，实验选择温度范围为 3 ~ 30℃。

F 臭氧处理单元及联合技术简述

臭氧处理单元是在臭氧单独操作的基础上发展起来的，其目的是提高 · OH 生成量和生成速度。臭氧处理单元操作技术发展了比较成熟的方法，如光催化臭氧化、碱催化臭氧化和多相催化臭氧化等。

光催化臭氧化是以紫外线 UV 为能源、O_3 为氧化剂，利用臭氧在紫外线照射下分解产生活泼的次生氧化剂氧化有机物。Peyton 等研究了光催化臭氧化机理，认为 O_3 分解先产生 H_2O_2，H_2O_2 在紫外线照射下又产生了 · OH，进入 · OH 自由基反应循环。开始时 H_2O_2 的分解是产生 · OH 的主要来源，随后有机物参与 · OH 的循环反应。 · OH 主要由以下反应产生：

$$O_3 + O_2^- \longrightarrow O_3^- + O_6$$

$$O_3^- + H^+ \longrightarrow HO_3$$

$$HO_3 \longrightarrow \cdot OH + O_2$$

利用光催化氧化法处理难降解有机废水时，部分难降解有机物在紫外线的照射下，提高了能级，处于激发状态，与 · OH 自由基发生羟基化或羧基化反应，从而改变这些物质的分子结构，生成易于生物降解的新物质。

碱催化臭氧化是通过 OH^- 催化，生成 · OH 自由基，然后氧化分解有机物。 · OH 产生过程如下：

$$O_3 + OH^- \longrightarrow HO_2 + \cdot O_2$$

$$O_3 + \cdot O_2 \longrightarrow \cdot O_3 + O_2$$

$$\cdot O_3 + H^+ \longrightarrow HO_2 \cdot$$

$$HO_3 \cdot \longrightarrow \cdot OH + O_2$$

多相催化臭氧化是近年来发展起来的新技术，其金属催化的目的是促进 O_3 分解，以产生活泼自由基，强化其氧化作用。

一些研究结果表明，光催化臭氧化的氧化效果较碱臭氧化的效果好，但目前还没有进行足够的研究来比较光催化臭氧化与多相催化臭氧化的优劣。多相催化臭氧化技术中关于高效催化剂的研制以及其催化机理的揭示还有待于进一步研究。

臭氧的强选择性及分解有机物的不彻底性使得其自身易与其他技术相联合，因此，逐渐从单独使用发展到与其他废水处理技术联合使用。臭氧联合技术比较多，一般可分为以下几种：O_3^+ 超声波法、O_3^+ 活性污泥法、O_3^+ 膜处理法、O_3^+ 混凝法、O_3^+ 生物活性炭吸附法。这些方法对不同的废水各有优缺点，可以根据废水中难降解物质和有毒物质的不同而选用不同的工艺才能达到较好的效果。

臭氧化法在城市生活污水处理中一般是在常规处理之后对中水进行消毒处理作为城市景观、冲厕等方面的用水。其主要目的是消毒并降低生物耗氧量和化学耗氧量，还可以去除亚硝酸盐、悬浮固体及脱色。由于工业废水的成分复杂、处理困难，所以近年来臭氧联合技术在工业废水的处理中应用广泛。对于可生化性较差的化工废水、高度变污医疗废水等，先通过臭氧预氧化处理，这样可以改善废水的可生化性，为后续处理提供便利。

7.4.1.2 氯氧化法

氯氧化法的基本原理是通过氯系物的强氧化物，使得处理对象成为无毒或低毒的物质。在水溶液中能释放出 HClO、ClO^-、Cl_2 的药剂均属于氯系氧化剂。其中 HClO、ClO^-、Cl_2 称为有效氯，也称活性氯。氯系氧化剂的纯度均以含有的有效氯（一般换算成 Cl_2）的量占总量的百分比来表示。通过了解所知，氯系氧化剂有液氯、漂白粉、漂粉精、次氯酸钠溶液和二氧化氯。氯氧化法在废水处理中主要用于氰化物、硫化物、酚、醇、醛、油类的氧化去除，还用于消毒、脱色、除臭。

A 氯系氧化剂

（1）氯的分子式为 Cl_2，在常温、常压下为黄绿色气体，液化后为黄绿色透明液体，有强烈的刺激性臭味，毒性强，具有腐蚀性和氧化性。氯气密度为 3.21，是空气的 2.45 倍；气化热 62kcal/kg（36℃，1kcal = 4.184kJ），易溶于水、碱溶液，二硫化碳和四氯化碳。液氯（Liquid Chlorine）的密度为 1.47，熔点 −102℃，沸点 −34.6℃。在常温下，氯气被加热到 0.6～0.8MPa 或在常压下冷却到 −35～40℃时就能液化。

氯气的化学性质很活泼，溶于水后，一部分生成盐酸和次氯酸，另一部分仍以氯分子形式存在。

$$Cl_2 + H_2O \Longrightarrow HClO + HCl \quad K = 4.2 \times 10^{-4}$$

在 25℃时，氯在水中的总溶解度为 0.091mol/L，其中以 Cl_2 形式存在的为 0.061mol/L，以 HClO 形式存在的为 0.03mol/L。

在紫外线作用下，次氯酸及其盐可分解为盐酸和新生态氧，具有很强的氧化能力：

$$HClO + hv \Longrightarrow HCl + [O]$$

氯被碱溶液吸收生成次氯酸盐，在碱性条件下，反应为下式：

$$Cl_2 + 2NaOH \Longrightarrow NaClO + NaCl + H_2O \quad K = 7.5 \times 10^{15}$$

$$2Cl_2 + 2Ca(OH)_2 \Longrightarrow Ca(ClO)_2 + CaCl_2 + 2H_2O$$

次氯酸盐溶液不稳定，受光照会发生歧化反应：

$$3ClO^- \longrightarrow 2Cl^- + ClO_3^- \quad K = 10^{27}$$

常温下该反应很缓慢，当温度高于 75℃时，反应很快。生成的氯酸盐有毒，排入水中时不准超过 0.02mg/L。因此，应避免这个反应发生。

在次氯酸盐溶液中，有效氯主要以 ClO^- 和 HClO 两种形式存在，其平衡由溶液的 pH 值决定：

$$HClO \Longrightarrow H^+ + ClO^- \quad K = 3.4 \times 10^{-8}$$

次氯酸和其盐是强氧化剂，被还原后，氯的氧化数由 +1 价变为 -1 价，形成氯子，其标准电极电位如下：

酸性溶液中 $HClO \xrightarrow{+1.63V} Cl_2 \xrightarrow{+1.36V} Cl^-$

碱性溶液中 $ClO^- \xrightarrow{+0.40V} Cl_2 \xrightarrow{+1.36V} Cl^-$

$ClO^- \xrightarrow{+0.89V} Cl^-$

可见，氯在酸性条件下氧化能力强。

(2) 漂白粉的主要成分均为 $Ca(ClO)_2$，为白色粉末，具有极强的氯臭，有毒。在常温下不稳定，易分解放出氧气。水解成次氯酸会使次氯酸钙氧化成氯酸钙。加入热水或升高温度以及日光照射均使分解速度加快。加入酸则放出氯气。

漂白粉在潮湿空气中或遇水、乙醇均会分解。漂白粉和漂粉精均具有很强的氧化性，与有机物、易燃物混合，能发热自燃，受热遇酸分解甚至发生爆炸，突然加热到100℃也可能发生爆炸，由于具有强氧化性，对金属、纤维等物质产生腐蚀、对镍、不锈钢等也产生腐蚀。需要注意的是，漂白粉不宜久存，其有效氯含量迅速降低。

(3) 次氯酸钠分子式 NaClO，白色粉末，极不稳定。工业品是无色或淡黄色的液体，俗称漂白水，含有效氯 100~140g/L。次氯酸钠易溶于水，溶于水后生成烧碱及次氯酸，次氯酸再分解生成氯化氢和新生氧，新生氧的氰化能力很强，所以次氯酸钠也是强氧化剂。次氯酸钠易水解，故不宜久存。其稳定度受光、热及重金属阳离子和 pH 值的影响，具有刺激性气味，且伤害皮肤。

(4) 二氧化氯，分子式 ClO_2，红黄色气体，具有不愉快的臭味，对光不稳定。日光下分解，有强氧化作用，会发生爆炸。在 100mL 水中溶解度为 0.3g (25℃)。溶于碱溶液而生成次氯酸及氯酸盐。二氧化氯有两种生产方法较为常见：一种是化学法，使用硫酸、氯酸盐和食盐进行化学反应生产二氧化氯的水溶液；另一种是电解食盐的碱性水溶液来生产 ClO_2 气体。化学法生产 ClO_2 水溶液的化学原理如下：$NaClO + NaCl + H_2SO_4 \rightarrow ClO_2 + H_2O$。

B 氯氧化法除反应机理

在不同的反应条件、不同的废水组成下，氯氧化法所发生的化学反应也不同相同。研究氯氧化法的反应机理的意义在于，它能够提高处理效果、防止二次污染、降低处理成本。

(1) 氯化法除酚。氯与酚的氧化降解所生成的顺丁烯二酸还可进一步被氧化为 CO_2 和 H_2O。同时，还会发生取代反应，生成有强烈异臭及潜在危险的氯酚（主要是 2.6 - 二氯酚）。为了消除氯酚的危害，一方面可投加过量氯（当含酚浓度为 50mg/L 时，投氯量增大 1.25 倍；浓度为 1100mg/L 时，增大 1.5~2.0 倍），或改用更强的氧化剂（如臭氧、二氧化氯）以防止氯酚生成；另一方面，出水可经活性炭进行后处理，除去水中的氯酚（及其他氯代有机物）。

(2) 氯化法脱色。氯可以氧化破坏发色官能团，有效地去除有机物引起的色度。如用 R - CH = CH - R′表示发色的有机物，脱色效果与 pH 值有关。通常，发色有机物在碱性条件下易被坏，因此碱性脱色效果好；在 pH 值相同时，用次氯酸钠比氯更为有效。

(3) 氯与氰化物的反应。氯与氰化物的化学反应视氯加入量不同有两种结果，当控制反应条件尤其是加氯量一定时，氰化物仅被氧化成氰酸盐，称氰化物的局部氧化或不完全氧化：

$$CN^- + ClO^- + H_2O = CNCl + 2OH^-$$

生成的 CNCl 在碱性条件下水解：

$$CNCl + 2OH^- = CNO^- + Cl^- + H_2O$$

反应速度可按下式计算：

$$-d[CNCl]/dt = k[CNCl][OH^-] \quad (7-34)$$

生成的氰酸盐又被氧化为无毒的氮气和碳酸盐，称为氰化物的完全氧化，该反应是在局部氧化的基础上完成的：

$$2CNO^- + 3ClO^- + H_2O = 2HCO_3^- + N_2 + 3Cl^- \text{（pH<1 时，10～30min）}$$

生成的碳酸盐随反应 pH 值不同存在形式也不同，当 pH 值低时，以 CO_2 形式逸入空气中，当 pH 值高时，生成 $CaCO_3$ 沉淀。

综上所述，氯氧化法可把氰化物氧化成两种产物，氧化成氰酸盐时称氰化物的局部氧化，氰酸盐在 pH 值为 6～8 时水解生成氨和碳酸盐的总反应式如下：

$$CN^- + ClO^- + 2H_2O = NH_3 + HCO_3^- + Cl^-$$

或

$$CN^- + Cl_2 + 2OH^- + H_2O = NH_3 + HCO_3^- + 2Cl^-$$

该反应理论加氯比 $Cl_2/CN^- = 2.73$（质量比，下同）。

氯把氰化物氧化成氮气和碳酸盐的反应称为氰化物的完全氧化反应，其总反应式如下：

$$2CN^- + 5ClO^- + H_2O = 2HCO_3^- + N_2\uparrow + 5Cl^-$$

或

$$2CN^- + 5Cl_2 + 10OH^- = 2HCO_3^- + N_2\uparrow + 10Cl^- + 4H_2O$$

该反应理论加氯比 $Cl_2/CN^- = 6.83$，处理 1kg 氰化物比不完全氧化反应多消耗氯 4.1kg/kgCN^-。

氰化物的不完全氧化和完全氧化之间的界限并不十分明显，当加氯比刚好满足氰化物不完全氧化需要时，残氰往往不能降低到 0.5mg/L，因此必须加入过量的氯，此时，氰化物虽降低到 0.5mg/L，但氰酸盐也被氰化一部分，反应进入了完全氧化阶段。为了节约氯，人们进行了多种尝试，试图仅靠不完全氧化反应使氰化物达标，但目前尚无结果。实验表明当调节反应 pH 值在 6～8.5 范围内，实际加氯量比较低，可比完全氧化时节氯 30%，而且氰达标。

黄金氰化厂废水往往含硫氰化物，有时甚至很高，硫氰化物、氰化物、氰酸盐的还原顺序如下：$SCN^- < CN^- < CNO^-$。

利用氯氧化法处理废水时，硫氰化物必然先于氰化物被氧化。在碱性条件下，硫氰化物的氧化分解与氰化物类似，也分为两个阶段，即不完全氧化阶段和完全氧化阶段。不完全氧化阶段的产物是硫酸盐和氰酸盐：

$$SCN^- + 4ClO^- = CNCl + SO_4^{2-} + 3Cl^-$$

$$CNCl + 2OH^- = CNO^- + Cl^- + H_2O$$

$$CNO^- + 2H_2O = HCO_3^- + NH_3$$

总反应式 $$SCN^- + 4Cl_2 + 10OH^- = HCO_3^- + NH_3 + 8Cl^- + 3H_2O + SO_4^{2-}$$

或 $$SCN^- + 4ClO^- + 2OH^- + H_2O = HCO_3^- + NH_3 + 4Cl^- + SO_4^{2-}$$

加氯比 $Cl_2/SCN^- = 4.9$，可见硫氰化物不完全氧化耗氯比氰化物不完全氧化时多。

硫氰酸盐完全氧化生成物硫酸盐、碳酸盐和氮，也是在不完全氧化的基础上进行的。

总反应式 $$2SCN^- + 11ClO^- + 4OH^- = 2HCO_3^- + N_2\uparrow + 2SO_4^{2-} + 11Cl^- + H_2O$$

或 $$2SCN^- + 11Cl_2 + 26OH^- = 2HCO_3^- + N_2\uparrow + 2SO_4^{2-} + 22Cl^- + 12H_2O$$

理论加氯比 $Cl_2/SCN^- = 6.73$。与氰化物完全氧化时十分接近。

处理含硫氰化物和氰化物的废水时，如果控制氰化物处于不完全氧化阶段，硫氰化物也处于不完全氧化阶段。如果控制氰化物完全氧化，硫氰化物亦然。这是因为两者的不完全氧化产物均是氰酸盐。硫氰化物的氧化使总氯耗有很大的增加，为此，人们探索减少硫氰化物消耗氯的途径，认为在酸性反应条件下，将发生如下反应：

$$SCN^- + 2Cl_2 = S + CNCl + 3Cl^-$$

反应完成后，调节 pH 值 6～8，CNCl 水解，总反应如下：

$$SCN^- + 2Cl_2 + 2OH^- = S + CNO^- + 4Cl^- + H_2O$$

这个反应的加氯比 $Cl_2/SCN^- = 2.45$，与碱性条件下不完全氧化时加氯比 $Cl_2/SCN^- = 4.9$ 相比，减少一半。而且产物中硫黄在氯浓度不太高时并不再发生氧化反应，故硫氰化物的完全氧化反应加氯比也明显降低。

$$2SCN^- + 7Cl_2 + 10OH^- = 2S + 2HCO_3^- + N_2\uparrow + 14Cl^- + 4H_2O$$

理论加氯比 $Cl_2/SCN^- = 4.28$，节氯效果十分明显。近年来国内有人研究出酸性氯化法，其节氯原理大致如此。

（4）氯与废水中其他还原性物质的反应。除硫氰化物外，氰化厂废水中还有硫代硫酸盐，亚硫酸盐、硫化物、亚铜（以 $Cu(CN)_2^-$、$Cu(CN)_3^{2-}$ 形式存在）、亚铁（以 $Fe(CN)_6^{4-}$ 形式存在）等。其中，前三种化合物的含量均折算成硫代硫酸盐 $S_2O_3^{2-}$ 含量，这是分析方法所决定的。这些物质也能与氯发生反应，其方程式如下：

$$S_2O_3^{2-} + 4ClO^- + 2OH^- = 2SO_4^{2-} + 4Cl^- + H_2O$$

$$2Cu^+ + ClO^- + 2OH^- + H_2O = 2Cu(OH)_2\downarrow + Cl^-$$

$$2Fe(CN)_6^{4-} + ClO^- + 2H^+ = 2Fe(CN)_6^{3-} + Cl^- + H_2O$$

理论加氯比分别为：$Cl_2/S_2O_3^{2-} = 2.54$，$Cl_2/Cu^+ = 0.56$，$Cl_2/Fe^{2+} = 0.64$，但 $Fe(CN)_6^{4-}$ 一般不会氧化成 $Fe(CN)_6^{3-}$。另外，如果废水砷浓度较高，砷氧化成高价砷也会消耗氯：

$$AsO_3^{3-} + ClO^- = AsO_4^{3-} + Cl^-$$

加氯比 $Cl_2/As = 0.95$。因此，计算氯氧化法的药耗，也应该把这些物质的氧化考虑进去。

（5）废水中各种还原性物质的氧化顺序。无论是化学反应还是相变化，都需要从两个基本方面来研究，既要研究反应的可能性，又要研究反应的速度即实现这一可能性所需的时间。关于反应的方向限度或平衡问题，是反应的可能性问题，这是化工热力学数据；另外，电离常数、配合物稳定常数、难溶物的浓度积都是热力学常数。根据这些数据，我们能够了解反应或变化是否向某个方向进行，但是，仅了解反应是否可能是不够的，还必须知道反应的速度，例如，从电极电位看，H_2 和 O_2 很容易反应生成水，但常温常压下，如果不引燃，其反应速度是极慢的。因此，要全面了解某个化学反应是否可用于工业，必须在研究化学热力学的基础上研究反应的速度——化学动力学。如果化学热力学研究证明，反应可以进行，但实际上速度很慢，还要研究动力学，以找到提高反应速度的途径，如提高反应温度、增加压力、改变反应物浓度、调节 pH 值、加催化剂。

含氰废水中的还原性物质的氧化还原电极电位均小于氯的氧化还原电极电位，因此，从热力学角度讲，是有可能被氯氧化的。那么反应速度如何呢？实践证明，$S_2O_3^{2-}$、SO_3^{2-}、AsO_3^{2-}、SCN^- 和 CN^- 均能在短时间内（30min）完成与氯的反应，废水中有少量活性氯存在（$Cl_2 \geqslant 5mg/L$），反应就能进行，然而废水中的氰化物不仅以游离氰化物（CN^- 和 HCN）形式存在，还以 $Pb(CN)_4^{2-}$、$Zn(CN)_4^{2-}$、$Cu(CN)_2^-$、$Cu(CN)_3^{2-}$、$Fe(CN)_6^{4-}$、$Ag(CN)_2^-$、$Au(CN)_2^-$ 等配离子形式存在，配合氰化物一般不像游离氰化物那么容易被氯氧化，其难易程度一方面取决于配合氰离子的稳定常数，另一方面取决于中心离子是否能被氧化（变价金属），而且氧化后是否仍与氰形成稳定的络合物。以 $Cu(CN)_3^{2-}$ 为例，由于铜易从 +1 价被氧化为 +2 价，尽管 $Cu(CN)_3^{2-}$ 的配离子稳定常数较大，但二价铜不能与氰离子形成稳定的配合物，所以 $Cu(CN)_3^{2-}$ 还是很容易被氧化，结果 +1 价铜变为 +2 价铜，氰化物被氧化。$Fe(CN)_6^{4-}$ 则不然，由于其稳定常数比较大，一般有效氯浓度低或反应温度低时不易被氧化，当强化反应条件使 +2 价铁被氧化为 +3 价时，由于 $Fe(CN)_6^{3-}$ 仍十分稳定，所以氰离子并不解离，也不氧化。各种物质被氧化分解的顺序大致如下：

$$S_2O_3^{2-} > SO_3^{2-} > SCN^- > CN^- > Pb(CN)_4^{2-} > Zn(CN)_4^{2-} > Cu(CN)_3^{2-} > Ag(CN)_2^- > Fe(CN)_6^{4-} > Au(CN)_2^-$$

其中，$Fe(CN)_6^{4-}$ 的氧化是指它氧化为 $Fe(CN)_6^{3-}$，并不是其配位离子 CN^- 的氧化。$Cu(CN)_3^{2-}$ 的氧化指铜和氰离子均被氧化。

在含氰废水中，加入足够的氯而且 pH 值适当时，上述反应的速度很快，加入氯后，几乎立刻出现 $Cu(OH)_2$ 蓝色，这说明，排在 $Cu(CN)_3^{2-}$ 之前的配合物已被分解。$Fe(CN)_6^{4-}$ 的氧化较慢，在化工生产中，常采用提高反应温度的办法加快其反应速度。从我们的处理目的出发，该反应最好不发生，因此反应速度慢也是好事。

了解了含氰废水中各种物质的反应顺序的问题。我们就不难解释当废水中加入氯气时发生颜色变化的原因。以反应 pH 值从 7 降低到 5 时的加氯过程为例，反应开始时溶液呈灰白色，这是 Pb、Zn 的氰络物离解出 Pb^{2+}、Zn^{2+} 与 $Fe(CN)_6^{4-}$ 生成沉淀物所致。稍过几分钟，溶液变棕红色，这是由于 $Cu(CN)_3^{2-}$ 解离出 Cu^+ 与 $Fe(CN)_6^{4-}$ 生成棕色沉淀所致。再过数分钟，溶液变为黄绿色，这是亚铁氰化物氰化为铁氰化物进而与 Cu^{2+} 生成 $Cu_3[Fe(CN)_6]_2$ 沉淀所致。余氯低时，$Fe(CN)_6^{4-}$ 不氧化，溶液不会出现黄绿色。如果反应 pH 值高于 10，由始至终，我们仅能观察到 $Cu(OH)_2$ 的蓝色。

（6）氯氧化法药剂消耗量估算。氯氧化法需要氯和石灰两种药剂，氯的消耗可以根据氰化物和硫氰化物完全氧化反应以及其他物质的氧化进行理论估算，其公式如下：

完全氧化理论氯耗：$W_t = 6.83c_1 + 6.73c_2 + 2.54c_3 + 0.95c_4 + c_5$ （7-35）

部分氧化理论氯耗：$W_p = 2.73c_1 + 4.9c_2 + 0.56c_3 + 0.95c_4 + c_5$ （7-36）

式中 c_i——浓度，g/L 或 kg/m^3，某组分浓度低时，可忽略；

c_1——氰化物浓度；

c_2——硫氰化物浓度；

c_3——铜浓度；

c_4——硫代硫酸盐浓度（包括亚硫酸盐浓度）；

c_5——反应后余氯浓度，一般可按0.1～0.3kg/m^3计算。

处理全泥氰化炭浆厂废水（浆）时，c_2、c_3、c_4均可忽略。总氯耗仅用CN^-浓度决定。c_4对大部分氰化厂来说可忽略。氰化厂的实际氯耗W在控制好反应条件时可降低到理论估算值W_t的70%～85%，但均大于W_p。不同的废水组成尤其是SCN^-浓度对节氯效果影响很大。

石灰耗量不太容易估算，它与废水的组成及氯的种类有关，废水中重金属需石灰提供OH^-形成沉淀，反应的产物为酸性物质，需石灰中和，反应的类型也影响石灰耗量。因此，难以用一个准确的公式估算出石灰的耗量。

当使用漂白粉、漂粉精时，不需要石灰，仅使用氯气时需石灰，其耗量根据工业实践为氯耗量的2～2.5倍，即$w_{CaO}=(2\sim2.5)W(kg/m^3)$。

7.4.1.3 高锰酸钾氧化法

最常用的高锰酸盐是$KMnO_4$，它是强氧化剂，其氧化性随pH值降低而增强。但是，在碱性溶液中，反应速度往往更快。在废水处理中，高锰酸盐氧化法正研究应用于去除酚、H_2S、CN^-等；而在给水处理中，可用于消灭藻类、除臭、除味、除铁（Ⅱ）、除锰（Ⅱ）等。高锰酸盐氧化法的优点是出水没有异味；氧化药剂（干态或湿态）易于投配和监测，并易于利用原有水处理设备（如凝聚沉淀设备，过滤设备）；反应所生成的水分二氧化锰将利于凝聚沉淀的进行（特别是对于低浊度废水的处理）。主要缺点是成本高和尚缺乏废水处理的经验。将此法与其他处理方法（如空气曝气、氯氧化、活性炭吸附等）配合使用，可使处理效率提高，成本下降。

7.4.2 湿式空气氧化

湿式空气氧化（WAO）是在高温、高压条件下操作，在液相中用空气作为氧化剂，氧化水中溶解态或悬浮态的有机物或还原态的无机物，有机物氧化的最终产物是二氧化碳和水，无机物则形成各种盐类。湿式氧化法是用来处理有毒、有害、高浓度有机废水的有效方法，尤其适用处理难降解、毒性大的有机废水。到目前为止，湿式氧化技术被应用于城市污泥和丙烯腈、焦化、印染工业废水的处理以及含酚、有机硫化合物的农药废水的处理，并且开展了对催化湿式氧化和超临界湿式氧化工艺的研究。下面具体论述湿式氧化法的反应机理和动力学研究。

7.4.2.1 湿式空气氧化反应过程

降解废水中有机物的过程一般认为包括热分解、局部氧化和完全氧化三个阶段。

（1）热分解：在过程中，大分子量的有机物溶解和水解，但并没有被氧化。热分解的速率主要取决于温度，其特点是固体COD减少和可溶性COD增加，而总COD不变。

（2）局部氧化：在这过程中，大分子量的有机物分子转化成相对分子质量较低的中间产物，如乙酸、甲醇、甲醛和其他类似的物质。同时含氮有机化合物氧化到氨和一些低分子的中间产物。

(3) 完全氧化：局部氧化产生的有机中间产物进一步氧化成二氧化碳和水。含氮的低分子有机化合物氧化为氨。

由上可知，污染物质的氧化过程中，其氧化反应属于自由基反应，下面说明一下：

链的引发：

$$RH + O_2 \longrightarrow R\cdot + HOO\cdot$$

$$2RH + O_2 \longrightarrow 2R\cdot + H_2O_2$$

$$H_2O_2 + M \longrightarrow 2HO\cdot$$

链的发展：

$$RH + HO\cdot \longrightarrow R\cdot + H_2O$$

$$R\cdot + O_2 \longrightarrow ROO\cdot$$

$$ROO\cdot + RH \longrightarrow ROOH + R\cdot$$

链的终止：

$$R\cdot + R\cdot \longrightarrow R—R$$

$$ROO\cdot + R\cdot \longrightarrow ROOR$$

$$ROO\cdot + ROO\cdot \longrightarrow ROH + R_1COR_2 + O_2$$

从上面的反应不难看出，湿式空气氧化过程中 COD、BOD 和挥发酸之间有特定的关系：过程初期因相对分子质量大的有机物分解和局部氧化成易于生物降解的小分子有机物，导致 COD 减少及 BOD 和挥发酸增加。随着 COD 的继续下降使 BOD 达到最大值和挥发酸的继续增加。最终因挥发酸等中间产物的完全氧化，COD、BOD 和挥发酸浓度都将降低，生成二氧化碳和水。总之在 WAO 过程中，复杂的有机物降解成简单的有机物，这种降解比 COD 下降得更快，因而，即使是低氧化度的 WAO，也将显著提高废水的 BOD/COD 比值而改善生物可处理性。在此过程中，废水中的氰化物、亚硝酸盐和硫代氰酸盐等相对分子质量较小的毒基化合物也能迅速被氧化，各种无机硫化物、硫醇及酚等也能被破坏。

7.4.2.2 影响湿式空气氧化的因素

A 废水的反应热和所需空气量

湿式氧化法的氧化反应是在水中进行的，要使反应顺利并且充分进行，水中溶解氧的含量是主要指标。在大气压下氧在水中的溶解度是随着温度的提高而下降的，但压力大于 $7.5kg/cm^2$ 时，氧在水中的溶解度则随温度的增高而加大。如：氧在 60℃时的溶解度是 2.28mg/L，当温度为 300℃和压力 $200kg/cm^2$ 时，水中氧的溶解度则为 1280mg/L，这比在 60℃大气压下水中的溶解度要大 640 倍。因此在湿式空气氧化过程中，必须在加压条件下维持液相中氧的溶解度来维持氧化反应的进行，并用提高操作压力的办法增加氧的溶解度来强化氧化反应。

通过上述关于湿式氧化反应过程的分析可知，在处理废水中的有机物时，它们是被水中的溶解氧氧化分解的。在氧化过程生成的热可以看作废水的热值。通过试验发现处理废水中各种有机物质，氧化时消耗每千克空气放出的热量变化一般为 754kcal (1kcal = 4.184kJ)。对含有有机物废水来讲，废水的化学耗氧量就是废水中的有机物氧化成二氧化碳和水所消耗的氧。

B 有机物的结构

有机物中氧比例越小、炭比例越大，则越容易被氧化。由此得知，氰化物、脂肪族和氯代脂肪族化合物及芳香族化合物易被氧化，而氯代芳香族化合物难以被氧化。

C pH 值的影响

由湿式氧化反应过程可知，过程初期因分子量大的有机物分解和局部氧化成易于生物降解的小分子有机物，导致 COD 减少及 BOD 和挥发酸增加。随着 COD 的继续下降使 BOD 达到最大值以及挥发酸的继续增加，pH 值在开始时是先减小的。对于不同性质的废水，pH 值对其湿式氧化过程的影响不同，具体如下：

pH 值越低，氧化效果越好。如在有机磷农药的湿式氧化过程中，pH 值对其 COD 去除率的影响存在极值；如在处理含酚废水过程中，pH 在 3.5 ~4 时，去除效率最高。

pH 值越高，处理效果越好，如在处理橄榄油和酒厂废水过程中。

7.4.3 光催化氧化还原

在自然界中有机污染物会吸收一部分紫外光（190 ~400nm），在有活性物质存在时会发生光化学反应使有机物降解。天然水体中存在大量活性物质，如氧气、亲核剂 · OH 及有机还原物质，因此河水、海水发生着复杂的光化学反应。光降解即指有机物在光作用下，逐步氧化成 CO_2、H_2O 及 NO_3^-、PO_4^{3-}、Cl^- 等。因此，通过字面意思我们可得知光催化氧化还原是指有催化剂的光化学降解，一般可分为有氧化剂直接参加反应的均相光化学催化氧化，以及有固体催化剂存在、紫外光或可见光与氧或过氧化氢作用下的非均相（多相）光化学催化氧化。

均相光化学催化氧化主要指 UV/Fenton 试剂法，辅助以紫外线或可见光辐射，可极大地提高传统 Fenton 氧化还原的处理效率，同时减少 Fenton 试剂用量。H_2O_2 在 UV 光照条件下产生 · OH，其机理为：

$$H_2O_2 + h\upsilon \longrightarrow 2 \cdot OH \tag{7-37}$$

电化 Fe^{2+} 在 UV 光照条件下，可部分转化为 Fe^{3+}，所转化的 Fe^{3+} 在 pH 值为 5.5 的介质中可以水解成羟基化的 $Fe(OH)^{2+}$，$Fe(OH)^{2+}$ 在紫外光线作用下又可转化为 Fe^{2+}，同时产生 · OH。其机理为：

$$Fe(OH)^{2+} + h\upsilon \longrightarrow Fe^{2+} + 2 \cdot OH \tag{7-38}$$

由于上述反应存在，使得 H_2O_2 的分解速率远大于 Fe^{2+} 催化 H_2O_2 的分解速率。

非均相（多相）光化学催化氧化，通过大量的研究分析可知，光催化氧化还原以 n 型半导体为催化剂，如 TiO_2、ZnO、Fe_2O_3、SnO_2、WO_3 等。其机理为当用光照半导体材料，如果光子的能量高于半导体的禁带宽度，则半导体的价带电子从价带跃迁到导带，产生光致电子和空穴（如半导体 TiO_2 的禁带宽度为 3.2eV）。当光子波长小于 385nm 时，电子就发生跃迁，产生光致电子和空穴。光致电子空穴具有很强的氧化性，可夺取半导体颗粒表面吸附的有机物或溶剂中的电子，使原本不吸收光而无法被光子直接氧化的物质，通过光催化剂被活化氧化。光致电子具有很强的还原性，使得半导体表面的电子受体被还原。但是迁移到表面的光致电子和空穴又存在符合的可能，降低了光催化反应的效率。为了提高光催化效率，需要适当的俘获剂，降低电子和空穴复合的可能性。水溶液中光催化氧化反应主要是通过羟基自由基（ · OH）反应进行的，· OH 是一种氧化性很强的活性物质。水溶液中的 OH^-、水分子及有机物均可以充当光致空穴的俘获剂，这是近年来光催化研究的重点，见下式：

空穴反应：$$H_2O + h^+ \longrightarrow \cdot OH + H^+$$

$$OH^- + h^+ \longrightarrow \cdot OH$$

电子反应：

$$O_2 + e^- \longrightarrow \cdot O_2^-$$

$$H_2O + \cdot O_2^- \longrightarrow \cdot OOH + OH^-$$

$$2 \cdot OOH \longrightarrow O_2 + H_2O_2$$

$$\cdot OOH + H_2O + e^- \longrightarrow OH^- + H_2O_2$$

$$H_2O_2 + e^- \longrightarrow \cdot OH + OH^-$$

不同半导体的光催化活性不同，对具体有机物的降解效果也有明显差别。TiO_2 因其化学性质和光化学性质均十分稳定，且无毒价廉，货源充分，所以光催化氧化还原去除污染物通常用 TiO_2。

半导体光催化氧化法对有机污染物具有很好的去除效果，一般经过一系列的持续反应，最终能达到完全矿化。特别是对用传统的化学方法难以除去的低含量有机污染物，光解显得更有意义。含酚废水、农药废水、表面活性剂、氯代物、高聚物、含油废水等都可以被光催化氧化降解。

7.5 吸附

7.5.1 吸附的机理

吸附是利用吸附剂对液体或气体中某一组分进行选择性吸附，使其富集在吸附剂表面，再用适当的洗脱剂将其解吸达到分离纯化的过程。吸附作用可以发生在液－液界面、气－液界面和固－液界面等任何两相界面之间。在给水和排水处理工程中所应用的吸附作用是发生在液－固两相界面之间的。那么吸附法就是利用多孔性固体吸附剂来处理水的方法。具有吸附能力的固体物质称为吸附剂，在水中被吸附的物质称为吸附质。

吸附属于一种表面现象，所以它与表面张力和表面能的变化有很大的关系。吸附剂颗粒中，固体界面上的分子所受的力并不平衡，因而产生表面张力，具有表面能。当吸附溶质到其界面后，界面上分子受力就要平衡些，导致表面张力的减少，符合热力学第二定律，这种能量有自动变小的趋势。吸附剂表面的吸附力可分为 3 种，即分子引力、化学键力和静电引力，根据吸附力的不同可将吸附分为如下 3 种类型：

（1）交换吸附，指溶质的离子由于静电引力作用聚集在吸附剂表面的带电点上，同时吸附剂也放出一个等当量离子。影响交换吸附的因素为离子电荷数和水合半径的大小：离子所带电荷越多，吸附越强；电荷相同的离子，其水化半径越小，越易被吸附。

（2）物理吸附，是吸附剂分子与吸附质分子间吸引力（范德华力）作用的结果。物理吸附是一种常见的吸附现象。由于吸附是由分子力引起的，其分子间结合力较弱，容易脱附，并且无选择性，过程放热较少，一般在 42kJ/mol 之内。物理吸附因不发生化学作用，所以在低温时就能进行；被吸附的分子由于热运动还会离开吸附剂表面，这种现象称为解吸；可以是单分子层或多分子层吸附。由于分子间的力是普遍存在的，因此一种吸附可吸附多种物质。又因为吸附剂和吸附质的极性强弱不同，导致吸附剂对各种吸附质的吸附量不同。影响因素主要是吸附剂的比表面积和细孔分布。

（3）化学吸附，是由吸附质与吸附剂分子间化学键的作用所引起，其间结合力比物理吸附大得多，放出的热量也大得多，与化学反应热数量级相当，过程往往不可逆，化学吸附在固相催化中起重要作用。放热量较大，为 84 ~ 420kJ/mol。一种吸附剂只能对某种或几种吸附质发生化学吸附，有选择性，且为单分子层吸附。当化学键力大时，化学吸附是不可逆的。影响因素主要是吸附质和吸附剂的化学性质。

离子交换吸附、化学吸附和物理吸附并不是孤立的，往往同时发生，水处理中大多数的吸附现象往往是上述 3 种吸附作用的综合结果，由于吸附质和吸附剂及其他因素，可能某种吸附是主要的。

7.5.2 吸附平衡及吸附等温线

7.5.2.1 吸附平衡

若吸附过程是可逆的，当废水与吸附剂充分接触后，一方面吸附质被吸附剂富集，为吸附过程；另一方面，一部分已被吸附的吸附质，由于热运动的结果，脱离了吸附剂的表面，又回到液相中去，为解吸过程。当吸附速度和解吸速度相等时，即单位时间内吸附的数量等于解吸的数量时，则吸附质在溶液中的浓度和吸附剂表面上的浓度都不再改变而达到动态平衡。此时吸附质在溶液中的浓度称为平衡浓度。

吸附剂吸附能力的大小以吸附量 q(g/g) 表示。所谓吸附量是指一定工况条件下单位质量的吸附剂（g）所吸附的吸附质的质量（g）。取一定容积 V(L)、含吸附质浓度 c_0（g/L）的水样，向其中投加吸附剂的质量为 W(g)。当达到吸附平衡时，废水中剩余的吸附质浓度为 c(g/L)，则吸附量 q 可用下式计算：

$$q = \frac{V(c_0 - c)}{W} \tag{7-39}$$

式中 V——废水容积，L；

W——吸附剂（一般来说活性炭）的投量，g；

c_0——原水吸附质浓度，g/L；

c——吸附平衡时水中剩余的吸附质浓度，g/L。

7.5.2.2 吸附等温线

在等压情况下，表示吸附量和温度关系的曲线称为吸附等压线；在等吸附容量情况下，表示温度和压力关系的曲线称为吸附等容线。这里只介绍应用最广的吸附等温线。定义为在温度一定的条件下，吸附量随着吸附质平衡浓度的提高而增加，把吸附量随平衡浓度而变化的曲线称为吸附等温线。根据吸附等温线可了解吸附剂的吸附表面积、孔隙容积、孔隙大小分布及判定吸附剂对被吸附溶剂的吸附性能。实际工作中常通过测定各种吸附剂的吸附等温线作为合理选用特定用途的吸附剂品种的重要参考依据。

在水处理中，绝大多数具有代表性的杂质的吸附平衡关系式均为非直线型。等温吸附曲线类型很多，选定常用的 Langmuir 和 Frundlich 两种进行分述。

（1）Langmuir 吸附等温线。吸附等温式是从动力学的观点出发，通过假设条件而推导出来的单分子吸附公式：

1）吸附剂表面的吸附能是均匀分布的并且吸附能为常数。

2）被吸附在吸附剂表面的溶质分子只有一层，为单分子吸附；当达到单层饱和时，其吸附量为最大。

3）被吸附在吸附剂表面上的溶质分子不再迁移。

由上述假设条件，Langmuir 吸附等温式可表达为：

$$q = \frac{abc}{1 + ac} \tag{7-40}$$

式中 a，b——常数。

为了方便计算，一般将式（7－40）改为倒数式，即：

$$\frac{1}{q} = \frac{1}{ab} \times \frac{1}{c} + \frac{1}{b} \tag{7-41}$$

从式（7－41）可以看出，$\frac{1}{q}$与$\frac{1}{c}$成直线关系，利用这种关系可求 a、b 的值。

（2）BET（Brunaner、Emmett 和 Jeller）吸附等温线。BET 公式表示吸附剂上有多层溶质分子被吸附的吸附模式，各层的吸附符合 Langmuir 吸附公式，可表示为：

$$q = \frac{BCq_0}{(c_S - c)\left[1 + (B-1)\frac{c}{c_S}\right]} \tag{7-42}$$

式中 q_0——单分子吸附层的饱和吸附量，g/g；

c_S——吸附质的饱和浓度，g/L；

B——常数。

为计算方便，可将式（7－42）改为倒数式，即：

$$\frac{c}{(c_S - c)q} = \frac{1}{Bq_0} + \frac{B-1}{Bq_0} \times \frac{c}{c_S} \tag{7-43}$$

从式（7－43）中可以看出，$\frac{c}{(c_S - c)\ q}$与$\frac{c}{c_S}$呈直线关系，利用这个关系可求 q_0、B 值。

（3）Frundlich 吸附等温线。Frundlich 等温式是另外一种吸附等温式，是不均匀表面能的特殊例子，它基本上属于经验公式，常被用来图解试验结果、描述数据、进行各个实验结果的比较，一般用于浓度不高的情况。其表达式为：

$$q = Kc^{\frac{1}{n}} \tag{7-44}$$

式中 q——吸附量；

c——为吸附质平衡浓度，g/L；

K，n——为常数。

通常情况下，将式（7－44）改写为对数式：

$$\lg q = \lg K + \frac{1}{n}\lg c \tag{7-45}$$

把 c 和与之对应的 q 点绘在双对数坐标纸上，便得到一条近似的直线。这条直线的截距为 $\lg K$，斜率为$\frac{1}{n}$。$\frac{1}{n}$越小，吸附性能越好。一般认为$\frac{1}{n}$＝0.1～0.5 时，容易吸附；$\frac{1}{n}$大于 2 时，则难于吸附。当$\frac{1}{n}$较大时，即吸附平衡浓度越高，则吸附量越大，吸附能力发挥得也越充分。

吸附量是选择吸附剂和设计吸附设备的重要数据。吸附量的大小决定吸附剂再生周期的长短。吸附量越大，再生周期越长，从而再生剂的用量及再生费用就越小。一般情况下，市场上所供应的吸附剂都会附有吸附量的指标，但是这些指标对水中吸附质的吸附能力不一定相符合，因此通过实验确定吸附量和选择合适的吸附剂。测定吸附等温线时，吸附剂的颗粒越大，达到吸附平衡所需的时间越长。为了减少试验时间，往往将吸附剂破碎后再试验。这样能够使得吸附量有所增加。此外，对实际的吸附运行设备效果的影响因素也很多，因此吸附等温线得到的吸附量与实际的吸附量不完全一致。但是通过吸附等温线所得吸附量的方法简便，对吸附剂的选择提供了可比较的数据，比较实用。

【例题 7-4】 一废水的 COD 浓度为 75mg/L，需进行生化处理，要求排放浓度不超过 15mg/L，吸附实验结果见表 7-7。根据 Freundlich 等温式绘制曲线，并确定平衡时活性炭的吸附容量和活性炭处理此废水的最大吸附容量，计算常数 K 和 n 数值。

表 7-7　吸附实验结果

瓶　号	炭的质量/mg	溶液的体积/mL	终点 COD 的浓度 c/mg·L^{-1}	被吸附物质的质量/mg	单位质量炭吸附量 q/mg
1	0	200	75		
2	50	200	44	6.2	0.124
3	100	200	30	9.0	0.089
4	200	200	17.5	11.5	0.0575
5	500	200	6.75	13.65	0.0272
6	800	200	3.9	14.22	0.0177
7	1000	200	3.0	14.4	0.0144

解： 在对数坐标纸上画出 q 对 c 的等温线，如图 7-8 所示。

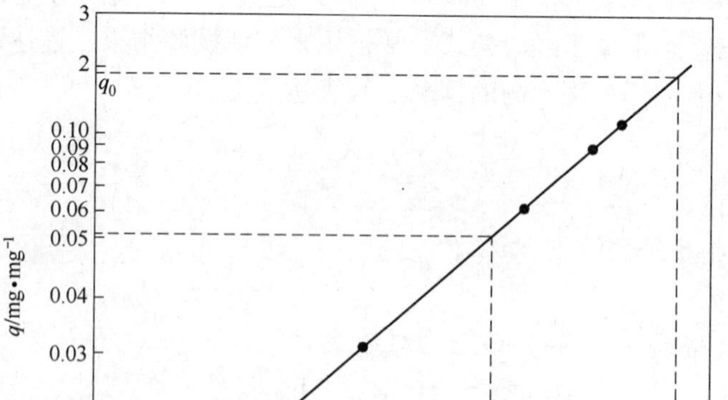

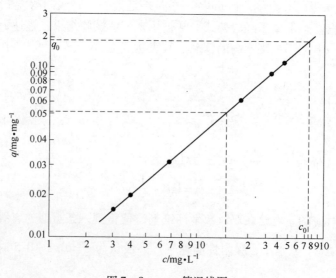

图 7-8　$q-c$ 等温线图

从图 7-8 中可查得 $c=15$mg/L 时所对应的 q 值，即得到流出物 COD 达到平衡时活性炭的吸附容量为 $q=0.05$mg/mg。

根据题意，当 $c=75\text{mg/L}$ 时，活性炭吸附 COD 的容量最大。作 $c=75\text{mg/L}$ 的垂直线，使其与等温线相交，所得交点的纵坐标即为活性炭的最大吸附容量，为 $q_0=0.186\text{mg/mg}$。

Freundlich 等温线公式中，K 值应当等于当 c 为 1.0 时等温线的截距。由图 7-8 可知，截距 $K=0.006$。

通过确定直线的斜率 $\frac{1}{n}$ 来计算 n。

$$\frac{1}{n}=\frac{\lg q-\lg K}{\lg c}=\frac{\lg\left(\frac{q}{K}\right)}{\lg c}$$

在 $q=0.10$、$c=34.5\text{m/L}$ 时：

$$\frac{1}{n}=\frac{\lg\frac{0.10}{0.006}}{\lg 34.5}=\frac{1.22}{1.537}=0.793$$

得

$$n=1.26$$

7.5.2.3 吸附速率

吸附剂对吸附质的吸附效果一般用吸附容量和吸附速率来衡量。所谓的吸附速率是指单位质量的吸附剂在单位时间内所吸附的吸附质的量。实际吸附过程中，吸附需要时间，吸附设备的大小都与吸附速率有关，吸附速率越快，所需要的时间就越短，吸附设备所需要的容积也就越小。

吸附速率决定于吸附剂对吸附质的吸附过程。当多孔吸附剂与溶液接触时，在固体吸附剂颗粒表面总存在着一层固定的溶剂薄膜。当溶液与溶剂相对运动时，这层溶剂薄膜不随溶液移动，吸附质首先要通过这层膜扩散到吸附剂表面，这一过程称为膜扩散。然后吸附通过细孔向吸附剂内部扩散称为孔隙扩散。最后为吸附反应阶段，即吸附质在吸附剂内表面上吸附。吸附速率取决于这 3 个过程，一般情况下吸附反应阶段比较快，因此吸附速率主要由膜扩散和孔隙扩散速率控制。

根据试验得知，颗粒外部扩散速率与溶液浓度成正比，溶液浓度越高，吸附速率越快。对一定质量的吸附剂，外部扩散速度与吸附剂的膜表面积的大小成正比。因表面积与颗粒直径成反比，所以颗粒直径越小，扩散速度就越大。另外，外部扩散速度还与搅动程度有关。增加溶液与颗粒之间的相对速度，会使液膜变薄，可提高外部扩散速度。相对来讲，颗粒内部扩散比较复杂。扩散速度与吸附剂微孔的大小与构造、吸附质颗粒大小与构造等因素有关。颗粒大小对内部扩散的影响比外部扩散要大些。可见吸附剂颗粒的大小对内部扩散和外部扩散有很大影响，颗粒越小，吸附速率就越快。因此，从提高吸附速率来看，颗粒直径越小越好。

7.5.3 影响吸附的因素

影响吸附的因素包括：

(1) 吸附物的性质。对吸附剂来讲，其比表面积越大，吸附能力就越强。而吸附剂的种类不同，吸附效果也就不同。一般极性分子（或离子）型的吸附剂易于吸附极性分子

（或离子）型的吸附质，非极性分子型的吸附剂易于吸附非极性分子型的吸附质。吸附剂的颗粒大小、微孔的结构以及表面化学的性质等对吸附也有很大的影响。

对吸附质来讲，吸附质在水中溶解度的大小对吸附能力有较大的影响，溶解度越低，越易被吸附，例如活性炭从水中吸附有机酸的次序是按甲酸—乙酸—丙酸—丁酸而增加。对于那些能够使液体表面自由能降低的吸附质，越容易被吸收。吸附质分子的大小和化学结构对吸附也有较大的影响。因为吸附速度受内扩散速度的影响，吸附质（溶质）分子的大小与活性炭孔径大小成一定比例，最利于吸附。在同系物中，分子大的较分子小的易吸附。不饱和键的有机物较饱和键的有机物易吸附。芳香族的有机物较脂肪族的有机物易于吸附。此外，吸附质的浓度比较低时，由于吸附剂表面大部分是空的，因此提高吸附质浓度会增加吸附量，但是不能够盲目地去增加吸附质的浓度，因为吸附量有极限状态，超过了就不会增加了。

（2）pH值。溶液的pH值会影响到溶质处于分子或离子或配合状态的程度。以活性炭为例，由于pH值影响活性炭表面电荷特性，当表面电荷为电中性时，达到等电点。研究表明，在等电点处可发生最大的吸附，说明中性物质的吸附为最大。由于水质和吸附剂种类的多样性，最佳pH值应该通过试验确定。

（3）温度。由于物理吸附过程是放热过程，故温度升高吸附量减少，反之吸附量增加。另一方面，温度对物质的溶解度有影响，因此对吸附也有影响。而液相吸附时吸附热较小，温度对液相吸附影响较小。

（4）其他组分的影响。其他组分的影响比较复杂，有的可以互相诱发吸附，有的能独立地被吸附，有的则互相起干扰作用。水溶液中有相当于天然水含量无机离子共存时，对有机物吸附几乎没什么影响。有时悬浮物会堵塞吸附剂的孔隙，油类物质会在吸附剂表面形成油膜，均对吸附有很大影响。

盖斯蒂（1974）研究了活性炭对一系列有机化合物的吸附作用。其结果有助于解释官能团、分子量、极性和溶解度这些特性对吸附作用的影响，见表7－8。

表7－8 活性炭对一系列有机化合物的吸附作用

化合物		相对分子质量	吸收系数(g物质/g炭)	备注
醇	甲醇	32.0	0.007	极性随相对分子质量增大而减小，吸附性随相对分子质量增大而增大
	乙醇	46.1	0.020	
	丙醇	60.1	0.038	
	丁醇	74.1	0.107	
	正－戊醇	88.2	0.191	
醛	甲醛	20.0	0.018	醛和醇都是强极性化合物，吸附性随相对分子质量增大而增大
	乙醛	44.1	0.022	
	丙醛	58.1	0.057	
	丁醛	72.1	0.106	
胺	丁胺	73.1	0.103	吸附作用受极性和溶解性的限制
	烯丙胺	57.1	0.063	
	乙二胺	60.1	0.021	

续表7-8

化合物		相对分子质量	吸收系数(g物质/g炭)	备注
芳香族	苯	78.1	0.080	化合物的极性和溶解度低，易被活性炭吸附。化合物与活性炭表面形成的π键能提高吸附效果
	甲苯	92.1	0.050	
	乙苯	106.2	0.019	
	苯酚	94	0.161	

7.5.4 常用的吸附剂

工业用的吸附剂必须要有较大的比表面积，较高的吸附容量，良好的吸附选择性、稳定性、耐磨性，较好的机械强度，并且具有价廉易得等特点。工业中常用的吸附剂有活性白土、活性炭、硅胶、沸石分子筛、吸附树脂、腐殖酸类吸附剂等，下面简单介绍几种。

（1）活性炭。活性炭是一种非常优良的吸附剂，外观为暗黑色，具有良好吸附性能，化学性质稳定，可耐强酸及强碱，能经受水浸、高温、密度比水小，是多孔的疏水性吸附剂。它具有物理吸附和化学吸附的双重特性，可以有选择地吸附气相、液相中的各种物质，以达到脱色精制、消毒除臭和去污提纯等目的。

活性炭的比表面积达800～2000m^2/g，其吸附能力与孔隙的构造和分布情况有关。活性炭的孔隙分为三类：小孔孔径在20Å(1Å=0.1nm）以下；过渡孔孔径为20～1000Å；大孔孔径为1000Å以上。活性炭的小孔比表面积占总比表面积的95%以上，对吸附量影响最大；过渡孔不仅为吸附质提供扩散通道，而且当吸附质的分子直径较大时（如有机物质），主要靠它们来完成吸附；大孔的比表面积所占比例很小，主要为吸附质扩散提供通道。

活性炭的吸附有两类吸附中心点：（1）物理吸附活性点，数量很多，没有极性，是构成活性炭吸附能力的主体部分；（2）化学吸附活性点，主要是在制备过程中形成的一些具有专属反应性能的含氧官能团，如羧基、羟基、碳基等，它们对活性炭的吸附特性有一定的影响。

（2）硅胶。硅胶是种坚硬且多孔结构的硅酸聚合颗粒，分子式为$SiO_2 \cdot nH_2O$，是用酸处理硅酸钠水溶液生成的凝胶。硅胶是极性吸附剂，对极性含氮或含氧物质如酚、胺、吡啶、水等易吸附，对非极性物较难。

（3）沸石。天然沸石是一种新兴材料，沸石被用作离子交换剂、吸附分离剂、干燥剂、催化剂、水泥混合材料。沸石是由（Si，Al)O_4四面体组成的框架构造，其空间网架结构中充满了空腔与孔道，具有较大的开放性和巨大的内表面积，孔中有可交换的碱、碱土金属阳离子和中性水分子，因而具有良好的选择吸附和离子交换功能。在水处理中，用来从废水、废液中脱除或回收金属离子，脱除废水中放射性污染物等。

（4）树脂吸附剂。树脂吸附剂是具有巨大网状结构的合成大孔径树脂，由苯乙烯、丙烯酯、吡啶等单体和乙二烯共聚而成。根据其结构特性，树脂吸附剂可分为非极性、弱极性、极性、强极性四类。具有吸附能力接近活性炭、稳定性高、选择性强、应用范围广等优点，是废水处理中有发展前途的一种新型吸附剂。

（5）腐殖质吸附剂。腐殖酸是一组具有芳香结构、性质与酸性物质相似的复杂混合，含有的活性基团有酚羟基、羧基、醇羟基、甲氧基、羰基、醌基、胺基、磺酸基等。这些活性基团决定了腐殖酸的阳离子吸附性能。用作吸附剂的腐殖酸类物质有两大类：一类是天然的富含腐殖酸的风化煤、泥煤、褐煤等，它们可直接或者经简单处理后作吸附剂用；另一类是把富含腐殖酸的物质用适当的黏合剂制备成腐殖酸系树脂，造粒成型后使用。腐殖酸类物质在吸附重金属离子后，容易解吸再生，重复使用。常用的解吸剂有 H_2SO_4、HCl、NaCl、$CaCl_2$ 等。腐殖酸类物质能吸附工业废水中的许多金属离子，如汞、镉、铅、铜、铬等，吸附率可达90% ~99%。

7.6 离子交换

7.6.1 基本原理

离子交换是应用离子交换剂（最常见的是离子交换树脂）分离含电解质的液体混合物的过程。离子交换过程是液固两相间的传质（包括外扩散和内扩散）与化学反应（离子交换反应）过程，通常离子交换反应进行得很快，过程速率主要由传质速率决定。

离子交换反应一般是可逆的，在一定条件下被交换的离子可以解吸（逆交换），使离子交换剂恢复到原来的状态，即离子交换剂通过交换和再生可反复使用。同时，离子交换反应是定量进行的，所以离子交换剂的交换容量（单位质量的离子交换剂所能交换的离子的当量数或摩尔数）是有限的。

7.6.1.1 离子交换平衡

离子交换反应通式为：

$$nR^-A^+ + B^{n+} \rightleftharpoons R_n^-B^{n+} + nA^+ \tag{7-46}$$

这里 R^- 是交换树脂上的阴离子基团，A^+ 和 B^{n+} 是溶液中的阴离子，离子交换达到平衡，则有：

$$K_{A^+}^{B^{n+}} = \frac{(R_n^-B^{n+})_r(A^+)_s^n}{(R^-A^+)_r^n(B^{n+})_s} \tag{7-47}$$

式中 $(R_n^-B^{n+})_r$——树脂中 B^{n+} 的活度；

$(A^+)_s$——溶液中 A^+ 的活度；

$(R^-A^+)_r$——树脂中 A^+ 的活度；

$(B^{n+})_s$——溶液中 B^{n+} 的活度。

若用浓度代替活度关系则为：

$$K_{A^+}^{B^{n+}} = \frac{[R_n^-B^{n+}]_r[A^+]_s^n}{[R^-A^+]_r^n[B^{n+}]_s} \tag{7-48}$$

式中 $[R_n^-B^{n+}]_r$，$[R^-A^+]_r$——平衡时树脂中 B^{n+}、A^+ 的浓度，mol/L；

$[B^{n+}]_s$，$[A^+]_s$——平衡时水中 B^{n+}、A^+ 的浓度，mol/L。

当一价离子对一价离子进行交换时：

$$K_{A^+}^{B^+} = \frac{[R^-B^+]_r[A^+]_s}{[R^-A^+]_r[B^+]_s} \tag{7-49}$$

当一价离子对二价离子进行交换时：

$$K_{A^+}^{B^{2+}} = \frac{[R_2^- B^{2+}]_r \ [A^+]_s^2}{[R^- A^+]_r^n \ [B^{2+}]_s} \qquad (7-50)$$

由于系数 $K_{A^+}^{B^{n+}}$ 并非常数，它依赖于离子交换剂的性质以及溶液中离子的种类和浓度，还与离子交换树脂对溶液中不同离子具有的不同交换选择性质有关。系数 $K_{A^+}^{B^{2+}}$ 是用来判断交换反应方向和交换程度的一个重要参数，由于其大小能相对反映树脂对不同离子的结合能力，所以我们把系数 $K_{A^+}^{B^{2+}}$ 称为离子交换选择系数。表 7－9 给出阳离子树脂对不同离子的选择系数。

表 7－9　阳离子树脂对不同阳离子的选择系数

离子	交联度/%			离子	交联度/%		
	4	8	12		4	8	12
氢	1.0	1.0	1.0	铁	2.4	2.55	2.7
锂	0.9	0.85	0.81	锌	2.6	2.7	2.8
钠	1.3	1.5	1.7	钴	2.65	2.8	2.9
铵	1.6	1.95	2.3	镉	2.8	2.95	3.3
钾	1.75	2.5	3.05	镍	2.85	3.0	3.1
铯	2.0	2.7	4.2	钙	3.4	3.9	4.6
铜	3.2	5.3	9.5	锶	3.85	4.95	6.25
银	6.0	7.6	12.0	汞	5.1	7.2	9.7
锰	2.2	2.35	2.5	铅	5.4	7.5	10.1
镁	2.4	2.5	2.6	钡	6.15	8.7	11.6

表 7－9 中所给的选择系数 K 的值是以对 H^+ 的选择系数为 1 作为基准，要计算任意离子的选择系数可用下式计算：

对一价离子

$$K_{A^+}^{B^+} = \frac{K_{H^+}^{B^+}}{K_{H^+}^{A^+}} \qquad (7-51)$$

对二价离子

$$K_{A^+}^{B^{2+}} = \frac{K_{H^+}^{B^{2+}}}{(K_{H^+}^{A^+})^2} \qquad (7-52)$$

由关系式推导如下：

离子交换反应式为　$R^-H^+ + B^+ \rightleftharpoons R^-B^+ + H^+$

得到

$$K_{H^+}^{B^+} = \frac{[R^-B^+][H^+]}{[R^-H^+][B^+]} \qquad (7-53)$$

离子交换反应式为　$R^-H^+ + A^+ \rightleftharpoons R^-A^+ + H^+$

得到

$$K_{H^+}^{A^+} = \frac{[R^-A^+][H^+]}{[R^-H^+][A^+]} \qquad (7-54)$$

那么由离子交换反应式得　$R^-A^+ + B^+ \rightleftharpoons R^-B^+ + A^+$

所以得

$$K_{A^+}^{B^+} = \frac{K_{H^+}^{B^+}}{K_{H^+}^{A^+}} \qquad (7-55)$$

根据离子选择系数，便可知道树脂对离子的相对亲和力。一般树脂对离子亲和能力的大小有以下规律：化合价高的离子的亲和能力大于低价离子，但是这种亲和力随着溶液中总离子浓度的减小而增加；同时离子交换反应的程度随着水合离子半径的减小和原子序数的增加而增加；溶液中离子浓度高时，交换反应不遵循以上规律。在水处理中，选用对某种离子高亲和力的树脂去除该离子，可提高交换速率，充分利用交换容量。但再生时则需要较高的再生液浓度。

7.6.1.2　离子交换速度

离子扩散过程与离子交换时间的关系，即离子交换速度问题。从离子交换动力学可知，离子扩散过程如下：离子从溶液主体向颗粒表面扩散，穿过颗粒表面液膜，之后离子继续在颗粒内交联网孔中扩散，直至达到某一活性基团位置；这时目的离子和活性基团中的可交换离子发生交换反应，被交换下来的离子沿着与目的离子运动相反的方向扩散，最后被主体水流带走。交换过程中，目的离子和活性基团中的可交换离子的交换属于离子之间的化学反应，其反应速度非常快。因此，离子交换速度为膜扩散和孔道扩散中的一种所控制。如果离子的膜扩散速度大于孔道扩散速度，则前者控制着离子交换速度；如果离子的膜扩散速度小于孔道扩散速度，则后者控制着离子交换速度。以下几个因素可能对离子交换速度产生影响：

（1）溶液浓度的大小是影响扩散过程的重要因素。当水中离子浓度在 0.1mol/L 以上时，离子的膜扩散速度很快，此时，孔道扩散过程成为控制步骤，通常树脂再生过程即属于这种情况。当水中离子浓度在 0.003mol/L 以下时，离子的膜扩散速度变得很慢，在此情况下，离子交换速度受膜扩散过程所控制，水的离子交换软化过程即属于这种情况。

（2）树脂的交联度越大，网孔越小，则内扩散越慢。

（3）被交换的电荷数和水合离子的半径越大，内孔扩散速度越慢。

（4）膜扩散过程与流速或搅拌速率有关，这是由于边界水膜的厚度反比于流速或搅拌速率的缘故，但是孔道扩散过程基本与此无关。

（5）对孔道扩散来讲，交联度对离子交换速度的影响比膜扩散更为显著。

7.6.2　离子交换树脂

离子交换剂可分为无机离子交换剂和有机离子交换剂两类。前者如天然沸石和人造沸石等；后者是一种高分子聚合物电解质，称为离子交换树脂，它是使用最广泛的离子交换剂。

7.6.2.1　离子交换树脂的种类

离子交换树脂按照功能基团的性质可分为：含有酸性基团的阳离子交换树脂、含有碱性基团的阴离子交换树脂、含有胺羧基团等的整合树脂、含有氧化-还原基团的氧化还原树脂（或称电子交换树脂）以及两性树脂，还有新近发展起来的萃淋树脂（或称溶剂浸渍树脂）等。其中，阳、阴离子交换树脂按照活性基团电离的强弱程度，又可分为强酸树脂（如—SO_3H）、弱酸树脂（如—COOH）、强碱树脂（如—$N(CH_3)^{3+}OH$）、弱碱树脂（如—NH_2）。

离子交换树脂按树脂类型和孔结构的不同可分为：凝胶型树脂、大孔型树脂、多孔凝胶型树脂、巨孔型（MR 型）树脂、高巨孔型（超 MR 型）树脂等。如果按树脂交联度（交联剂含量的百分数）大小分类，可把离子交换树脂分为：低交联度树脂（2%～4%）、一般交联度树脂（7%～8%）、高交联度树脂（12%～20%）等三种。实际中常用的是交联度为7%～12%的树脂。此外，习惯上还按照出厂形式即活动离子的名称，把交换树脂简称为H型、Na型、OH型、Cl型树脂等。

7.6.2.2 离子交换树脂的基本性能

（1）交换选择性。离子交换树脂对水溶液或废水中某种离子优先交换的性能，称为树脂的交换选择性，简称选择性。它是表征树脂对不同离子亲和能力的差别。离子交换的选择性与许多因素有关。

1）在低浓度和常温下，离子的交换势（即交换离子与固定离子结合的能力）随溶液中离子价数的增加而增加，如 $Th^{4+}>La^{3+}>Ca^{2+}>Na^{+}$。

2）在低浓度和常温下，价数相同时，交换势随原子序数增加而增加。这是因为原子序数大，水化离子半径小，作用力就强，如 $Ba^{2+}>Sr^{2+}>Ca^{2+}>Mg^{2+}$。

3）交换势随离子浓度的增加而增大。高浓度的低价离子甚至可以把高价离子置换下来，这就是离子交换树脂能够再生的依据。

4）H^{+}离子和OH^{-}离子的交换势，取决于它们与固定离子所形成的酸或碱的强度，强度越大，交换势越小。

5）金属在溶液中呈配位阴离子存在时，交换势一般降低。

（2）交换容量。离子交换树脂交换能力的大小以交换容量来衡量，它表示树脂所能吸着（交换）的交换离子数量。

1）全交换容量（或称总交换容量），指离子交换树脂内全部可交换的活性基团的数量。此值决定于树脂内部组成，与外界溶液条件无关。这是一个常数，通常用滴定法测定。

2）平衡交换容量，指在一定的外界溶液条件下，交换反应达到平衡状态时，交换树脂所能交换的离子数量，其值随外界条件变化而异。

3）工作交换容量，或称实用交换容量，是指在某一指定的应用条件下树脂表现出来的交换容量。例如，在离子交换柱进行交换的运行过程中，当出水中开始出现需要脱除的离子时，或者说达到穿透点时，交换树脂所达到的实际交换容量。故有时也称穿透交换容量。

树脂的全交换容量最大，平衡交换容量次之，工作交换容量最小。后两者只是全交换容量的一部分。离子交换容量的单位可用每单位质量干树脂所能交换的离子数量来表示，单位为mol/g(干)；也可用每单位体积湿树脂所能交换的离子数量来表示，单位为mol/mL(湿)。

（3）溶胀性。各种离子交换树脂都含有极性很强的交换基团，因此亲水性很强。树脂的这种结构使它具有溶胀和收缩的性能。树脂溶胀或收缩的程度以溶胀率表示。品种不同的树脂具有不同的溶胀率；同一种树脂，活动离子形式不同，其体积也不相同，因此树脂在转型时就会发生体积改变；此外溶液不同，树脂溶胀率也不一样，所以当树脂浸入某种溶液时就会产生溶胀或收缩。树脂的这种溶胀和收缩性能，直接影响树脂的操作条件和使用寿命，因此在交换器的设计和使用过程中，都应注意这一因素。

（4）物理和化学稳定性。树脂的物理稳定性是指树脂受到机械作用时（包括在使用过程中的溶胀和收缩）的磨损程度，还包括温度变化时对树脂影响的程度。树脂的化学稳定性包括承受酸碱度变化的能力、抵抗氧化还原的能力等。树脂稳定性是选择和使用树脂时必须注意的因素之一。

（5）粒度和密度。树脂粒度对水流分布、床层压力有很大影响。密度对设计计算交换柱，对交换柱反洗强度以及对混合床再生前分层分离状况等都有关系。所以，这些性能在选择和使用离子交换树脂时必须予以考虑。

7.6.3　离子交换法的应用

7.6.3.1　含汞废水的处理

当汞在废水中呈 Hg^{2+} 或 $HgCl^+$ 或 CH_3Hg^+ 等阳离子形态存在时，含巯基（—SH）的树脂如聚硫代苯乙烯阳离子交换树脂，对它们的分离具有特效，其反应如下：

$$2RSH + Hg^{2+} \longrightarrow (RS)_2Hg + 2H^+$$

$$RSH + HgCl^+ \longrightarrow RSHgCl + H^+$$

$$RSH + CH_3Hg^+ \longrightarrow RSHgCH_3 + H^+$$

国外用大孔巯基树脂进行交换，在 pH = 2 的条件下，处理含汞 20 ~ 50mg/L 的氯碱废水，出水含汞在 0.002mg/L 以下。我国某研究部门用国产大孔巯基树脂处理甲基汞废水的研究取得了良好的结果，该法的流程是：将甲基汞废水通入巯基树脂交换柱进行交换，然后用盐酸 - 氯化钠溶液洗脱，洗脱液经紫外光照射迅速分解后，再用铜屑还原回收金属汞。经过处理，出水中含甲基汞 1ppb 以下，汞得以回收。

7.6.3.2　含铬废水的处理

在废水中镉也有两种离子形态。氰化镀镉淋洗水中的银为四氰络镉阴离子 $Cd(CN)_4^{2-}$，它可以用 D370 大孔叔胺型弱碱性阴离子交换树脂来处理，出水含镉低于国家排放标准，镉还可以回收利用。另外一种废水中的镉以 Cd^{2+} 离子或者 $Cd(NH_3)_4^{2+}$ 络离子形态存在，如镀银漂洗水，含镉约 20mg/L，pH 值为 7 左右，采用 Na 型 DK110 阳离子交换树脂处理，得到很好的效果。据报道，已有许多除镉的特效树脂可用于废水处理或回收银。当处理含镉 50 ~ 250mg/L 的废水时，回收镉的价值可使离子交换装置的投资在半年到两年内得到补偿。

7.6.3.3　脱氮除磷

在城市污水的深度处理中，也可用离子交换法去除常规二级处理中难以去除的营养物质磷和氮，使水质达到受纳水体或某具体回用目的水质标准。

氯型强碱性阴离子交换树脂吸着磷酸的反应如下：

$$2RCl + HPO_4^{2-} \longrightarrow R_2HPO_4 + 2Cl^-$$

树脂的选择性次序为：$PO_4^{3-} > HPO_4^{2-} > H_2PO_4^-$，但吸着量以一价的 $H_2PO_4^-$ 为最大。三价铁离子型的强酸性阳离子交换树脂也能吸着磷酸，这种树脂对污水二级处理出水进行深度处理时，磷酸的吸附量为 2.75kg（磷）/m^3（树脂），处理后出水的磷酸浓度在 0.01mg/L(磷）以下。再生时使用三氯化铁溶液。

用氯型阳离子交换树脂对污水二级处理出水进行处理时，一个工作周期的处理水量约为树脂量的 170 倍，硝酸根离子的去除率为 77%，处理出水的硝酸根离子浓度降到 1.3mg/L。

7.6.3.4 水的软化

水中的 Ca^{2+}、Mg^{2+} 含量在 0.4mmol/L 以上时称为硬水，如果硬水中含有 HCO^{3-} 时，则加热时会产生 $CaCO_3$ 和 $MgCO_3$ 沉淀，锅炉在使用这种水时在运行中会有结垢，造成危害。离子交换法软化水是将水中的 Ca^{2+}、Mg^{2+} 除去，使水软化，因此实质是一种化学脱盐法，软化水系统一般以减少水中钙镁离子的含量为主；有些软化系统中还可以去掉水中的碳酸盐，甚至还可以降低水中阴阳离子的含量，即降低水中的含盐量。

7.6.3.5 除盐水、纯水、高纯水的制备

纯水是随着工业对水质要求的日益严格而不断发展起来的。如半导体集成电路的日趋微型化，工艺用水的纯度要求越来越高，目前纯水已经成为集成电路的基础材料之一。超纯水制备中离子交换树脂是最主要的纯化手段，是脱盐的关键。通过离子交换反应将原水中的所有溶解性的盐类以及游离态的酸碱离子除去，可制取除盐水。

用离子交换树脂制取去离子水的工艺过程是使原水先通过强酸性阳离子交换树脂除去阳离子，再通过强碱性阴离子交换树脂去掉阴离子，选用何种除盐水系统和设备主要依据出水质量、系统产水量及进水水质情况。

纯水或高纯水在工业部门科研机构尖端技术领域中有广泛的应用，高纯水除对水中残余无机盐的含量要求极严格以外，对水中的各种金属离子的含量、有机物的含量、微粒粒径、微生物的数量均有严格的指标；纯水系统的对象与高纯水的相同，超纯水系水质接近理论值的纯水。

7.7 膜分离法

7.7.1 概述

膜是指在一种流体相内或是在两种流体相之间有一层薄的凝聚相，它把流体相分隔为互不相通的两部分，并能使这两部分之间产生传质作用。而膜分离法是利用天然或人工合成的、有选择透过性的薄膜，在外力的推动下（如浓度差、压力差或电位差等）对水溶液中的混合物质进行分离、提纯、浓缩的方法的统称。自从 20 世纪 60 年代开始大规模工业化应用以来，膜分离法发展十分迅速，其品种日益丰富，应用领域不断扩展，被认为是 20 世纪末到 21 世纪初最有发展前途的高新技术之一。由于在膜分离过程中，物质不发生相变（个别膜过程除外），分离效果好，操作简单，可在常温下避免热破坏，使得膜分离技术在化工、电子、纺织、轻工、冶金、石油和医药等领域得到广泛的应用，发挥着节能、环保和清洁等作用，在国民经济中占有重要的战略地位。膜分离法已越来越受到人们的重视，与之相关的科学研究工作也日益活跃。

常见的膜分离法有反渗透（RO）、超滤（UF）、微滤（MF）、纳滤（NF）、电渗析（ED）等。其中，几种常见的膜技术一般特点见表 7－10。

表 7－10 常用膜技术一般特点

膜的种类	膜的功能	分离推动力	透过物质	被截留物质
微滤	多孔膜、溶液的微滤、脱微粒子	压力差	水、溶剂和溶解物	悬浮物、细菌类、微粒子、大分子有机物

续表 7-10

膜的种类	膜的功能	分离推动力	透过物质	被截留物质
超滤	脱除溶液中的胶体、各类大分子	压力差	溶剂、离子和小分子	蛋白质、各类酶、细菌、病毒、胶体、微粒子
反渗透和纳滤	脱除溶液中的盐类及低分子物质	压力差	水和溶剂	无机盐、糖类、氨基酸、有机物等
渗析	脱除溶液中的盐类及低分子物质	浓度差	离子、低分子物、酸、碱	无机盐、糖类、氨基酸、有机物等
电渗析	脱除溶液中的离子	电位差	离子	无机、有机离子
渗透蒸发或渗透汽化	溶液中的低分子及溶剂间的分离	压力差、浓度差	蒸汽	液体、无机盐、乙醇溶液

7.7.2 膜过滤理论

7.7.2.1 通透量理论

通透量理论是一种基于粒子悬浊液在毛细管内流动的毛细管理论。对于反渗透、超滤和微滤这三种操作，影响透过通量的因素很多。但这三种膜分离操作的透过通量基本上均可用浓度极化（凝胶）极化模型描述。

浓度（凝胶）极化模型的要点是：在膜分离操作中，所有溶质均被透过液传送到膜表面上，不能完全透过膜的溶质受到膜的截留作用，在膜表面附近浓度升高。这种在膜表面附近浓度高于主体浓度的现象称为浓度极化或浓差极化。膜表面附近浓度升高，增大了膜两侧的渗透压差，使有效压差减小，透过通量降低。当膜表面附近的浓度超过溶质的溶解度时，溶质会析出，形成凝胶层。当分离含有菌体、细胞或其他固形成分的料液时，也会在膜表面形成凝胶层，这种现象称为凝胶极化。凝胶层的形成对透过产生附加的传质阻力，由此可以得出：

$$J_V = \frac{\Delta p - \Delta\pi}{\mu_L(R_m - R_g)} \tag{7-56}$$

式中 J_V——溶质的质量通量，m/s；

Δp——膜两侧的压力差，Pa；

$\Delta\pi$——膜两侧溶液的渗透压差，Pa；

μ_L——料液的黏度，Pa·s；

R_m——膜的阻力，m^{-1}；

R_g——凝胶的阻力，m^{-1}。

（1）生物分子透过通量的浓度极化模型方程：

$$J_V = k\ln\left(\frac{c_m - c_p}{c_b - c_p}\right)$$

其中

$$k = \frac{D}{\delta} \tag{7-57}$$

式中 J_V——透过通量，m/s；

D——溶质的扩散系数，m^2/s；

δ——虚拟滞流底层厚度，m；

c_m——膜表面浓度，mol/L；

c_b——主体料液浓度，mol/L；

c_p——透过液浓度，mol/L；

k——传质系数，m/s。

（2）菌体悬浮液在高压条件下生物大分子溶液透过通量的凝胶极化模型方程：

$$J_V = k\ln\frac{c_g}{c_b} \tag{7-58}$$

式中 J_V——透过通量，m/s；

c_g——凝胶层浓度，mol/L；

c_b——透过液浓度，mol/L；

k——传质系数，m/s。

由式（7-58）可以看出，当压力很高时，溶质在膜表面形成凝胶极化层，溶质的透过阻力极大，透过液浓度即很小，可忽略不计。

7.7.2.2 截留作用

截留率表示膜对溶质的截留能力，可用小数或百分数表示，那么公式如下：

$$R_0 = 1 - \frac{c_p}{c_m} \tag{7-59}$$

式中 R_0——截留率,%；

c_p——透过液中溶质浓度，mol/L；

c_m——膜表面的极化浓度，mol/L。

由于膜表面的极化浓度 c_m 不易测定，通常只能测定料液的体积浓度，因此常用表观截留率 R，表达式为：

$$R = 1 - \frac{c_p}{c_b} \tag{7-60}$$

式中 R——表观截留率,%；

c_p——透过液中溶质浓度，mol/L；

c_b——料液中溶质浓度，mol/L。

通过测定超滤前后保留液浓度和体积可计算截留率：

$$R = \frac{\ln(c/c_0)}{\ln(V_0/V)} \tag{7-61}$$

式中 c_0——溶质初始浓度，mol/L；

c——溶质超滤后的浓度，mol/L；

V_0——料液初始体积，m^3；

V——料液超滤后的体积，m^3。

通过测定相对分子质量不同的球形蛋白质或水溶性聚合物的截留率，可获得膜的截留率与溶质相对分子质量之间的关系曲线，即截留曲线。一般将在截留曲线上截留率为0.90（90%）的溶质相对分子质量定义为膜的截留相对分子质量（MMCO）。

MMCO 只是表征膜特性的一个参数，不能作为选择膜的唯一标准。膜的优劣应从多方面（如孔径分布、透过通量、耐污染能力等）加以分析和判断。

7.7.3 主要的膜分离法介绍

7.7.3.1 微滤

与常规过滤相比，微滤属于精密过滤，它是截留溶液中的砂砾、淤泥、黏土等颗粒和贾第虫、隐孢子虫、藻类和一些细菌等，而大量溶剂、小分子及少量大分子溶质都能透过膜的分离过程。微滤操作有死端（deadend，又称垂直流）过滤和错流（cross - flow，又称切线流）过滤两种形式。死端过滤主要用于固体含量较小的流体和一般处理规模，膜大多数被制成一次性的滤芯。错流过滤对于悬浮粒子大小、浓度的变化不敏感，适用于较大规模的应用，这类操作形式的膜组件需要经常进行周期性的清洗或再生。

微滤膜分离过程是在流体压力差的作用下，利用膜对被分离组分的尺寸选择性，将膜孔能截留的微粒及大分子溶质截留，而使膜孔不能截留的粒子或小分子溶质透过膜。

微滤膜的截留机理因其结构上的差异而不尽相同，大体可分为：

（1）机械截留作用。膜具有截留比其孔径大或与其孔径相当的微粒等杂质的作用，即筛分作用。

（2）吸附截留作用。膜表面的所荷电性及电位也会影响到其对水中颗粒物的去除效果。水中颗粒物一般表面荷负电，膜的表面所带电荷的性质及大小决定其对水中颗粒物产生静电力的大小。此外，膜表面力场的不平衡性，也会使得膜本身具有一定的物理吸附性能。

（3）架桥作用。粒径大于膜孔的颗粒会在膜的表面形成滤饼层，起到架桥的作用。这样就使得膜能够将粒径小于膜孔的某些物质也能截留下来。

（4）网络内部截留作用。对于网络型膜，其截留作用以网络内部截留作用为主。这种截留作用是指将微粒截留在膜的内部，而不是在膜的表面。

由上可见，对膜过滤过程来讲，膜对水中污染物质的去除效果不仅依靠膜孔的机械截留作用，而且与膜表面的荷电性、膜内部结构以及料液中颗粒物的性质有关。

微滤膜主要用于分离尺寸为 0.01 ~ 10μm 的污染物质，并且由于其具有抗污染能力强、处理成本低等特点，在环境领域，其广泛应用于工业废水处理、城市污水处理等。

微滤工艺存在抗膜污染能力强、操作压力低、经济成本低等优点，但也由于膜孔尺寸的限制，若直接用于工业废水的处理，对水中污染物质的去除效率受到一定的限制。

对于工业废水的处理，主要采用混凝 + 微滤工艺。通过混凝剂的吸附架桥、絮团卷扫等作用，将污水中尺寸较小的胶体、微粒及溶解态污染物结合于混凝剂所形成的絮团上，然后借助微滤膜对絮体的截留去除而实现对污水的净化。其中对重金属废水、制革废水、造纸废水等工业废水的处理效果好。微滤也常作为反渗透、超滤等的预处理，因为微滤作为预处理能降低后端反渗透、超滤等处理设施的污染负荷，减轻膜污染现象，延长后端膜处理系统的使用寿命。

7.7.3.2 超滤

超滤是在压差推动力作用下进行的筛孔分离过程，它介于纳滤和微滤之间，膜孔径范围在 1nm ~ 0.05μm 之间。最早使用的超滤膜是天然动物的脏器薄膜。直至 20 世纪 70 年代，超滤从实验规模的分离手段发展成为重要的工业分离单元操作技术，工业应用发展十分迅速。

超滤所分离的组分直径为5nm～10μm，可分离相对分子质量大于500的大分子和胶体。这种液体的渗透压很小，可以忽略。因而采用的操作压力较小，一般为0.1～0.5MPa，所用超滤膜多为非对称膜，通常由表皮层和多孔层组成。表皮层较薄，其厚度一般小于1μm，其膜孔径较小，主要起筛分作用。多孔层厚度较大，一般为125μm左右，主要起支撑作用。膜的水透过通量为0.5～5.0$m^3/(m^2 \cdot d)$。

从膜的结构上来讲，超滤的分离机理主要包括筛分理论，即原料液中的溶剂和小的溶质粒子从高压料液侧透过膜到低压侧，而大分子及微粒组分则被膜截留形成浓缩液，通过膜孔对原料液中颗粒物及大分子的筛分作用，将污染物质截留去除。

在实际情况中，超滤膜对污染物质的去除并不能都由筛分理论解释。某些情况下，超滤膜材料的表面化学特性起到了决定性的作用。在一些超滤过程中，超滤膜孔径大于溶质的粒径，但仍能将溶质截留下来。可见，超滤膜的分离性能是由膜孔径和膜的表面化学性质综合决定的。

用于衡量超滤膜性能的基本参数包括截留分子量曲线和纯水渗透率。

超滤膜对具有相似化学结构的不同相对分子质量的化合物的截留率（7.2节）所得的曲线称为截留分子量曲线。根据截留分子量曲线可知截留量大于90%或95%的相对分子质量，该相对分子质量即为截留分子量。在截留分子量附近，截留分子量曲线越陡，膜的分离性能越好。

超滤技术由于对蛋白质、大分子有机物等污染物质的高效去除能力，它可以处理造纸废水并对某些成分进行浓缩回用，也可以有效去除纺织印染废水中的有机组分以及矿冶、机械制造、电子、仪表等工业生产过程中排出的含重金属的废水等。这说明超滤膜在工业废水处理中得到了广泛的应用。中水回用方面，采用超滤能够高效去除污水中COD、SS、细菌、病毒等污染物，如清河污水处理厂再生水二期工程的建设规模为$32 \times 10^4 m^3/d$，主要采用超滤工艺。超滤作为反渗透的预处理可以将水中的悬浮物、大分子有机物等污染物质截留去除，有效降低后端反渗透的膜污染程度，提高其产水率和反渗透膜的使用寿命。

近年来，超滤作为饮用水生产工艺逐渐得到了广泛的应用。超滤可以去除微污染地表水中的藻类、微生物、胶体等污染物质，用来生产饮用水。超滤也可以与混凝或氧化处理结合，去除地下水中的铁锰离子或氟离子，用来生产饮用水。

7.7.3.3 纳滤

纳滤（NF）是20世纪80年代后期发展起来的一种介于反渗透和超滤之间的新型膜分离技术。纳滤膜的截留相对分子质量在200～1000之间，膜孔径约为1nm左右，适宜分离大小约为1nm的溶解组分，故称为纳滤。纳滤的操作压力通常为0.5～1.0MPa，一般比反渗透低0.5～3MPa，并且由于其对料液中无机盐的分离性能，因此纳滤又被称为“疏松反渗透”或“低压反渗透”。纳滤技术是为了适应工业软化水及降低成本的需要而发展起来的一种新型的压力驱动膜过滤。

纳滤膜分离在常温下进行，无相变，无化学反应，不破坏生物活性，能有效地截留二价及高价离子和相对分子质量高于200的有机小分子，而使大部分一价无机盐透过，可分离同类氨基酸和蛋白质，实现高分子量和低分子量有机物的分离，且成本比传统工艺低，因而被广泛应用于超纯水的制备、食品、化工、医药、生化、环保、冶金等领域的各种浓缩和分离过程。

纳滤膜的一个显著特征是膜表面或膜中存在带电基团，因此纳滤膜分离具有两个特性，即筛分效应和电荷效应。相对分子质量大于膜的截留分子量的物质将被膜截留，反之则透过，这就是膜的筛分效应。膜的电荷效应又称为Donnan效应，是指离子与膜所带电荷的静电相互作用。对不带电荷的分子的过滤主要是靠筛分效应。利用筛分效应可以将不同相对分子质量的物质分离；而对带有电荷的物质的过滤主要依靠荷电效应。

纳滤与超滤、反渗透一样，均是以压力差为驱动力的膜过程，但其传质机理有所不同。一般认为，超滤膜由于孔径较大，传质过程主要为筛分效应；反渗透膜属于无孔膜，其传质过程为溶解-扩散过程（静电效应）；纳滤膜存在纳米级微孔，且大部分荷负电，对无机盐的分离行为不仅受化学势控制，同时也受电势梯度的影响。

对于纯电解质溶液，同性离子会被带电的膜活性层所排斥，而如果同性离子为多价，则截留率会更高。同时为了保持电荷平衡，反离子也会被截留，导致电迁移流动与对流方向相反。但是，带多价反离子的共离子较带单价反离子的共离子的截留率要低，这可能是由多价反离子对膜电荷的吸附和屏蔽作用所致。对于两种同性离子混合物溶液，根据唐南理论，与它们各自的单纯盐溶液相比，多价共离子比单价共离子更容易被截留。两种共离子的混合液，由于它们迁移率的不同，使低迁移率的反离子的截留逐渐减少而高迁移率的反离子的浓度增加，造成电流和电迁移的“抵消”。

纳滤膜对极性小分子有机物的选择性截留是基于溶质的尺寸和电荷。溶质的传递可以理解为以下两步：第一步，根据离子所带的电荷选择性地吸附在膜的表面；第二步，在扩散、对流、电泳移动性的共同作用下传递通过膜。

纳滤膜由于其膜孔径尺寸及表面化学特性，可以应用于多价盐离子与单价盐离子的分离、高相对分子质量有机物与低相对分子质量有机物的去除。纳滤膜由于其特殊的分离性能被成功地应用于制糖、造纸、电镀、机械加工等行业废水（液）的处理上。

除了工业废水的处理，纳滤膜最大的应用领域要属饮用水的软化和有机物的脱除，因为纳滤既能将水中小分子的有机污染物（相对分子质量介于200~1000）、重金属离子、硬度离子等多价无机盐离子去除，又能较好地保留对人体有益的一价无机盐离子，处理出水能够满足饮用水的水质要求。

7.7.3.4 反渗透

溶剂与溶液被半透膜隔开，半透膜两侧压力相等时，纯溶剂通过半透膜进入溶液侧使溶液浓度变低的现象称为渗透。此时，单位时间内从纯溶剂侧通过半透膜进入溶液侧的溶剂分子数目多于从溶液侧通过半透膜进入溶剂侧的溶剂分子数目，使得溶液浓度降低。当单位时间内，从两个方向通过半透膜的溶剂分子数目相等时，渗透达到平衡。如果在溶液侧加上一定的外压，恰好能阻止纯溶剂侧的溶剂分子通过半透膜进入溶液侧，则此外压称为渗透压。渗透压取决于溶液的系统及其浓度，且与温度有关，如果加在溶液侧的压力超过了渗透压，则使溶液中的溶剂分子进入纯溶剂内，此过程称为反渗透。

反渗透膜分离过程是利用反渗透膜选择性地透过溶剂（通常是水）而截留离子物质的性质，以膜两侧的静压差为推动力，克服溶剂的渗透压，使溶剂通过反渗透膜而实现对液体混合物进行分离的膜过程。因此，反渗透膜分离过程必须具备两个条件：一是具有高选择性和高渗透性的半透膜；二是操作压力必须高于溶液的渗透压。

反渗透膜分离过程可在常温下进行，且无相变、能耗低，可用于热敏感性物质的分离、浓缩；可有效地去除无机盐和有机小分子杂质；具有较高的脱盐率和较高的水回用率；膜分离装置简单，操作简便，易于实现自动化；分离过程要在高压下进行，因此需配备高压泵和耐高压管路；反渗透膜分离装置对进水指标有较高的要求，需对原水进行一定的预处理；分离过程中，易产生膜污染，为延长膜使用寿命和提高分离效果，要定期对膜进行清洗。

20 世纪 50 年代末以来，许多学者先后提出了各种不同的反渗透膜分离过程的传质机理和传质膜型，现将几种机理简介如下：

（1）溶解扩散理论。溶解扩散理论是朗斯代尔（Lonsdale）和赖利（Riley）等人提出的应用比较广泛的理论。该理论将反渗透膜的活性表面皮层看成是无缺陷的致密无孔膜，溶剂与溶质都能溶解于均质的非多孔膜表面皮层内，溶解量的大小服从亨利定律，在浓度或压力造成的化学位差推动下，从膜的一侧向另一侧扩散，再在膜的另一侧解吸。

溶质和溶剂在膜中的溶解扩散过程服从费克（Fick）定律。该机理认为溶质和溶剂都能溶于均质或非多孔型膜表面，以化学位差为推动力，通过分子扩散而实现渗透过程。因此，物质的渗透能力不仅取决于扩散系数，而且取决于其在膜中的溶解度。溶质和溶剂溶解度的差异及在膜相中扩散性的差异强烈地影响其透过膜的能力。溶质的扩散系数与水分子的扩散系数相差越大，在压力作用下，水与溶质在膜中的移动速度相差就越大，因而两者通过膜的分子数相差越多，渗透分离效果越明显。

溶解扩散理论的具体渗透过程为：溶质和溶剂在膜的料液侧表面吸附溶解；溶质和溶剂之间没有相互作用，它们在化学位差的作用下以分子扩散的形式渗透过反渗透膜的活性层；溶质和溶剂在膜的另一侧表面解吸。

在以上渗透过程中，一般假设溶解和解吸过程进行得较快，而渗透过程相对较慢，渗透速率取决于溶质和溶剂在膜内的扩散过程。该理论最适用于均相、高选择性的膜分离过程，如反渗透和渗透气化过程。

（2）优先吸附 - 毛细孔流理论。当溶液中溶有不同物质时，其表面张力将发生不同的变化。例如当水中溶入醇、酸、醛、酯等有机物质时，可使其表面张力减小；但溶入某些无机盐类时，反而会使其表面张力稍有增加。研究发现，溶质的分散是不均匀的，即溶质在溶液表面层中的浓度与溶液内部的浓度不同，这种溶质浓度的改变现象称为溶液表面的吸附现象。使表面层浓度大于溶液内部浓度的作用称为正吸附作用，反之称为负吸附作用。这种由表面张力引起的溶质在两相界面上正或负的吸附过程，可形成一个相当陡的浓度梯面，使得溶液中的某一成分优先吸附在界面上。这种优先吸附的状态与界面性质（物化作用力）密切相关。

索里拉金等人提出了优先吸附 - 毛细孔流理论。以氯化钠水溶液为例，溶质是氯化钠，溶剂是水，膜的表面选择性地吸收水分子而排斥氯化钠，盐是负吸附，水是正吸附，水优先吸附在膜的表面上。在压力作用下，优先吸附的水分子通过膜，从而形成了脱盐的过程。这种理论同时给出了混合物分离和渗透性的一种临界孔径的概念。当膜表面毛细孔直径为纯水层厚的 2 倍时，对一个毛细孔而言，将能够得到最大流量的纯水，此时对应的毛细孔径称为临界孔径。理论上讲，制膜时应使孔径为 2 倍纯水厚度的毛细孔尽可能多地存在，以使膜的纯水通量最大。当膜毛细孔的孔径大于临界孔径时，溶液将从毛细孔的中心部位通过而导致溶质的泄漏。

在该理论中，膜被假定为有微孔，分离机理由膜的表面现象和液体通过孔的传质所决定。膜层有优先吸附水及排斥盐的化学性质，使膜表面及膜孔内形成一层几乎为纯溶剂的溶剂层，该层优先吸附的溶剂在压力作用下，联结通过膜而形成产液，其坡度低于料液，在料液和膜表面层之间形成一层浓缩的边界层。根据该理论，反渗透过程是由平衡效应和动态效应两个因素控制的。平衡效应是指膜表面附近呈现的排斥力或吸引力；动态效应是指溶质和溶剂通过膜孔的流动性，既与平衡效应有关，又与溶质在膜孔中的位阻效应有关。

根据这一理论，索里拉金等人于1960年8月研制出一种具有高脱盐率和高通量的可用于海水脱盐的多孔醋酸纤维素反渗透膜。从此，反渗透开始作为海水和苦咸水淡化的技术进入实用装置的研制阶段。

（3）氢键理论。Reid等人提出，在醋酸纤维素膜中，由于氢键和范德华力的作用，大分子之间存在牢固结合的结晶区和完全无序的非结晶区。水和溶质不能进入晶区，溶剂水充满在非晶区，在接近醋酸纤维素分子的地方，水与醋酸纤维素羟基上的氧原子形成氢键，即所谓的结合水。在非晶区较大的空间里（假定为孔），结合水的占有率相对较低，在孔的中央存在普通结构的水，不能与醋酸纤维素形成氢键的离子或分子可以通过孔的中央部分迁移，这种迁移方式称为孔穴型扩散。能和膜形成氢键的离子或分子与醋酸纤维素的氧原子形成结合水，以有序扩散的方式进行迁移，通过不断改变和醋酸纤维素形成氢键的位置进行传递透过膜。在压力作用下，溶液中的水分子和醋酸纤维素的活化点——羰基上的氧原子形成氢键，而原来结合水的氢键被断开，水分子解离出来并随之转移到下一个活化点形成新的氢键，通过一连串的氢键形成与断开，水分子离开膜的表面致密层进入膜的多孔层，又由于膜的多孔层含有大量的毛细管水，故水分子可畅通地流到膜的另一侧。

氢键理论能够解释许多溶质的分离现象。该理论认为，作为反渗透的膜材料必须是亲水性的并能与水形成氢键，水在膜中的迁移主要是扩散。但是，氢键理论将水和溶质在膜中的迁移仅归结为氢键的作用，忽略了溶质-溶剂-膜材料之间实际存在的各种相互作用力。

（4）扩散-细孔流理论。Sherwood等人提出了扩散-细孔流理论，该理论是介于溶解扩散理论与优先吸附-毛细孔流理论之间的理论。该理论认为膜表面存在细孔，水和溶质在细孔和溶解扩散的共同作用下透过膜，膜的透过特性既取决于细孔流，也取决于水和溶质在膜表面的扩散系数。通过细孔的溶液量与整个膜的透水量之比越小，水在膜中的扩散系数比溶质在膜中的扩散系数越大，则膜的选择透过性越好。

（5）自由体积理论。Yasuda等人在自由体积的基础上提出了自由体积理论。该理论认为，膜的自由体积包括聚合物的自由体积和水的自由体积。聚合物的自由体积指的是在无水溶胀的由无规则高分子线团堆积而成的膜中，未被高分子占据的空间。水的自由体积指的是在水溶胀的膜中纯水所占据的空间。水可以在整个膜的自由体积中迁移，而盐只能在水的自由体积中迁移，从而使得膜具有选择透过性能。

目前，反渗透已成为海水和苦咸水淡化中最为常用的技术，并成为超纯水和纯水制备的优选技术。反渗透技术在料液分离、纯化和浓缩、锅炉水的软化、废液的回用以及微生物、细菌和病毒的分离方向都发挥着巨大的作用。

7.7.3.5 电渗析

人们很早就发现，一些动物膜如膀胱膜、羊皮纸（一种把羊皮刮薄做成的纸），有分隔水溶液中某些溶解物质（溶质）的作用。例如，食盐能透过羊皮纸，而糖、淀粉、树胶等则不能。如果用羊皮纸或其他半透膜包裹一个穿孔杯，杯中满盛盐水，放在一个盛放清水的烧杯中，隔上一段时间，会发现烧杯内的清水带有咸味，表明盐的分子已经透过羊皮纸或半透膜进入清水。如果把穿孔杯中的盐水换成糖水，则会发现烧杯中的清水不会带甜味。显然，如果把盐和糖的混合液放在穿孔杯内，并不断地更换烧杯里的清水，就能把穿孔杯中混合液内的食盐基本上都分离出来，使混合液中的糖和盐得到分离，这种方法称为渗析法。渗析时外加直流电场常常可以加速小离子自膜内向膜外的扩散，称为电渗析。

起渗析作用的薄膜，因其对溶质的渗透性有选择作用，故称为半透膜。近年来半透膜有很大的发展，出现很多由高分子化合物制造的人造薄膜，不同的薄膜有不同的选择渗析性。半透膜的渗析作用有三种类型：（1）依靠薄膜中孔道的大小分离大小不同的分子或粒子；（2）依靠薄膜的离子结构分离性质不同的离子，如用阳离子交换树脂做成的薄膜可以透过阳离子，叫阳离子交换膜，用阴离子树脂做成的薄膜可以透过阴离子，称为阴离子交换膜；（3）依靠薄膜有选择地溶解性分离某些物质，如醋酸纤维膜有溶解某些液体和气体的性能，而使这些物质透过薄膜。一种薄膜只要具备上述三种作用之一，就能有选择地让某些物质透过而成为半透膜。在废水处理中最常用的半透膜是离子交换膜。

电渗析过程原理如图7－9所示。这是一个简单的三隔室电渗析器，中间淡水室装有混合阴、阳离子交换树脂或装填离子交换纤维等，两边是浓室（与极室在一起）。

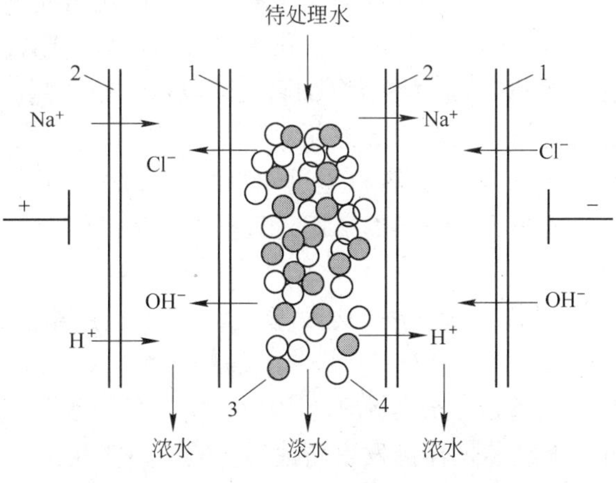

图7－9 电渗析原理图

1—阴离子交换膜；2—阳离子交换膜；3—阴离子交换树脂；4—阳离子交换树脂

电渗析的作用原理有以下几个过程：

（1）电渗析过程。在外电场作用下，水中电解质通过离子交换膜进行选择性迁移，从而达到去除离子的作用。

（2）离子交换过程。此过程靠离子交换树脂对水中电解质的交换作用，达到去除水中的离子的目的。

(3) 电化学再生过程。利用电渗析的极化过程水解离产生的H^+和OH^-及树脂本身的水解离作用对树脂进行电化学再生。

综合以上三点，系统的叙述电渗析过程为：水中离子首先因交换作用吸附于树脂颗粒上，再在电场作用下经由树脂颗粒构成的“离子传输通道”迁移到膜表面并透过离子交换膜进入浓室，在树脂、膜与水相接触的界面扩散层中的极化使水解离为H^+和OH^-，它们除部分参与负载电流外，大多数又对树脂起到再生作用，从而使离子交换、离子迁移、电再生三个过程相伴发生、相互促进，达到了连续的去离子过程。

在低含盐量条件下，电渗析与普通渗析相比，填充的离子交换树脂大大提高了膜间导电性，显著增强了从溶液向膜面的离子迁移，破坏了膜面的浓度滞流层中的“离子疲乏”状态。因此，消除了浓差极化的危害，利用了水解离过程，提高了极限电流密度，达到高度除盐，使电渗析与渗析有了本质的区别。

在实际应用中，电渗析一般和其他膜分离技术（UF、RO、MF）及紫外线（UV）等联合组成高纯水生产流程。如将RO用于电渗析的前级处理，由于电渗析实现深度脱盐，首先在微电子业及药用纯水领域获得应用，近年来在电力、电镀工业、原子能等工业方面有较大的应用，而且呈现发展的趋势。

7.7.3.6 渗透汽化

渗透汽化（即permeation vaporation，简称PV），最先由Kober于本世纪初提出，是近年来发展比较迅速的一种膜技术，它是利用膜对液体混合物中各组分的溶解性不同，及各组分在膜中的扩散速度不同从而达到分离目的。原则上，渗透汽化适用于一切液体混合物的分离，具有一次性分离度高、设备简单、无污染、低能耗等优点，尤其是对于共沸或近沸的混合体系的分离、纯化具有特别的优势，是最有希望取代精馏过程的膜分离技术。

按照形成膜两侧蒸气压差的方法，渗透汽化主要有以下几种形式：

(1) 减压渗透汽化。膜透过侧用真空泵抽真空，以造成膜两侧组分的蒸气压差。在实验室中若不需收集透过侧物料，用该法最方便。

(2) 加热渗透汽化。通过料液加热和透过侧冷凝的方法，形成膜两侧组分的蒸气压差。一般冷凝和加热费用远小于真空泵的费用，且操作也比较简单，但传质动力比减压渗透汽化小。

(3) 吹扫渗透汽化。用载气吹扫膜的透过侧，以带走透过组分，吹扫气需经冷却冷凝，以回收透过组分，载气循环使用。

(4) 冷凝渗透汽化。当透过组分与水不互溶时，可用低压水蒸气作为吹扫载气，冷凝后水与透过组分分层后，水经蒸发器蒸发重新使用。

渗透汽化与反渗透、超滤及气体分离等膜分离技术的最大区别在于物料透过膜时将产生相变。因此在操作过程中必须不断加入至少相当于透过物汽化潜热的热量，才能维持一定的操作温度。所以，经过总结可知，渗透汽化的特点：

(1) 分离系数大。针对不同物系的性质，选用适当的膜材料与制膜方法可以制得分离系数很大的膜，一般可达几十、几百、几千，甚至更高。因此只用单极即可达到很高的分离效果。

(2) 渗透汽化虽以组分的蒸气压差为推动力，但其分离作用不受组分汽-液平衡的限制，而主要受组分在膜内渗透速率控制。各组分分子结构和极性等的不同，均可成为其分离依据。因此，渗透汽化适合于用精馏方法难以分离的近沸物和恒沸物的分离。

（3）渗透汽化过程中不引入其他试剂，产品不会受到污染。

（4）过程简单，附加的处理过程少，操作比较方便。

（5）过程中透过物有相变，但因透过物量一般较少，汽化与随后的冷凝所需能量不大。

（6）渗透通量小，一般小于 1000g/(m^2 · h)；而选择性高的膜，其通量往往只有 100g/(m^2 · h）左右，甚至更低。

（7）膜后侧需抽真空，但通常采用冷凝加抽真空法，需要由真空泵抽出的主要是漏入系统的惰性气体，抽气量不大。

渗透汽化使用的是致密膜、有致密皮层的复合膜或非对称膜。原料液进入膜组件，流过膜面，在膜后侧保持低压。由于原液侧与膜后侧组分的化学位不同，原液侧组分的化学位高、膜后侧组分的化学位低，所以原液中各组分将通过膜向膜后侧渗透。因为膜后侧处于低压，所以组分通过膜后即汽化成蒸气，蒸气用真空泵抽走或用惰性气体吹扫等方法除去，使渗透过程不断进行。原液中各组分通过膜的速率不同，透过膜快的组分就可以从原液中分离出来。从膜组件中流出的渗余物可以是纯度较高的，透过速率较慢的组分的产物。对于一定的混合液来讲，渗透速率主要取决于膜的特质。采用适当的膜材料和制造方法可以制得对一种组分透过速率快，对另一组分渗透速率相对很少，甚至接近零的膜，因此渗透汽化过程可以高效地分离液体混合物。

膜的渗透通量和分离因子是表征渗透汽化膜分离性能的主要参数，它除与膜和被分离体系的物化性质、膜的几何结构有关外，还与温度和膜下游操作压力有关。

渗透汽化过程的传递机理，由于涉及渗透物和膜的结构和性质，以及渗透物组分之间、渗透物与膜之间复杂的相互作用，所以研究工作难度较大。目前已提出的机理模型，以溶解 - 扩散模型和孔流模型应用最多。

在水处理工程中，常用渗透汽化法进行有机物脱水，具体对象很多，将其分为恒沸物的分离和非恒沸物的分离。在水中有机物的脱除方面，虽然技术开发晚一些。到目前为止，对各种有机物的去除，包括醇、酸、酯、芳香族化合物、氯化碳氢化合物等已经进行了广泛研究，试验过各种材料，其中最常用的膜材料是硅橡胶。

7.8 水处理过程化学在特定物质去除中的应用

7.8.1 氟化物去除方法

氟是人体必需的微量元素，氟在自然界中主要是以萤石（CaF_2）、冰晶石（Na_3AlF_6）、氟镁石（MgF_2）、氟磷灰石（$Ca_5F(PO_4)_3$）等形式存在，这些矿物大都难溶或不溶于水。水体中的溶解氟主要来自于酸性环境下微量的矿物溶解以及含氟工业废水。人体主要通过饮水摄入氟元素，氟离子能够取代人体内促使骨骼和牙齿坚韧的主要物质。日常饮用水的含氟量低于 0.5mg/L 时会导致龋齿，但当饮水中氟含量超过 2mg/L 时可诱发氟斑牙，更高的浓度可导致氟骨病甚至急性氟中毒。随着工农业的发展，氟化物随着各种工农业排放物进入环境，如玻璃制造、电镀工艺、铬和钢铁生产等所排放的废水中含有大量的氟化物。此外，用氟磷灰石来生产化肥时也会排放大量的氟化物。世界卫生组织建议饮用水适宜含氟量为0.5～1mg/L，我国饮用水标准规定含氟量不得高于1mg/L；污水排放标准规定工业污水中氟元素最高允许排放量为10mg/L。所以，工业生产所排放的含氟废水必须经过严格控制和正确处理，以防止过量氟化物污染环境。目前，国内外高含氟饮用水和废水的处理方法有多种，其主要方法有化学沉淀法、混凝法、吸附法、反渗透法等。

7.8.1.1 废水中氟化物的去除方法

A 化学沉淀法

化学沉淀法是含氟废水处理常用的方法，即向废水中投加氢氧化钙或氯化钙，使废水中的氟离子与钙离子结合生成CaF_2沉淀，再通过固液分离的方法将F^-从废水中去除。一般来讲，化学沉淀法在高浓度含氟废水预处理中应用尤为普遍。

氯化钙溶解度高，可以以溶液状态投加到废水中，能够与废水中的氟离子充分混合反应形成固体物质氟化钙，固体渣量较少，溶加药简单，加药粉尘少，劳动强度相对较低，但氯化钙相比氢氧化钙价格高。许多含氟废水一般为酸性，使用氯化钙处理后的废水还需要进一步投加碱中和，增加了废水的处理成本。但是对于一些中性含氟废水，可以考虑使用氯化钙，由于同离子效应，水中含有溶解性钙盐时，可以降低氟化钙的溶解度，除氟效果相对好些。

相比氯化钙，氢氧化钙价格比较经济，既可以达到除氟效果，也可以达到中和废水pH值作用；但是使用氢氧化钙的除氟缺点是产生的渣量相对较大，投加过程中粉尘大。由于氢氧化钙的溶解度很低，一般只能以乳浊液形式投加。废水中反应生成的氟化钙、硫酸钙容易与未溶和未及时反应的氢氧化钙互相包裹，使氢氧化钙不能被充分反应利用，因此在废水处理过程中形成的沉淀物质中经常会发现有小米粒状颗粒物，为了达到较好的除氟效果，氢氧化钙使用需要过量，产生的渣量也较大。减少渣量的方法一般是加强废水和石灰乳浊液的搅拌反应，使之充分反应，降低投加乳浊液浓度。

化学沉淀法方法简单，处理费用低，存在二次污染问题，处理效果不是很理想。通过工程实践表明，采用投加氢氧化钙或氯化钙进行废水除氟，系统设备处理后的废水中氟离子浓度一般为15～30mg/L，很难达到国家一级排放标准；而且存在泥渣沉降缓慢、处理大流量排放物周期较长的缺点。因此，在投加钙盐除氟的基础上，可以联合使用磷酸钙、铝盐，可使废水中的氟浓度低于单纯使用钙盐的出水浓度，原理是F^-能与Al^{3+}等形成多种配合物，可经沉淀去除F^-。

B 混凝法

混凝法在目前处理含氟废水中应用得最多，其原理是向含氟废水中加入混凝剂，并用碱调试到适当的pH值，使其形成的絮体将废水中的氟离子通过吸附、离子交换、配合三种作用方式达到废水除氟的目的。混凝剂的种类很多，有有机和无机之分，在该法中铝盐和铁盐混凝法应用最多，也比较适用于工业废水的处理。

在实际污水处理工艺中，一般会经常使用聚合氯化铝（PAC）。铝盐投加到废水中以后生成矾花，会形成巨大面积的$Al(OH)_3$，具有很强的物理吸附和网捕作用，会对水中氟化钙等胶体物质具有良好的去除作用，同时OH^-与F^-发生离子交换、Al^{3+}与F^-发生一系列的配合反应，都可以将氟从废水中分离出来，达到净化水质的目的。

使用铝盐絮凝沉淀处理含氟废水，具有处理效果好、处理量大，可以将废水中的氟化物浓度一次性降到国家污水综合排放一级标准以下（氟化物浓度10mg/L）等特点。但该法也有缺点：使用范围有限，若废水含氟浓度高，絮凝剂用量会大大增多，处理费用较大，过多的絮凝剂也会导致废水处理过程中污泥量增加。采用铝盐絮凝法也受到废水pH值及Cl^-、SO_4^{2-}等阴离子浓度的影响较大，会影响废水的处理效果。使用铝盐絮凝剂时，废水的pH值一般控制在6.5~7.5之间效果比较理想。通过工程实践和分析计算，采用铝盐絮凝除氟工艺，比较适合一些氟离子浓度在100mg/L以下约几十毫克每升废水处理，经过处理的废水氟化物浓度一般在每升几毫克到10mg/L之间。

采用铝盐絮凝处理的废水，固液分离方法常用沉淀法和气浮法，在系统工艺实际操作运行中，由于形成絮体密度较轻、沉淀困难，采用气浮工艺分离具有效果比较理想、操作简单、污泥含水率低等特点，可实现自动控制，同时气浮工艺能够直接去除废水中的部分氟化钙等胶体物质，可以降低药剂的投使用量，增强废水除氟效果。

工业含氟废水一般处理工艺流程如图7-10所示。

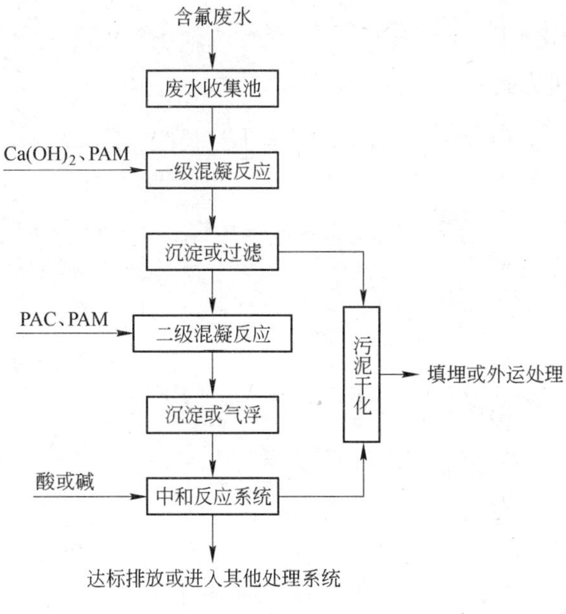

图7-10 工业含氟废水一般处理工艺流程

7.8.1.2 饮用水中氟化物的去除方法

A 混凝、沉淀法

a 铝盐

明矾是最早被用来去除饮用水中氟化物的药剂，现在还被单独或与其他化学药品结合使用。除了铝盐外，镁盐、铁盐等也可用于除氟。近年来，新研究的可用于水体除氟的混凝剂有聚合氧化铝、聚合硫酸钡，这种方法处理高氟水效果比较理想，但是对操作pH值要求较为严格，此外由于絮凝剂胶体是正电载体，水中共存的SO_4^{2-}、Cl^-等阴离子会产生竞争吸附，对除氟效果有较大的影响。在实际应用中絮凝剂往往配合化学沉淀剂，或添加聚丙烯酰胺等助凝剂使用，这种方法得到的产水F^-浓度能够达到安全标准，但是其成本和操作费用相对较高，在去除F^-的同时又引入了Mg^{2+}、Al^{3+}、Fe^{3+}等新的有害物质。二次处理沉淀法用于饮用水除氟是十分成熟的技术，但是由于其反应时间长，并且去除 F^- 污染的同时又生成了新的污染，并不符合绿色化学的现代化理念，是一种趋于淘汰的技术。

b　石灰除氟法

钙盐，包括氢氧化钙、硫酸钙及氯化钙能够将氟化物沉淀为 CaF_2，以达到除氟的目的。其中常用的是石灰，反应如下：

$$Ca(OH)_2 + 2HF \longrightarrow CaF_2 + 2H_2O$$

理论上，CaF_2 的沉淀溶液和水溶液中共存的 HF、H_2F^-、CaF^+ 离子都会对溶解平衡产生影响，平衡方程如下：

$$CaF_{2(S)} \rightleftharpoons Ca^{2+} + 2F^- \qquad K_{S\,CaF_2} = 4.0 \times 10^{-11}$$

$$Ca^{2+} + F^- \rightleftharpoons CaF^+ \qquad K_{CaF^+} = 10$$

$$H^+ + F^- \rightleftharpoons HF \qquad K_{HF} = 1.5 \times 10^3$$

$$HF + F^- \rightleftharpoons HF_2^- \qquad K_{HF_2^-} = 3.9$$

以上的平衡方程可得到：

$$K_{CaF_2} = [Ca^{2+}][F^-]^2[F^-] = \left(\frac{K_{CaF_2}}{Ca^{2+}}\right)^{1/2} = \left(\frac{10^{-10.4}}{[Ca^{2+}]}\right)^{1/2} \tag{7-62}$$

$$K_{CaF^+} = \frac{[CaF^+]}{[Ca^{2+}][F^-]}[CaF^+] = (K_{CaF^+})[Ca^{2+}][F^-] = 10[Ca^{2+}][F^-]$$

$$K_{HF} = \frac{[HF]}{[H^+][F^-]} \quad [HF] = (K_{HF})[H^+][F^-] = 1.5 \times 10^3[H^+][F^-]$$

$$K_{HF_2^-} = \frac{[HF_2^-]}{[HF][F^-]}[HF_2^-] = K_{HF_2^-}[HF][F^-]$$

$$= K_{HF_2^-}K_{HF}[H^+][F^-]^2 = 3.9 \times (1.5 \times 10^3)[H^+][F^-]^2$$

氟离子的总浓度表示为：

$$[F]_T = [F^-] + [CaF^+] + [HF] + [HF_2^-] \tag{7-63}$$

$$[F]_T = [F^-] + K_{CaF^+}[Ca^{2+}][F^-] + K_{HF}[H^+][F^-] + K_{HF_2^-}K_{HF}[H^+][F^-]^2$$

将 $[F^-]$ 提出可得：

$$[F]_T = [F^-](1 + K_{CaF^+}[Ca^{2+}] + K_{HF}[H^+] + K_{HF_2^-}K_{HP}[H^+][F^-]) \tag{7-64}$$

将 $[F^-] = \left(\frac{K_{CaF_2}}{Ca^{2+}}\right)^{1/2} = \left(\frac{10^{-10.4}}{[Ca^{2+}]}\right)^{1/2}$ 代入则得到：

$$[F]_T = \left(\frac{K_{CaF_2}}{[Ca^{2+}]}\right)^{1/2}\left[1 + K_{CaF_2}[Ca^{2+}] + (K_{HF})[H^+] + K_{HF_2^-}K_{HF}[H^+]\left(\frac{K_{CaF_2}}{[Ca^{2+}]}\right)^{1/2}\right] \tag{7-65}$$

从式中不难看出，溶液中氟的总浓度取决于剩余的 $[Ca^{2+}]$ 和溶液的 pH 值。那么如果氢氧化钙来自石灰，则 pH 值将随钙离子浓度的增加而升高。因此，若溶液为碱性，则形成的 $CaCO_3$ 沉淀将成为影响平衡的因素。除了上述因素外，氟化物的溶解度还受温度、离子强度等的影响，并且氟还能与其他离子形成配合物，所以实际应用中很难达到理论值。

B 吸附法

吸附法去除氟化物是一种成本低廉、操作简便、去除效率较高的方法。这种方法对各种氟化物浓度的水质都适用，而且如果工艺选择得当，甚至可以将氟化物全部去除。从经济角度来看，这些方法更适宜处理低浓度含氟废水且处理后容许保留少量氟化物的水质。因此吸附法常用来降低饮用水中氟的含量。近年来吸附法主要研究方向是开发新的高效、廉价的吸附剂或者提高已有的吸附剂的性能。吸附法脱氟机理为：(1) 氟离子从溶液主体通过扩散传递穿过边界层到达吸附剂外表面；(2) 氟离子被吸附到吸附剂颗粒表面；(3) 氟离子与吸附剂表面离子进行交换（离子交换树脂等）或者被吸附到多孔材料的内表面（沸石、骨炭等）。常用的吸附剂主要是作为絮凝剂使用的铁、铝、镁等金属的氧化物或者骨炭、沸石、树脂等。下面简单介绍两种常见的吸附剂：

(1) 铝基吸附剂。最早应用于除氟的金属材料是氧化铝，对 F^- 是特性吸附，在零电荷点附近通过取代荷正电的吸附剂表面 OH^-，并以氢键连接。其最佳操作 pH 值为 5.5 ~ 6.5，当 pH 值过低时，部分氧化铝溶解并与氟离子形成 AlF_x 配合物而优先被吸附；而 pH 值过高时 OH^- 会反过来取代 F^- 被吸附，并且在 pH 值达到 8 左右时完全没有 AlF_x 配合物生成，也没有 F^- 被吸附。为了提高氧化铝的性能，需要对其进行煅烧使之活化，得到的产品是具有较低结晶度的活性氧化铝（$\alpha-Al_2O_3$）。

(2) 沸石。沸石的主要成分是铝硅酸盐，在自然界中广泛存在，也可以人工合成，由于其多孔结构以及表面负载的电荷等特性常作为分子筛用于吸附操作。与金属基吸附剂相比，沸石再生过程中损耗较少，且价格也比较便宜，因此沸石用于饮用水脱氟也是一项广泛的研究项目。

C 膜分离法

膜分离法运用于水体除氟是近年来新开展的研究。它的本质是过滤过程，但其机理要复杂得多。与前几种方法相比，膜分离法去除效率高，基本上没有共存离子的干扰，但是成本较高，不够经济。可用于水体除氟的膜分离法主要有电渗析法、反渗透法和纳滤法。下面简要介绍如下。

(1) 反渗透法。反渗透法利用特殊的反渗透膜在压力作用下除氟。从本质上来讲，该方法没有选择性，只是在除盐过程中将 F^- 也一起去除。反渗透技术在处理较低浓度的含氟废水时，低压复合膜比醋酸纤维膜除氟效果好，但都适合低氟废水的处理，对高氟废水的去除效果不太理想。

反渗透法可以十分有效、可靠地实现高氟苦咸水除氟除盐的双重目的。但目前还没有在我国得到广泛采用，用该技术淡化苦咸水或用于饮水除氟还处于起步阶段。这主要是由于反渗透法耗资大、运行成本高、易污染、使用寿命较短（通常只有 1 ~3 年），使此方法在高氟苦咸水的广大农村地区推广应用受到很大的限制。

(2) 电渗析法。电渗析法是在电场作用下氟离子发生迁移而被去除的方法。其原理是将具有选择透过性的两种阴阳离子交换膜放在电渗析槽中，一种膜允许阴离子通过但排斥阳离子，另一种则相反。在电场作用下，水中的氟离子发生迁移被膜分离出来而达到去除的目的。

利用这种方法除氟可同时脱盐除氟，适用于高氟水的处理，除盐率可达到90%，而且理论除氟率可达到100%。电渗析法最大的缺点是能耗大、费用高。

（3）纳滤法。纳滤膜孔径通常小于5nm，截留相对分子质量为200~2000不等。纳滤膜的发展时间较短，纳滤技术应用于水体除氟是近年来的新兴研究课题。尽管F^-的半径远小于纳滤膜孔径，但是其电荷密度大，相比其他卤族元素有更强的水合反应F^-在水中能以氢键联结水分子形成正四面体的氢键拓扑结构，因此对纳滤膜也会保持更强的位阻效应，相比Cl^-、Br^-反而更容易被纳滤膜截留，大量实验数据也证实了这一点。纳滤膜的清洗方法与反渗透膜基本相同，但是操作压力要求较低，能耗大大降低。

7.8.2 除铁、锰方法

铁、锰是构成土壤和岩石的天然成分，也是人体必不可缺的微量元素。人体内所需要的铁、锰，主要来源于食物和饮水。一般认为，铁、锰过多对人体无害，在我国铁、锰只作为感观性状指标看待。铁是一种极其丰富的元素，它在自然界中的含量远远超过锰。水中的铁通常以+2、+3价氧化态存在，而锰可以以+2、+3、+4、+6甚至+7价存在，其中+2和+4价锰比较不稳定。地表水中含有溶解氧，铁锰主要以不溶解的$Fe(OH)_3$和MnO_2状态存在，所以铁锰含量不高。地下水、湖泊和蓄水库的深层水中，由于缺少溶解氧，以致+3价铁和+4价锰被还原为溶解性的+2价铁和+2价锰，因而地下水中的铁、锰常以二价的形式存在。在我国，地下水的含铁量多数在10mg/L以下，少数超过20mg/L，但一般不超过30mg/L；地下水的含锰量多数在1.5mg/L以下，少数超过3mg/L，但一般不超过5mg/L。若水中含铁量过多，也会造成危害。据测定，当水中含铁量为0.5mg/L时，色度可达30度以上，达到1.0mg/L时，不仅色度增加，而且会有明显的金属味。当锰的含量超过0.3mg/L时，能使水产生异味。水中含有微量的铁和锰，一般认为对人体无害。但长期摄入过量的锰，可致慢性中毒。铁、锰的浓度超过一定限度，就会产生红褐色的沉淀物。生活上，能在白色织物或用水器皿、卫生器具上留下黄斑，同时还容易使铁细菌繁殖，堵塞管道。从生理学上讲，人体摄入过量的锰，会造成相关器官的病变，可引起食欲不振、呕吐、腹泻、胃肠道紊乱、大便失常。对于工业用水，过多的锰含量会使产品的质量下降，造成很大的经济损失。因此，高铁、高锰水必须经过净化处理才能饮用。为了避免水中铁和锰给生产和生活带来的危害，必须对水中的铁、锰浓度有一定的限制。常用的铁、锰去除方法如下。

（1）自然氧化法。自然氧化法包括曝气、氧化反应、沉淀、过滤等一系列复杂的过程。曝气是先使含铁地下水与空气充分接触，让空气中的氧溶解于水中，同时大量散除地下水中的CO_2，提高pH值，以利于铁、锰的化学氧化。地下水经曝气后，pH值一般在6.0~7.5之间，Fe^{2+}氧化为Fe^{3+}并以$Fe(OH)_3$的形式析出，通过沉淀、过滤去除。可是对于Mn^{2+}的去除，只经过简单的曝气是不能实现的，因为Mn^{2+}在pH值大于9.0时，自然氧化速率才明显加快，而地下水多呈中性，在同样的pH值条件下，Mn^{2+}的氧化比Fe^{2+}慢得多，难以被溶解氧氧化为沉淀物而去除，所以需向地下水中投加碱（如石灰），提高pH值，才能氧化Mn^{2+}。

（2）接触氧化法。20世纪60年代，由李圭白等人研制开发了地下水除铁技术，成功实验了天然锰砂接触氧化除铁工艺在70年代确立了接触氧化除铁理论。80年代初，又开发了接触氧化除锰工艺，并迅速推广。原理是地下水经过简单曝气后直接进入滤池，在滤料表面催化剂的作用下，Fe^{2+}、Mn^{2+}被氧化后直接被滤层截留去除。该法的机理是自催化氧化反应，起催化作用的是滤料表面的铁质和锰质活性滤膜。铁质活性滤膜吸附水中的Fe^{2+}，被吸附的Fe^{2+}在活性滤膜的催化作用下迅速氧化为Fe^{3+}，并且生成物作为催化剂又参与新的催化反应。同理，Mn^{2+}在滤料表面锰质活性滤膜的作用下，被水中的溶解氧氧化为MnO_2并吸附在滤料表面，使滤膜不断更新。地下水除铁、锰过程中所形成的活性滤膜的成熟期长短，随水质中铁、锰含量高低而异，即浓度高则成熟期短，而浓度低则成熟期长。不同品种的滤料成熟期也不同。

由于地下水中含铁、含锰水质多以铁锰共存为主，只是由于各自浓度有所不同，因而对净化工艺选择应有所不同，不能盲目地选用一种工艺模式，从而导致技术经济及效果上的不合理。按照我国的水质条件，可分为高锰高铁（铁大于10mg/L，锰大于3mg/L）和低铁、低锰（铁小于5mg/L，锰小于1.5mg/L）两大类水质处理工艺方法。对前者可采用两级曝气、两级生物接触过滤工艺（图7-11），而对后者一般采用曝气单级生物接触工艺，才能达到经济技术合理、净化效果良好的目的。

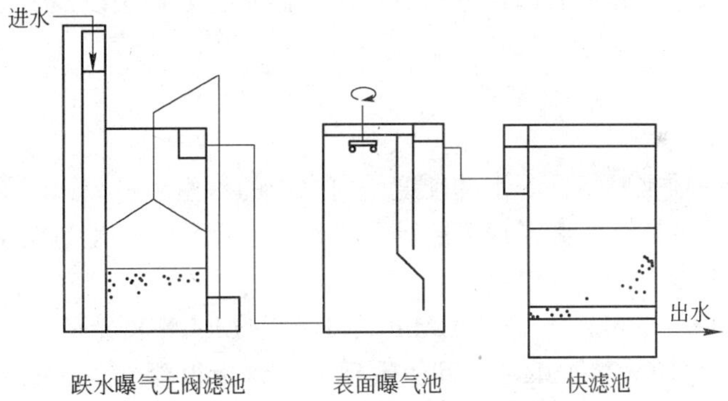

图7-11 两级曝气、两级生物接触过滤工艺

（3）臭氧氧化法。臭氧具有强氧化性，可以氧化多种化合物，具有耗量小、速度快、无污泥产生等优点，可以用来处理饮用水、工业废水和循环冷却水，不会产生二次污染，同时可有效地去除水中的色度、嗅、铁、锰等物质。

臭氧氧化的方程式如下：

$$2Fe^{2+} + 3O_3 + 5H_2O = 2Fe(OH)_3 + O_2 + 4H^+$$

$$2Mn^{2+} + 2O_3 + 4H_2O = MnO(OH)_2 + O_2 + 4H^+$$

一般来讲，铁、锰完全氧化与臭氧的分量比分别是：$0.43mgO_3$∶1mgFe及$0.88mgO_3$∶1mgMn。在高浓度Mn^{2+}的水中（1~10mg/L），当两者的摩尔比值为1时，氧化率为95%；而在低浓度Mn^{2+}的水中（<0.5mg/L），该比值为0.5，即可去除90%以上的锰。用臭氧氧化法时，可将臭氧加入原水中或是加在砂滤池前，要保证一定的接触时间。需要注意的是，臭氧的溶解度比较低，当含铁、锰的地下水比较浑浊时，臭氧可能不能充分混合，则会大大降低臭氧对铁、锰的氧化作用。对于臭氧法来讲，主要的缺点应该是需要臭氧的发生装置，价格昂贵，成本较高。

（4）氯气氧化法。氯氧化法是向含有二价锰离子的水中投加必要的氯气量后，流经过

滤沙表面包覆着 $MnO(OH)_2$ 的砂滤层，在接触催化剂 $MnO(OH)_2$ 的催化作用下，二价锰离子被强氧化剂迅速氧化成四价的，并和滤沙表面原有的 $MnO(OH)_2$ 形成了化学结合，新生的 $MnO(OH)_2$ 仍然具有催化作用，继续催化发生锰离子的氧化反应。滤沙表面的吸附反应与再生反应不断交替进行，反应如下：

吸附反应： $$Mn(HCO_3)_2 + MnO(OH)_2 = MnO_2 + MnO + 2H_2O + 2CO_2 \quad (7-66)$$

再生反应： $$MnO_2MnO + 3H_2O + Cl_2 = MnO(OH)_2 + 2HCl + 2CO_2 \quad (7-67)$$

总反应为：

$$Mn(HCO_3)_2 + MnO(OH)_2 + H_2O + Cl_2 = 2MnO(OH)_2 + 2HCl + 2CO_2 \quad (7-68)$$

氯氧化法除铁、锰，对于那些含有 NH_4^+-N 较高的原水，往原水中投氯，首先生成氯氨，氯氨的氧化能力较差，削弱了对二价锰离子的氧化作用，只有当投氯量超过折点氯量，游离氯才能有效地氧化二价锰。那么就必须投加超过折点氯量，其投加量为折点氯量与锰氧化耗氯量之和。此方法的缺点是当原水中含有机物时，会产生氯仿等有害物质。优点是氯气是消毒剂，同时作为氧化剂，价格便宜。加氯所需设施较加臭氧简单，只需加氯机，投加点可在进水泵的吸水管上。

除了上述几种方法外，还有高锰酸钾氧化法、微生物处理法以及地层处理法等，这里就不逐一介绍。

7.8.3 水质软化

硬度是水质的一项重要指标。水的硬度是由水中的一些多价阳离子形成，硬度大小取决于水中多价阳离子的浓度，离子浓度越高，则水的硬度越大。生活用水和生产用水对这一指标都有一定的要求。

水中硬度包括 Ca^{2+}、Mg^{2+}、Fe^{2+}、Mn^{2+}、Fe^{3+}、Al^{3+} 等容易形成难溶盐的金属阳离子。在天然水中主要是 Ca^{2+} 和 Mg^{2+}，其他致硬离子含量很少。通常把水中钙离子和镁离子的总含量称为水的总硬度。硬度又分为碳酸盐硬度和非碳酸盐硬度。碳酸盐硬度在煮沸时易沉淀析出，又称为暂时性硬度；非碳酸盐硬度则相反，称为永久硬度。国际上硬水分类标准为（以 $CaCO_3$ 计）：当硬度为 0 ~ 50mg/L，为软水；50 ~ 100mg/L，为中等软水；100 ~ 150mg/L，为微硬水；150 ~ 200mg/L，为中等硬水；大于 200mg/L 为硬水。在天然水中，远离城市未被污染的雨水、雪水属于软水；泉水、江河水、水库水等多属于暂时性硬水，部分地下水属于高硬度水。我国用单位为德国度，即 1 度相当于 1L 水中含 10mgCaO。

水的硬度不能过大。若硬度过大饮用后对人体健康与日常生活有一定影响，甚至能够危害人类健康。在工业上，纺织工业用水硬度过大会导致染色不均匀；锅炉用水硬度高了十分危险，因为锅炉内管道局部过热，易引起管道变形或损坏，严重时还可能引起爆炸。

目前水的软化处理常用的方法有化学沉淀法和离子交换软化法。化学沉淀法，即加入化学药剂使水中钙、镁离子生成难溶化合物析出；离子交换法基于离子交换原理，使水中的钙、镁离子与交换剂中阳离子（Na^+ 或 H^+）发生置换反应，去除硬度。此外，还有电渗析法、反渗透等处理工艺，在结合脱盐、淡化的同时，也去除了水中的硬度。

7.8.3.1 化学沉淀法

由于不同物质在水中的溶解度是不同的，溶解度的大小取决于溶质本身的性质，而且温度、压力对溶解度也有影响。一般来讲，在水中不易溶解的物质称为难溶化合物。其溶解过程可以说是一个可逆的过程。在7.3节中所讲的沉淀原理中，引入了溶度积这一概念来说明难溶盐如何让沉淀析出。

水的化学药剂软化工艺过程，就是根据溶度积的原理，将化学药剂如石灰、苏打等投入原水中，使之与钙、镁离子反应生成沉淀物 $CaCO_3$、$Mg(OH)_2$ 从而去除钙、镁离子。

A 石灰软化法

当原水的非碳酸盐硬度含量比较少时，可以采用石灰软化法，反应如下：

石灰消化反应，是在石灰乳制备过程中发生的：

$$CaO + H_2O \rightleftharpoons Ca(OH)_2$$

水中的二氧化碳的去除：

$$CO_2 + Ca(OH)_2 \rightleftharpoons CaCO_3\downarrow + H_2O$$

软化反应：

去除钙的碳酸盐硬度：$Ca(HCO_3)_2 + Ca(OH)_2 \rightleftharpoons 2CaCO_3\downarrow + 2H_2O$

去除镁的碳酸盐硬度：$Mg(HCO_3)_2 + 2Ca(OH)_2 \rightleftharpoons 2CaCO_3\downarrow + Mg(OH)_2\downarrow + 2H_2O$

若水中存在二氧化碳，它就会和沉淀物反应，重新生成易溶于水重碳酸盐：

$$CaCO_3 + CO_2 + H_2O \rightleftharpoons Ca(HCO_3)_2$$

$$Mg(OH)_2 + 2CO_2 \rightleftharpoons Mg(HCO_3)_2$$

当水中的碱度大于硬度时，则会出现负硬度，此时就会存在假想的化合物碳酸氢钠，其中的碳酸氢根如果不去除，仍然会和钙、镁离子组合成重碳酸盐（碳酸氢钙和碳酸氢镁）。上述的软化反应仍不能完成，所以对于具有负硬度的水还应有下面的反应：

$$2NaHCO_3 + Ca(OH)_2 \rightleftharpoons CaCO_3\downarrow + NaCO_3 + H_2O$$

石灰投加量可由下式算出：

$$[CaO] = [CO_2] + [Ca(HCO_3)_2] + 2[Mg(HCO_3)_2] + [Fe] + a \qquad (7-69)$$

式中 a——CaO 过剩量，一般为0.1~0.2mmol/L，为尽量降低碳酸盐硬度，石灰+混凝沉淀可以同时进行。

B 石灰-纯碱软化法

根据石灰软化的主要反应可知，石灰软化只能降低水中碳酸盐硬度，而不能降低水中非碳酸盐硬度，所以石灰软化法只适用于碳酸盐硬度较高、非碳酸盐硬度较低的水质条件。对于非碳酸盐硬度较高的水，应采用石灰-纯碱软化法，即同时投加石灰和纯碱（Na_2CO_3）。

纯碱软化反应如下：

去除钙的非碳酸盐硬度：$CaSO_4 + Na_2CO_3 \rightleftharpoons CaCO_3\downarrow + Na_2SO_4$ (7-70)

$$CaCl_2 + Na_2CO_3 \rightleftharpoons CaCO_3\downarrow + 2NaCl$$

去除镁的碳酸盐硬度：$MgSO_4 + Na_2CO_3 \rightleftharpoons MgCO_3 + NaSO_4$

$$MgCl_2 + Na_2CO_3 \rightleftharpoons MgCO_3 + 2NaCl$$

$$MgCO_3 + Ca(OH)_2 \rightleftharpoons CaCO_3\downarrow + Mg(OH)_2\downarrow$$

经石灰-纯碱软化后的水，剩余硬度可降低至0.3~0.4mg 当量/L 由于纯碱比较贵重，除了炉内处理外，国内已经不用。一般情况下非碳酸盐硬度采用离子交换法去除。

C 石灰－石膏软化法

当原水的碱度大于硬度（即出现负硬度）时，水中无非碳酸盐硬度，而有碳酸氢钠存在。对于这种水，采用石灰－石膏（或二氯化钙）软化法比较好。其反应如下：

$$2NaHCO_3 + CaSO_4 + Ca(OH)_2 \rightleftharpoons 2CaCO_3\downarrow + Na_2SO_4 + 2H_2O \quad (7-71)$$

7.8.3.2 离子交换软化

离子交换软化方法就是用离子交换树脂中的可交换阳离子如 Na^+、H^+，把水中的钙离子和镁离子置换出来，达到水质软化的目的。目前离子交换软化方法有钠离子交换法、氢离子交换法和 H－Na 离子交换脱碱软化法等。

A 钠离子交换软化法

钠离子交换是最为简单的一种软化方法，其反应如下：

碳酸盐硬度（暂时硬度）：

$$2RNa + Ca(HCO_3)_2 \rightleftharpoons R_2Ca + 2NaHCO_3$$

$$2RNa + Ca(HCO_3)_2 \rightleftharpoons R_2Ca + 2NaHCO_3$$

非碳酸盐硬度（永久硬度）：

$$2RNa + Ca^{2+} \rightleftharpoons R_2Ca + Na^+$$

$$2RNa + Mg^{2+} \rightleftharpoons R_2Mg + 2Na^+$$

由上式可知，水中 Ca^{2+}、Mg^{2+} 被 RNa 型树脂中 Na^+ 置换出来以后，存留在树脂中，使得离子交换树脂由 RNa 型转变为 R_2Ca、R_2Mg 型。由反应式可以看出，在钠离子交换软化处理中仅能除去原水中的硬度（Ca^{2+}、Mg^{2+}），而不能去除水中的碱度，因此碱度不变。该法优点是处理过程中不产生酸性水；再生剂为食盐，有来源广、价格低的特点；设备和管道防腐设施简单。从反应式中可以看出，软化后水中含盐量略有增加，原水碱度不变。因此，钠离子交换软化法一般用于原水碱度低，只需进行软化没有碱度去除要求的场合。若要求降低碱度，常需要和石灰处理法相结合使用。钠离子软化交换法示意图如图 7－12 所示。

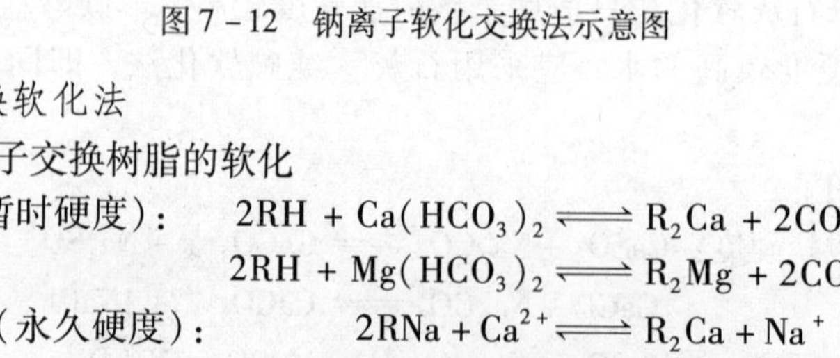

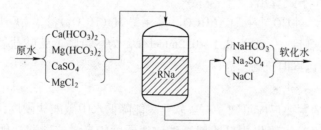

图 7－12 钠离子软化交换法示意图

B 氢离子交换软化法

a 强酸性氢离子交换树脂的软化

碳酸盐硬度（暂时硬度）：

$$2RH + Ca(HCO_3)_2 \rightleftharpoons R_2Ca + 2CO_2 + 2H_2O$$

$$2RH + Mg(HCO_3)_2 \rightleftharpoons R_2Mg + 2CO_2 + 2H_2O$$

非碳酸盐硬度（永久硬度）：

$$2RNa + Ca^{2+} \rightleftharpoons R_2Ca + Na^+$$

$$2RNa + Mg^{2+} \rightleftharpoons R_2Mg + 2Na^+$$

由反应式可以看出，原水中碳酸盐硬度在交换过程中形成碳酸，因此除了软化外，还能去除碱度。在非碳酸盐硬度在交换过程中，除软化外，生成相应的酸由于氢离子交换出水常为酸性，一般总是和钠离子结合使用，或与其他措施相结合。

b 弱酸性氢离子交换树脂的软化

与氢离子型强酸性树脂不同，氢离子型弱酸性树脂对中性盐的除盐能力较差，这是因为氢离子型弱酸性树脂对离子的选择性顺序为：$H^+ > Fe^{3+} > Al^{3+} > Ca^{2+} > Mg^{2+} > K^+ > NH^{4+} > Na^+ > Li^+$，其中有效 pH 值使用范围为 4 ~ 14，所以在与中性盐离子交换时出水是强酸性，从而抑制了氢离子型弱酸性树脂的电离。因此，氢离子型弱酸性树脂主要与水中的碳酸盐硬度进行交换反应。

当水中硬度大于碱度时：$2RCOOH + Ca(HCO_3)_2 \rightleftharpoons R(COO)_2Ca + 2H_2O + CO_2\uparrow$

$$2RCOOH + Mg(HCO_3)_2 \rightleftharpoons R(COO)_2Mg + 2H_2O + CO_2\uparrow$$

当水中碱度大于硬度时：$RCOOH + NaHCO_3 \rightleftharpoons RCOONa + H_2O + CO_2\uparrow$

但是由于弱酸性树脂的 Na^+ 的选择性小于 Ca^{2+}、Mg^{2+}，出水首先是 Na^+ 泄漏，若出现 Ca^{2+}、Mg^{2+} 泄漏，则表明原来已吸附的 Na^+ 又被 Ca^{2+}、Mg^{2+} 置换到水中。

c H – Na 离子交换脱碱软化法

H 型离子交换出水呈酸性，而 Na 型离子交换出水含碱度，若将这两部分出水混合，则将发生如下中和反应：

$$H^+ + HCO_3^- \rightleftharpoons H_2O + CO_2\uparrow$$

中和后产生的 CO_2 可用除 CO_2 器去除。这种方法既能除碱度，又能除硬度。这个软化系统适用于原水硬度高、碱度大的情况。

这种方法同时应用氢和钠离子交换进行软化的方法，根据两者的连接情况，可分为串联交换法和并联交换法，分别如图 7 – 13 和图 7 – 14 所示。并联和串联不同在于串联的系统里需要加水泵。

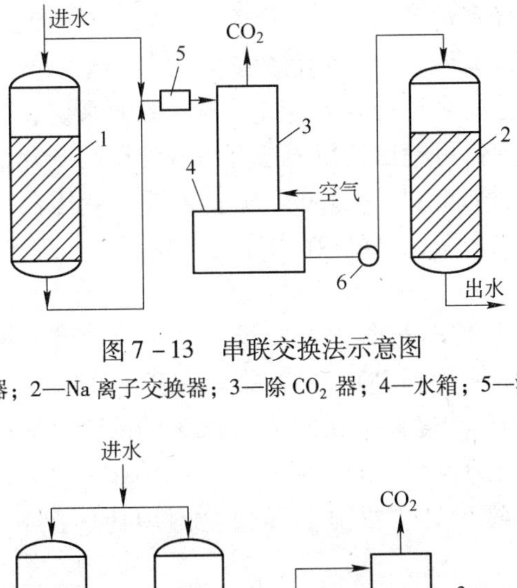

图 7 – 13 串联交换法示意图

1—H 离子交换器；2—Na 离子交换器；3—除 CO_2 器；4—水箱；5—混合器；6—水泵

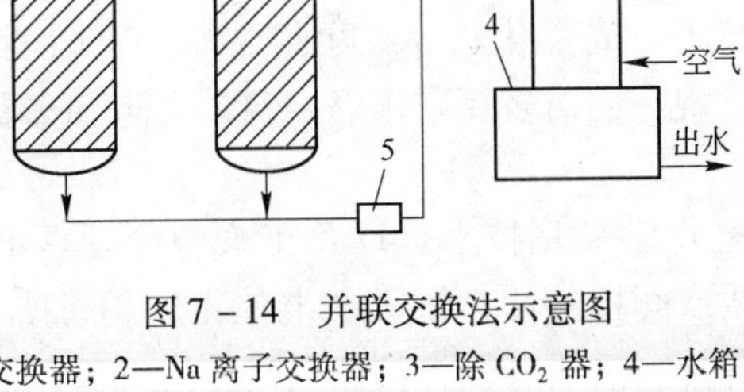

图 7 – 14 并联交换法示意图

1—H 离子交换器；2—Na 离子交换器；3—除 CO_2 器；4—水箱；5—混合器

7.8.4 持久性有机污染物的去除

持久性有机污染物（persistent organic pollutants，POPs）是指在环境中难以分解，能够在环境中长期存在，可以通过各种传输途径而进行全球尺度的迁移扩散，通过食物链在生物体内累积放大，对人体和环境产生毒性影响的一类有机污染物。

根据《斯德哥尔摩公约》，首批列入公约控制的 POPs 共有三大类，共 12 种，2010 年 8 月新增 9 种。截至目前，共有 21 种 POPs 在公约中公开限制使用，主要包括：滴滴涕、氯丹、灭蚁灵、艾氏剂、狄氏剂、异狄氏剂、七氯、毒杀芬、多氯、联苯（PCBs）、六氯代苯（HCB）、二噁英（PCDD）、呋喃（PCDF）、α－六氯环已烷、β－六氯环已烷、六溴二苯醚和七溴二苯醚、四溴二苯醚和五溴二苯醚、十氯酮、六溴联苯、林丹、五氯苯、全氟辛烷磺酸及其盐类（PFOS）和全氟辛基磺酰氟。

根据 POPs 的定义，国际上公认 POPs 具有下列四个重要的特性：

（1）持久性。由于 POPs 物质对生物降解、光解、化学分解作用有较高的抵抗能力，一旦被排放到环境中，它们难以被分解。

（2）生物积蓄性，对有较高营养等级的生物造成影响。由于 POPs 具有低水溶性、高脂溶性的特点，导致 POPs 从周围媒介中富集到生物体内，并通过食物链的生物放大作用达到中毒浓度。

（3）迁移性。POPs 所具有的半挥发性使得它们能够以蒸汽形式存在或者吸附在大气颗粒上，便于在大气环境中做远距离的迁移，同时这一适度挥发性又使得它们不会永久停留在大气中，能够重新沉降到地球上。

（4）高毒性。POPs 大都具有“三致（致癌、致畸、致突变）”效应。

持久性有机污染物的主要来源是人工合成，对于农业来讲，残留在环境中的有机氯农药难降解，在食品和环境中仍可检出残留，还有一些常用的苯氧酸型除草剂、杀虫剂等都可以使 POPs 在土壤中残留增加。像多氯联苯主要来源与变压器、电容器、复印纸的生产和塑料工业等有关。经研究表明，POPs 在水体、土壤、大气都以不同的形式存在，危害人类健康和发展。

水体及沉积物可以说是 POPs 聚集的主要场所之一，世界上绝大多数的城市污水、水库、江河和湖海都不同程度地受到 POPs 的污染。在我国，闽江、九龙江和珠江的出海口沉积物中，PCBs 和 DDT 的总浓度都较高，其中 DDT 的浓度可能已影响到深海生物；香港维多利亚港和海岸线的沉积物也存在 PCDD/PFs，PCDDs（特别是八氯二噁英）的污染水平较大；洞庭湖底泥中五氯酚最高含量显著高出全国用药区沉积物中五氯酚含量中位数（462μg/kg）的上千倍。

化学方法在 POPs 污染治理中的应用较多，主要有湿式、声化学、超临界水氧化法、超声波氧化法、紫外光解技术、光催化法等。除此之外，人们还尝试了电化学法、微波、放射性射线等高新技术，发现它们对多氯联苯、六氯苯、五氯苯酚以及二噁英都有很好的去除作用。

（1）电化学氧化法。电化学氧化技术是近几年来中国处理 POPs 利用的一种新技术，其基本原理是废水通过直接或间接的活性阳极的电催化作用，既可以使 POPs 转变成易于生物降解的小分子有机化合物，又或者能将其完全矿化为二氧化碳或碳酸盐等物质，从而实现有效去除。在电化学氧化过程中，具有电催化活性的阳极表面能起到吸附、催化、氧化等多种转化功能。所选电极合适与否是保证持久性有机污染物在其表面附近进行顺利氧化的关键。电化学氧化法处理持久性有机污染物流程如图 7－15 所示。

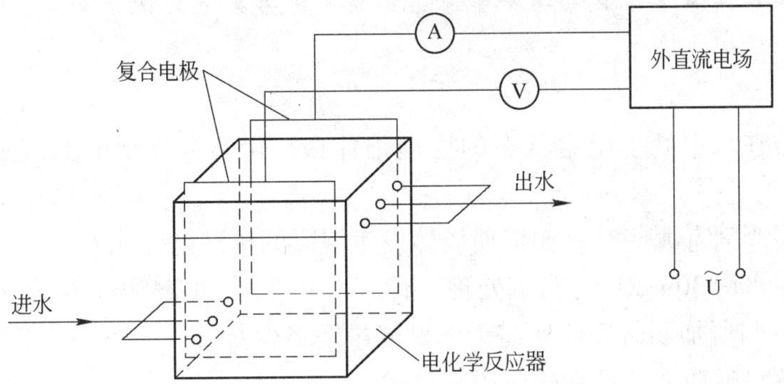

图 7－15　电化学氧化法处理持久性有机污染物流程

直接的电化学氧化作用也可称为电化学燃烧，是通过阳极的电催化作用，使有机污染物矿化为 CO_2 与 H_2O 等无机物质。而间接的氧化作用过程为：首先使阳极板上进行水的羟基化反应，形成氧化性极强的羟基自由基（·OH）。所生成的·OH 在阳极表面附近进攻水相中的持久性有机污染物质，发生复杂的自由基链反应，生成苯醌等一系列中间产物，部分中间产物最终形成 CO_2 与 H_2O，或者发生两·OH 反应，生成 O_2 和 H_2O，使链反应中止。通过研究分析，影响废水中持久性有机污染物阳极氧化难易程度的因素包括电极材料、电流密度、溶液组成和 pH 值、搅拌速率等。

该项技术应用于 POPs 废水处理，从经济角度出发，可以无需矿化生成二氧化碳和水，可以在生成无毒有机物质后增加后续处理工艺将其完全去除。

（2）超临界水氧化法。超临界水氧化法是一种能够彻底破坏有机物结构的、清洁、无污染的处理技术，它在处理难降解有机物方面效果好，它利用超临界水作为介质来氧化分解有机物，是湿式氧化技术的一种。水温度和压力超过 647.3K 和 22.5MPa 时就达到超临界状态。水在这种状态下具有高度选择性、可压缩性和强溶解力的特性。这时，有机物、氧和水均相混合开始自发氧化，在很短的时间内，99% 以上的有机物能被迅速氧化成水、二氧化碳等小分子。

超临界水氧化法处理有机废物的氧化反应时基于自由基反应机理。这个理论认为 HO·是反应过程中很重要的自由基，产生的反应为：

$$RH + O_2 \longrightarrow R\cdot + HO_2\cdot$$

$$RH + HO_2\cdot \longrightarrow R\cdot + H_2O_2$$

分解生成羟基：

$$H_2O_2 + M \longrightarrow 2HO\cdot$$

由于羟基的亲和力很强基本上能与所有含氢化合物反应产生 R·这些过程产生的 R·能与氧气作用生成氧化自由基，后者可以进一步获取氢原子生成过氧化物 ROOH，这些过氧化物分解生成较小的化合物，最终转化成 CO_2 和 H_2O。

超临界氧化法反应迅速并完全，最终产物为水和 CO_2 等简单化合物，无需进一步处理。在处理传统方法难以处理的污染物时，优势明显，很有前景。

（3）光催化氧化法。光催化氧化法是单独使用紫外光或者和其他方法（如臭氧法、二氧化钛法等）联合使用将有机物催化氧化。近年来，半导体二氧化钛和紫外光的光催化氧化难降解有机污染物成为人们研究的重点和热点。

＊＊＊＊＊＊＊＊＊＊＊＊＊＊＊＊＊＊＊＊＊＊＊＊＊＊＊＊＊＊＊＊＊＊＊＊＊

习　题

7-1 胶体颗粒在水中处于稳定状态的原理是什么？化学混凝法的原理和适用条件又是什么？

7-2 常用的混凝剂有哪些？它们促使胶体发生混凝的机理是什么？

7-3 若某一原水用30mg/L的明矾处理，计算：（1）处理3454m^3/d的水所需明矾的用量；（2）与所加明矾反应所需天然碱的量是多少？

7-4 如何理解混凝动力学？它的应用是什么？

7-5 某工厂有两个车间分别排出酸性废水和碱性废水，因此为了避免污染以及腐蚀管道，采用酸碱废水相互中和法来处理。已知车间甲排出含 HCl 浓度为0.638%的酸性废水16.3m^3/h，车间乙排出含 NaOH 浓度为1.4%的碱性废水8m^3/h，计算其中和结果。

7-6 处理酸碱废水的中和法有哪几种？反应原理是什么？

7-7 试述几种常用化学沉淀法常用药剂、去除对象及特点，并分析钡盐沉淀法除六价铬的基本原理。

7-8 用氢氧化物沉淀法处理含镉废水，若使镉达到排放标准（小于0.1mg/L），出水pH值最低应为多少？（25℃时，$Cd(OH)_3$的溶度积为2.2×10^{-14}）

7-9 臭氧氧化有机物的机理以及影响羟基自由基反应的物质有哪些？

7-10 简述臭氧联合技术的原理及应用。

7-11 简述氯氧化法处理含氰废水的机理及加氯量分析研究。

7-12 在废水处理中最常用的吸附等温模式有哪几种？它们有什么实用意义？

7-13 某工业废水拟用活性炭A和B吸附有机物（以BOD表示），经静态吸附实验获得平衡数据见下表，试求两种炭的吸附等温式。

吸附平衡数据（1L废水样中加入活性炭1g）　　(mg/L)

废水初始浓度	平衡浓度		废水初始浓度	平衡浓度	
	活性炭A	活性炭B		活性炭A	活性炭B
10	0.52	0.5	80	11.1	5.9
20	1.2	1.05	160	30.0	22.2
40	2.9	2.3	320	80.1	60.2

7-14 平衡常数、选择系数、平衡系数这些词的含义是什么？它们之间有什么关系？离子交换亲和力和这些常数有什么关系？

7-15 离子交换树脂有哪些性能？离子交换树脂选择性与哪些因素有关？

7-16 膜分离技术的主要特点有哪些？膜分离法有哪几种？

7-17 试分析比较扩散渗析、电渗析、反渗透、超滤、液膜分离等膜技术在废水处理方面的应用特点、应用范围、应用条件，以及它们各自的优缺点和应用前景。

参考文献

[1] 同济大学．排水工程·下册［M］．上海：上海科学技术出版社，1980.

[2] 同济大学．给水工程［M］．北京：中国建筑工业出版社，1980.

[3] 顾夏声，黄铭荣，王占生．水处理工程［M］．北京：清华大学出版社，1985.

[4] 许保玖．当代给水与废水处理原理［M］．北京：高等教育出版社，1990.

[5] 钱易，米祥友．现代废水处理新技术［M］．北京：中国科学技术出版社，1993.

[6] 叶婴齐．工业用水处理技术［M］．上海：上海科学普及出版社，1995.

[7] 张自杰．环境工程手册：水污染防治卷［M］．北京：高等教育出版社，1996.

[8] 王宝贞，王琳．水污染治理新技术——新工艺、新概念、新理论［M］．北京：科学技术出版社，2004.

[9] 高廷耀，顾国维，周琪．水污染控制工程·下册［M］．北京：高等教育出版社，2007.

[10] 王九思，陈学民，肖举强，等．水处理化学［M］．北京：化学工业出版社，2002.

[11] 张自杰，林荣忱，金儒霖．排水工程·下册（第四版）［M］．北京：中国建筑工业出版社，2000.

[12] 常东胜．用过滤中和法治理酸性废水［J］．环境科学动态，2005，3：29~30.

[13] 李婷，万新南．臭氧氧化法及其联合技术在废水处理中的应用［J］．广东微量元素科学，2006，13（11）：14~18.

[14] 张芳西．含酚废水的处理与利用［M］．北京：化学工业出版社，1983.

[15] 储金宇，吴春笃．臭氧技术及应用［M］．北京：化学工业出版社，2002.

[16] ［德］克里斯蒂安·戈特沙克，等．水和废水臭氧氧化—臭氧及其应用指南［M］．北京：中国建筑工业出版社，2004.

[17] ［美］R. G 赖斯，A. 涅泽尔．臭氧技术及应用手册［K］．朱光，等译．北京：中国建筑工业出版社，1991.

[18] 刘庆祥，王兴娟．光催化氧化技术及其在废水处理中的应用［J］．北京：炼油与化工，2010，21（6）：5~8.

[19] 雷乐成，汪大翠．水处理高级氧化技术［M］．北京：化学工业出版社，2001.

[20] 段明峰，梅平．半导体光催化氧化在有机废水处理中的应用与研究进展［J］．化学与生物工程，2003（6）：13~15.

[21] 常青．水处理絮凝学［M］．北京：化学工业出版社，2003.

[22] 胡万里．混凝·混凝剂·混凝设备［M］．北京：化学工业出版社，2001.

[23] 尚红卫．臭氧氧化技术在水处理中的应用研究［J］．煤炭技术，2011，30（6）：210~211.

[24] 李剑超，林广发．我国湿式氧化法的研究与应用［J］．广州环境科学，2001，16（3）：13~15.

[25] 王靖宇，刘敬勇，裴媛媛，等．吸附剂在工业废水重金属处理中的应用研究进展［J］．安徽农学通报，2011，17（16）：128~130.

[26] 邵令娴．分离及复杂物质分析［M］．北京：化学工业出版社，1984.

[27] 王湛．膜分离技术基础［M］．北京：化学工业出版社，2000，6.

[28] 张春晖，何绪文，李开和．过滤技术在环境工程中的应用［M］．北京：中国环境科学出版社，2011.

[29] 马明，胡文涛．含氟废水处理方法综述［J］．江西化工，2011，1：34～36.
[30] 吴忠山．工业含氟废水处理工艺技术探讨［J］．工艺与技术，2011，12：127.
[31] 戴喆男，周勇，赵婷，等．饮用水及含氟废水处理技术机理及研究进展［J］．水处理技术，2011，38（4）：7～11.
[32] 古国榜，李朴．无机化学［M］．北京：化学工业出版社，2007.
[33] 李桂馨，等．分析化学［M］．北京：人民卫生出版社，2008.
[34] 李圭白，刘超．地下水除铁锰（第二版）．北京：中国建筑工业出版社，1989.
[35] 陈丽芳，李敏．我国地下水除铁除锰技术研究概况［J］．福建师范大学学报，2002，25（5）：112～117.
[36] 张杰，李冬，杨宏，等．生物固锰除锰机理与工程技术［M］．北京：中国建筑工业出版社，2005.
[37] 姜义，张吉库．地下水中铁锰的存在形式及去除技术探讨［J］．环境保护科学，2003，29（115）：33～34.
[38] Mark M，Benjamin，Ronald S，Sletten，et al. Sorption and filtration of metals using iron－oxide－coated sand［J］. Water Research，1996，30（11）：2609～2620.
[39] 李天成，朴香兰，朱慎林．电化学氧化技术去除废水中的持久性有机污染物［J］．化学工业与工程，2004，21（4）：268～271.
[40] 谢武名，胡勇为，刘焕彬，等．持久性有机污染物（POPs）的环境问题与研究进展［J］．中国环境监测，2004，20（2）：58～61.
[41] 彭争尤，杨小玲，郭云．我国食品被 POPs 污染现况及斯德哥尔摩公约［J］．明胶科学与技术，2002，22（1）：27～32.
[42] 刘占孟．超临界水氧化技术应用研究进展［J］．邢台职业技术学院学报，2008，25（1）：1～4.